清华大学现代生物学导论 MOOC 教材

现代生物学导论

杨 扬 编著

机 械 工 业 出 版 社

本书为 MOOC 课程配套教材，可与 MOOC 课程相结合使用。书中涉及的课程概念、知识点等以二维码形式体现，学生可以在阅读本书的过程中用微信扫码来观看视频，以便更透彻地理解生物学概念。同时，在通识课的背景下，本书还将生物学知识和历史上著名的生物学热点事件相结合；讨论科学实验的设计思路，注重从多角度、多层面进行生物学通识教育。本书遵循大学生物学通识课程的基础性、通论性和入门性的要求，参考了国内外相关的生物学教材，使之更加符合大学通识课程/基础知识课程的性质和任务要求，能够更好地适应广大学生和教师的需要。

本书可作为高等学校相关专业的生物学通识课程教材或教学参考书。

MOOC 视频及彩图

图书在版编目（CIP）数据

现代生物学导论/杨扬编著. —北京：机械工业出版社，2022.12（2023.12 重印）

ISBN 978-7-111-71275-6

Ⅰ.①现… Ⅱ.①杨… Ⅲ.①生物学-高等学校-教材 Ⅳ.①Q

中国版本图书馆 CIP 数据核字（2022）第 130597 号

机械工业出版社（北京市百万庄大街 22 号 邮政编码 100037）
策划编辑：张金奎 责任编辑：张金奎
责任校对：肖 琳 王明欣 封面设计：王 旭
责任印制：张 博
北京建宏印刷有限公司印刷
2023 年 12 月第 1 版第 2 次印刷
184mm×260mm · 14.5 印张 · 359 千字
标准书号：ISBN 978-7-111-71275-6
定价：49.80 元

电话服务	网络服务
客服电话：010-88361066	机 工 官 网：www.cmpbook.com
010-88379833	机 工 官 博：weibo.com/cmp1952
010-68326294	金 书 网：www.golden-book.com
封底无防伪标均为盗版	机工教育服务网：www.cmpedu.com

前言

编者从2012年入职清华大学即开始讲授“现代生物学导论”，到如今已经满10年。在这10年中，生物学得到了飞速发展，国内高校学生的学习方式也发生了重大变化。特别是种类繁多的线上课程和各种视频的出现，容易导致生物学知识碎片化。编写本书的目的是通过与“现代生物学导论”MOOC课程相结合，帮助学生更透彻地理解生物学概念和科学研究的逻辑思维。

本书具有以下特点：

1. 加强和完善线上、线下教学的结合

MOOC课程对于生物学中抽象的概念进行详细、充分和生动的讲解，而本书可以进一步帮助学生领会知识点之间的融会贯通，进行系统性学习。本书在内容上讲述重要的生物学现象的发现（如DNA双螺旋结构等）以及生物学技术的发明（如测序技术等），侧重讲述科学家发现过程和实验设计思路。

2. 通过逻辑关系帮助学生搭建知识体系

主要体现在以下三点：

（1）通过生物学发展的历史进程建立知识点之间的联系

本书以生物学科研发展的历史为逻辑主线，建立知识点之间的联系。例如，通过描述19~21世纪生物学中关于物种和环境相互作用的两种理论（获得性遗传和自然选择）的发展，将生物化学、细胞生物学、遗传学、分子生物学、分子演化和表观遗传等领域的重要概念建立逻辑上的联系，并且实现经典理论和科学前沿相结合。

（2）科学家们如何提出问题

生命科学的发展可以看作是一项人类发明和一种动态的概念，不仅包括了知识本身，还包括了获得知识的方法和设想世界的方式。本书从生物学研究者的角度来讲述生物学实验的设计，突出生命科学研究中的逻辑和思维。学生们从生物学的经典实验中学习科学家的思路和方法，锻炼分析问题和解决问题的能力。

（3）强调学习知识的系统性

生物学是一门系统性很强的学科。学生们应当掌握：①一种生物学现象涉及的多种生物学知识；②与其他学科交叉的内容。因为生物学与其他学科交叉是21世纪生物学发展的大趋势。在本书的编写中，我们会从多个概念以及多个角度来解释一种生物学现象或者技术；

并且在介绍生物学前沿时，我们会注重讲解生物学和其他学科交叉合作。

3. 多维度学习生物学知识

本书从广度和深度对生物学学习进行了拓展。与传统生物学教材不同，本书每章以生物学相关的社会热点问题为切入点，进而结合生物学的相关重要概念进行阐述，实现从历史、哲学和社会等多角度学习生物学的知识，从而认识科学的本质。

编著者

目 录

CONTENTS

前言

第 1 章　绪论 …… 1

1.1　生物学研究的主要内容 …… 1

1.1.1　生命的逐级组成 …… 1

1.1.2　遗传信息的存储、表达和传递 …… 2

1.1.3　能量和物质的转移及转化 …… 3

1.1.4　生物系统中的相互作用 …… 3

1.1.5　生物演化 …… 4

1.2　生物学学科特点 …… 4

1.2.1　系统性强 …… 4

1.2.2　生物学和其他学科交叉 …… 6

1.2.3　演化角度看问题 …… 6

1.2.4　与实践紧密联系 …… 7

1.3　科学研究的方法 …… 7

1.3.1　科学研究的过程 …… 7

1.3.2　假说的验证 …… 9

1.3.3　如何分辨科学信息 …… 11

参考文献 …… 12

第 2 章　DNA 和蛋白质的结构与功能 …… 13

2.1　生物系统中的强化学作用和弱化学作用 …… 13

2.1.1　多聚体的形成依赖强化学作用 …… 14

2.1.2　弱化学作用 …… 14

2.2　DNA 的结构与功能 …… 15

2.2.1　DNA 作为遗传物质的特点 …… 15

2.2.2 DNA 的结构与功能 …… 16
2.3 蛋白质的结构与功能 …… **20**
2.3.1 蛋白质的功能 …… 20
2.3.2 蛋白质的结构 …… 21
2.3.3 蛋白质功能的调控 …… 23
2.3.4 DNA 和蛋白质的相互作用 …… 24
参考文献 …… **26**

第 3 章 细胞简介 …… 27

3.1 细胞研究简介 …… **27**
3.1.1 细胞研究的历史 …… 28
3.1.2 细胞研究的方法 …… 28
3.2 细胞的内部结构 …… **30**
3.2.1 负责遗传信息的存储和传递 …… 30
3.2.2 负责蛋白质的运输和代谢 …… 31
3.2.3 负责能量转换 …… 33
3.2.4 负责细胞内部结构组织活动 …… 33
3.3 细胞膜 …… **34**
3.3.1 细胞膜的流动性 …… 35
3.3.2 细胞膜的“镶嵌”模式 …… 35
3.3.3 选择通透性 …… 36
3.4 跨膜运输 …… **37**
3.4.1 被动运输 …… 37
3.4.2 主动运输 …… 38
3.4.3 大批量跨膜运输 …… 39
参考文献 …… **39**

第 4 章 细胞和代谢 …… 41

4.1 营养元素 …… **41**
4.1.1 大量营养素 …… 42
4.1.2 微量元素 …… 43
4.2 酶和代谢 …… **44**
4.2.1 活化能 …… 44
4.2.2 酶如何加速反应 …… 44
4.2.3 酶的特异性 …… 45
4.2.4 影响酶活性的因素 …… 46
4.2.5 酶如何调控代谢 …… 46
4.3 细胞呼吸 …… **47**
4.3.1 ATP …… 47
4.3.2 分解代谢 …… 48

4.3.3　氧化还原反应 …… 48
4.3.4　细胞呼吸概述 …… 50
4.4　其他代谢方式 …… 51
4.4.1　发酵和无氧呼吸 …… 51
4.4.2　其他代谢通路 …… 53
4.4.3　卡路里和代谢速率 …… 54
参考文献 …… 54

第5章　细胞和癌症 …… 55

5.1　细胞通信 …… 55
5.1.1　细胞通信分类 …… 56
5.1.2　细胞通信过程 …… 56
5.2　细胞周期 …… 61
5.2.1　细胞周期的调控系统 …… 61
5.2.2　细胞周期调控的分子机制 …… 62
5.3　细胞凋亡 …… 63
5.3.1　细胞凋亡的机制 …… 63
5.3.2　细胞凋亡的信号 …… 64
5.4　癌症的机理和治疗 …… 65
5.4.1　癌细胞的特点 …… 65
5.4.2　癌症的治疗 …… 67
参考文献 …… 68

第6章　遗传的基本概念 …… 69

6.1　遗传学所关注的问题 …… 69
6.1.1　遗传物质的特点 …… 70
6.1.2　遗传物质如何传递 …… 70
6.2　孟德尔实验和模型 …… 71
6.2.1　孟德尔的实验 …… 71
6.2.2　孟德尔的模型 …… 72
6.3　基因型和表型的关系 …… 73
6.3.1　基因和酶 …… 73
6.3.2　从基因型到表型 …… 74
6.3.3　显性和表型的关系 …… 75
6.4　基因和环境对表型的作用 …… 75
6.4.1　连续性状的产生 …… 76
6.4.2　环境影响性状的研究 …… 77
6.4.3　遗传力 …… 78
参考文献 …… 80

第7章　遗传的分子基础 …… 82

7.1　DNA是遗传物质 …… **82**

7.2　染色质结构和基因 …… **83**

7.2.1　DNA、染色质和染色体 …… 84

7.2.2　基因 …… 84

7.3　DNA的复制 …… **85**

7.3.1　DNA的半保留复制 …… 85

7.3.2　DNA聚合酶 …… 87

7.3.3　复制末端DNA …… 89

7.4　DNA的损伤和修复 …… **89**

7.4.1　DNA损伤 …… 90

7.4.2　DNA的损伤修复 …… 90

7.5　DNA的重组 …… **90**

7.5.1　重组现象的发现 …… 91

7.5.2　同源重组 …… 93

7.5.3　保守的位点特异性重组 …… 93

7.5.4　转座 …… 94

7.6　DNA技术 …… **95**

7.6.1　PCR …… 95

7.6.2　测序技术 …… 96

7.6.3　DNA指纹鉴定 …… 96

参考文献 …… **97**

第8章　基因的表达 …… 98

8.1　基因是如何决定性状的 …… **99**

8.1.1　基因和蛋白质的对应关系 …… 99

8.1.2　遗传信息的传递 …… 100

8.2　基因表达的过程 …… **101**

8.2.1　转录 …… 101

8.2.2　RNA剪接 …… 103

8.2.3　翻译 …… 104

8.2.4　遗传密码 …… 105

8.3　突变 …… **106**

8.3.1　大规模突变 …… 106

8.3.2　小规模突变 …… 108

8.3.3　诱变剂 …… 109

8.4　基因表达和癌症 …… **110**

8.4.1　癌症相关基因 …… 110

8.4.2　干扰细胞信号通路 …… 112

8.5 研究基因表达和基因功能的技术 …… **113**
8.5.1 研究基因表达 …… 113
8.5.2 研究基因功能 …… 115
参考文献 …… **116**

第9章 基因表达的调控 …… 117

9.1 基因表达调控的基本概念 …… **118**
9.1.1 基因表达过程中每步均可调控 …… 118
9.1.2 顺式和反式 …… 118
9.2 原核生物的基因表达调控 …… **119**
9.2.1 正调控和负调控 …… 119
9.2.2 操纵子的概念 …… 120
9.2.3 操纵子的负调控模式 …… 122
9.2.4 操纵子的正调控模式 …… 123
9.3 真核生物的基因表达调控 …… **125**
9.3.1 差异性的基因表达 …… 125
9.3.2 染色质结构的调控 …… 125
9.3.3 转录起始的调控 …… 126
9.3.4 非编码RNA在基因表达调控中的作用 …… 127
9.4 表观遗传的概念 …… **128**
9.4.1 表观遗传概念的提出 …… 128
9.4.2 表观遗传的机制 …… 129
9.4.3 表观遗传的应用 …… 130
参考文献 …… **131**

第10章 重组DNA技术 …… 133

10.1 重组DNA技术概述 …… **133**
10.1.1 重组DNA技术的由来 …… 134
10.1.2 重组DNA技术的原理 …… 134
10.1.3 不改变基因组 …… 136
10.1.4 改变基因组 …… 136
10.1.5 改变基因表达的过程 …… 137
10.2 克隆生物体和干细胞研究 …… **138**
10.2.1 克隆技术 …… 138
10.2.2 干细胞技术 …… 140
10.3 应用 …… **141**
10.3.1 农业 …… 141
10.3.2 环境保护 …… 141
10.3.3 医学 …… 142
参考文献 …… **144**

第 11 章　生物演化介绍 …… 146
11.1　达尔文之前的演化思想 …… 147
11.1.1　物种的分类 …… 147
11.1.2　从物种不变到物种变化 …… 147
11.1.3　拉马克的演化理论 …… 148
11.2　达尔文的演化理论 …… 148
11.2.1　达尔文的研究 …… 148
11.2.2　物种的起源 …… 150
11.3　生物演化证据 …… 151
11.3.1　化石证据 …… 151
11.3.2　同源性证据 …… 152
11.3.3　生物地理证据 …… 154
11.3.4　直接观察演化过程 …… 154
参考文献 …… 156
第 12 章　种群演化的机制 …… 157
12.1　遗传变异 …… 157
12.1.1　遗传变异概述 …… 158
12.1.2　遗传变异的来源 …… 158
12.2　哈迪-温伯格定律 …… 159
12.2.1　重要概念 …… 160
12.2.2　哈迪-温伯格定律概述 …… 160
12.2.3　应用哈迪-温伯格定律 …… 162
12.3　遗传漂变和基因流动 …… 163
12.3.1　遗传漂变 …… 163
12.3.2　基因流动 …… 163
12.4　自然选择 …… 164
12.4.1　自然选择的内容和方式 …… 164
12.4.2　检验自然选择 …… 165
12.4.3　自然选择在人类中的体现 …… 166
12.4.4　性选择 …… 167
12.4.5　自然选择的本质 …… 167
参考文献 …… 168
第 13 章　物种的起源 …… 169
13.1　什么是物种 …… 169
13.1.1　生物学物种的概念 …… 170
13.1.2　生物学物种的局限性 …… 170
13.1.3　物种的其他定义 …… 170

13.2　物种的形成 …… 171
13.2.1　异域物种形成 …… 171
13.2.2　同域物种形成 …… 173
13.2.3　异域物种形成和同域物种形成的比较 …… 174
13.3　物种形成的机制 …… 174
13.3.1　物种形成的时间进程 …… 174
13.3.2　物种形成的遗传学研究 …… 175
13.4　物种和种族 …… 176
13.4.1　人类的历史 …… 176
13.4.2　人类差异的遗传学证据 …… 177
13.4.3　人类不是隔离的生物群体 …… 177
13.4.4　人种为什么不同 …… 179
参考文献 …… 180

第14章　免疫系统 …… 181

14.1　免疫系统简介 …… 181
14.1.1　免疫系统的工作过程 …… 182
14.1.2　识别非自身物质 …… 182
14.1.3　免疫耐受 …… 183
14.1.4　免疫激活和免疫抑制 …… 184
14.2　非特异性免疫 …… 184
14.2.1　细菌的非特异性免疫 …… 185
14.2.2　脊椎动物的非特异性免疫 …… 186
14.3　特异性免疫 …… 187
14.3.1　细菌的特异性免疫 …… 187
14.3.2　脊椎动物的特异性免疫 …… 188
14.4　体液免疫和细胞免疫 …… 191
14.4.1　T细胞介导的细胞免疫 …… 191
14.4.2　B细胞介导的体液免疫 …… 192
14.4.3　疫苗 …… 192
14.5　免疫系统和癌症 …… 194
14.5.1　免疫检查点抑制剂 …… 194
14.5.2　T-细胞转移治疗 …… 195
14.5.3　肿瘤疫苗 …… 196
参考文献 …… 196

第15章　神经系统 …… 197

15.1　神经元 …… 197
15.1.1　神经元的结构和功能 …… 198
15.1.2　动作电位 …… 198

15.1.3 突触传导 …… 199

15.2 神经系统的结构 …… **200**

15.2.1 神经系统的细胞组成 …… 200

15.2.2 中枢神经系统 …… 201

15.2.3 外周神经系统 …… 202

15.3 神经系统的功能 …… **202**

15.3.1 昼夜节律 …… 202

15.3.2 学习和记忆 …… 204

15.3.3 毒品上瘾 …… 205

15.4 神经系统疾病 …… **206**

15.4.1 精神分裂症 …… 207

15.4.2 阿尔兹海默病 …… 207

15.4.3 帕金森病 …… 207

参考文献 …… **208**

第16章 生殖和发育 …… 209

16.1 激素和内分泌系统 …… **209**

16.1.1 激素 …… 210

16.1.2 内分泌系统 …… 211

16.1.3 内分泌信号通路 …… 212

16.2 有性生殖 …… **213**

16.2.1 动物的有性生殖 …… 213

16.2.2 人类的生殖系统 …… 213

16.2.3 配子的产生 …… 214

16.3 胚胎发育 …… **215**

16.3.1 受精 …… 216

16.3.2 卵裂 …… 216

16.3.3 图式形成 …… 217

16.3.4 形态发生 …… 217

16.3.5 细胞分化 …… 218

16.3.6 生长 …… 218

16.4 性别分化 …… **219**

16.4.1 性激素 …… 219

16.4.2 双向潜能性腺 …… 219

16.4.3 青春期 …… 220

参考文献 …… **220**

第1章 绪论

生物学这个术语是19世纪由法国动物学家拉马克（J. B. Lamarck）（见图1.1）首次提出的。按照拉马克的定义，生物学应包括对所有具有生命的物体，它们的组织与发展过程，以及特殊的器官和生命活动的研究。他认为，生物学的目标与传统的自然历史不同，生物学能够把所有观察到的生命现象整合到一个统一和谐的体系。法国社会学家孔德（A. Comte）认为，生物学是实证哲学的一门主要科学。他根据从数学、天文学、物理学和化学到生物学和社会学的由简到繁的原则将科学进行分类，促使生物学家从纯粹的描述性工作转向对植物和动物进行生命机能的研究。

图1.1 法国动物学家拉马克

生物学是一门研究生命的科学。尽管到目前为止，科学家们掌握了大量的关于生命的知识，但还是有许多未知的秘密等待我们去探索。为了帮助同学们更好地理解我们掌握的知识，以及如何利用这些知识去探索未知，本书绪论部分提供了一个大致的思路。在本章中，我们首先讨论生物学研究的几大主题，这些内容都被涵盖在本书的各章节中；然后简单介绍生物学学科特点和应用，帮助同学们理解为什么生物学成为21世纪最热门的学科之一，为什么生物学理论和技术的发展和我们的生活密切相关；最后将讨论生物学研究的基本方法，理解科学家们提出问题、分析问题和解决问题的过程。其中涉及的生物学研究所特有的思路和方法将贯穿全书。

1.1 生物学研究的主要内容

生物学这门学科研究主要包含了5大主题：①生命的逐级组成；②遗传信息的存储、表达和传递；③能量和物质的转移及转化；④生物系统中的相互作用；⑤生物演化。

1.1.1 生命的逐级组成

按照从微观到宏观的递增顺序，生命的组成从最小的原子开始，然后是分子、细胞器、细胞、组织、器官……一直到生物圈（见MOOC视频1.1）。在生命的逐级组成过程中，有两个性质非常重要，而且这两个性质会贯穿本书。

第一个是涌现性质（Emergent Property），即在生命的逐级组成过程中，每一级出现的一些新的性质是前一级所没有的。比如叶绿体是细胞器，里面含有大量的叶绿素分子。叶绿体可以进行光合作用。但是如果只是把各种分子简单混合在一起，则无法进行光合作用。

第二个性质是结构和功能相匹配（Form Fits Function）。目前地球上各种生命以及与生命相关的结构都是和其功能紧密联系的。从分子角度举一个例子：HIV 蛋白酶。它的活性位点和其底物结合后对相应的肽链进行剪切，然后这些肽链组装成功能完整的 HIV 蛋白。如果我们换掉活性位点的一个氨基酸，就会导致整个酶的结构发生变化，因而导致酶的功能丧失。从生物体的角度再举一个例子，深海中的很多游速很快的生物身体结构都有一个共同特征：身体呈纺锤形。这种形状确保这些生物在深海中游动时阻力相对较小，游速较快。我们举的这两个例子一方面解释了结构和功能的关系，另一方面需要注意的是无论是分子还是个体角度，结构和功能都是长期演化的结果。

另外，我们讨论很多复杂的生物学现象也需要从微观到宏观进行分析。以癌症的机理为例，我们都非常熟悉从细胞的角度来看是由于细胞分裂不受控制，异常增殖导致癌症。从分子角度来看是由于基因发生突变，导致调控细胞周期的蛋白质功能异常，进而导致细胞层面的分裂异常。从组织的角度来看，肿瘤是一种组织里包含了各种各样的癌细胞，每种癌细胞都存在着竞争关系，能够存活下来的癌细胞一定是自然选择的结果。从器官系统的角度来看，癌症是一种打破生物体固有演化机制的体现，因为长期演化的结果保证多细胞生物体内每个组织和器官内的细胞数量是固定的，而癌症则打破了这一规则。多角度探讨生物学现象是大学阶段学习生物学的一个关键，我们将在后面具体讨论。

1.1.2 遗传信息的存储、表达和传递

遗传信息是从遗传物质脱氧核糖核酸（DNA）中读取的。在细胞内的染色体中含有遗传物质 DNA。长链 DNA 分子中包含了成千上万个基因的信息。基因是亲代传递给子代的基本遗传单位。基因编码了细胞内的所有分子，这些分子决定了细胞的种类和细胞的功能。DNA 的分子结构解释了其能够储存信息的特点（见 MOOC 视频 1.1）。一个 DNA 分子由两条长链以双螺旋的方式组成。每条长链由 4 种核苷酸组成，分别缩写为 A、T、C 和 G。DNA 编码遗传信息的方式和英文中不同字母组合产生不同单词的方式类似。我们可以把核苷酸想象成一个由 4 个字母组成的字母表，这 4 种核苷酸的特定序列在基因中编码特定信息，比如英文“are”和“ear”这两个单词是由同样的字母组成的，但是组成的单词意思却不同。

基因是生产蛋白质的蓝图，而蛋白质是构建和维持细胞结构并进行细胞活动的主要角色。从基因到蛋白质的过程中，需要核糖核酸（RNA）分子作为中间过渡形式来传递遗传信息。基因中的信息首先被转录成 RNA，然后 RNA 再被翻译成氨基酸长链，最后氨基酸长链经过一系列加工过程产生了一个具有独特结构和功能的蛋白质。这个从基因到蛋白质的过程叫作基因表达。在基因表达过程中，所有的生命都采用同样的遗传密码：一个特定的核苷酸序列对应一种氨基酸，这在所有的生命中都是一样的。生物体之间的差异反映的是它们的核苷酸序列的差异，而不是它们遗传密码间的差异。现代生物学的研

究通过比较几个物种中编码特定蛋白质的基因序列，可以提供有关该蛋白以及物种间关系的信息。

每当细胞进行分裂时，DNA 首先会被复制，这样每轮分裂结束后两个子细胞会继承和母细胞一模一样的染色体。我们每一个人都是从一个单独的细胞发育而来，这个细胞里包含从父母那里继承的 DNA。这些 DNA 每次经过细胞分裂都会把自身的拷贝传递给更多的子细胞，这些子细胞最终构成了我们身体内千千万万的细胞。

1.1.3 能量和物质的转移及转化

活的生物体的一个基本特征是利用能量来行使各项功能，比如运动、生长、繁殖以及各种各样的细胞活动。能量的输入以及能量的转换使生命成为可能。植物的叶子吸收阳光，叶子内的分子将阳光的能量转化为食物的化学能，比如在光合作用中产生的糖。然后，食物分子中的化学能通过植物和其他进行光合作用的生物传递给食物消费者。食物消费者，比如动物，以食物生产者和其他食物消费者为食（见 MOOC 视频 1.1）。

当生物体利用化学能做功时，比如肌肉收缩或细胞分裂，其中一些能量会以热量的形式流失到环境中。因此，能量在生态系统中单向流动，通常以光的形式进入，以热的形式退出。与之相反，化学物质在生态系统中被循环利用（见 MOOC 视频 1.1）。植物从空气或土壤中吸收的化学物质可能被吸收到植物体内，然后传递给以植物为食的动物。最终，这些化学物质将通过细菌和真菌等分解者返回到环境中。然后这些化学物质又会被植物吸收，从而完成一个循环。

1.1.4 生物系统中的相互作用

在生命的逐级组成中，系统中的各部分相互作用，保证生物体的结构完整和功能健全。

1. 生态系统

在生态系统水平上，每个有机体都与其他有机体相互作用（见 MOOC 视频 1.1）。有些情况下，物种间的关系是互利的，比如海龟和在它周围游动的清洁鱼之间的联系。清洁鱼以那些会危害海龟的寄生虫为食，同时也能从海龟那里获得食物和保护。有些情况一个物种受益而另一个物种会受到伤害，比如狮子杀死并吃掉斑马。而在其他一些情况下，两个物种是竞争关系，比如两种植物争夺短缺的土壤资源。有机体之间的相互作用有助于调节整个生态系统的功能。

生物体也不断地与环境中的物理因素相互作用。例如，树叶吸收阳光，吸收空气中的二氧化碳，向空气中释放氧气。环境也受到生活在那里的生物的影响。例如，植物的根除了从土壤中吸收水分和矿物质外，还会促进土壤的形成。在全球范围内，植物和其他进行光合作用的生物产生了大气中所有的氧气。

2. 生物体内

在生物体内，器官、组织、细胞和分子之间都要进行正常的相互作用，保证生物体的正常运行。以血糖浓度的调控为例，吃过饭后，血液中的葡萄糖浓度上升。血糖浓度的上升刺激胰腺分泌胰岛素到达血液中。当胰岛素到达肝脏或肌肉细胞后，胰岛素会导致多余的葡萄糖以糖原的形式储存起来，把血糖浓度降低到身体正常行使功能的范围。低的血糖浓度不会再促使胰脏细胞分泌胰岛素。身体内的分子间相互作用对上述过程起着重要作用。很多情况下，这些化学反应都和信号转导通路相联系。那么细胞是如何协调这些通路的呢？其中的一个关键机理就是反馈调控。

在反馈调控中，一个过程的输出影响并调控着那个过程。在生物体中最常见的反馈调控形式就是负反馈调控，即输出降低输入。在上面的例子中，细胞吸收血液中的葡萄糖后导致血糖浓度降低，因此去除了胰岛素分泌的刺激信号，进而关闭这个代谢通路。另外，很多生物学过程是受正反馈调控的，即过程的输出增加这个过程的输入。受伤后血液的凝结反应就是一个例子。受伤后，血液中的血小板开始在伤口处聚集。血小板释放出大量的化学物质，这些化学物质会吸引更多的血小板聚集，形成正反馈调控。当血小板聚集足够多时，就启动了伤口的愈合过程。

1.1.5 生物演化

前面讨论了生物学中的四大主题，我们最后来讨论生物学的核心主题：演化（Evolution）。演化解释了我们目前所知的所有生物。正如现代演化理论的奠基者杜布赞斯基（T. Dobzhansky）所说："Nothing in biology makes sense except in the light of evolution."演化既体现了生命历史的进程又解释了现在正在发生的现象。现存地球上的所有生物的形态和功能都是数十亿年演化的结果。演化解释了很多结构和功能的关系，比如我们前面讨论过的深海动物体型和 HIV 蛋白酶的例子。演化也解释了为什么生物体的某种特征被生物体的环境选择留下来。同时，演化也记录着正在发生的生物学现象，比如耐药细菌的产生和病毒的演化等。

1859 年 11 月，达尔文（C. R. Darwin）出版了历史上最具影响力的著作之一：《通过自然选择的方式来解释物种起源》（简称《物种起源》），该书一经出版即成为畅销书。《物种起源》阐述了两个主要观点。第一个主要观点是，当代物种是由一系列不同于它们的祖先演化而来的。达尔文称这个过程为"后代渐变"（Descent with Modification）。这个短语抓住了生命的统一性和多样性这两个重要特点——从共同祖先演化而来的物种之间的演化关系的统一性，以及从共同祖先演化而来的物种分支的多样性。达尔文的第二个主要观点是他提出的"自然选择"是一种演化机制，即后代如何通过自然选择而发生渐变。他推断，那些具有更适合当地环境的遗传特征的个体比那些不太适合当地环境的个体更有可能生存和繁殖。经过许多代，一个种群中越来越多的个体将拥有这些有利的性状。对环境的适应最终导致个体间繁殖成功的差异，在种群内演化就会发生。

在本书中，我们主要讨论达尔文的演化理论，用自然选择机理解释一系列生物学现象，比如真核生物的内含子和外显子、肿瘤的演化和耐药细菌的产生等。

1.2 生物学学科特点

本书总结了生物学学科的几大特点：①系统性强；②生物学和其他学科交叉；③演化角度看问题；④与实践紧密联系。

1.2.1 系统性强

和许多学科一样，生物学是一门系统性很强的学科，体现在以下两方面：

1）一种生物学现象涉及多个生物学领域的知识。

2）知识点之间有着密切的联系。

用一个例子来讨论第一点。转基因食品的安全问题在全世界范围内引起了很多讨论，其中一个就是部分转基因农作物被导入杀死害虫的毒素（Bt 毒素）后，会不会给食用这些农作物的人类的健康带来威胁？如何从生物学的角度来回答这个问题，需要掌握多个生物学领域的知识：重组 DNA 技术、细胞信号转导、能量代谢以及科学实验的可行性。

首先，转基因技术属于重组 DNA 技术的一种，是通过人工的方法把自然界中原本不在一起的 DNA 片段组合在一起，以产生一些新的特征。重组 DNA 技术中需要把外源 DNA 导入宿主（植物）体内，这样做是否会对宿主本身带来影响？是否会对食用了这些宿主的人体带来一些影响？这需要遗传和分子生物学的知识来回答。另外，在导入毒素基因之前，科学家们有没有进行过研究：这种针对害虫的毒素基因是否对人体同样有作用？要回答这个问题，就需要明白毒素的作用原理是什么。生物学中相对应的一个重要问题就是细胞信号转导，即一种化学分子作用在细胞上，从而导致细胞的一系列生理变化。我们后面会学到很多毒素的作用机制，其中一种机制就是毒素一般都会和特定细胞的特定蛋白结合后才能进一步发挥其作用。所以我们刚才的问题实际上是问：转基因食品中的 Bt 毒素是否在人体中有相对应的蛋白能让其发挥特定作用？不过，解决这个问题还有一个前提条件：毒素蛋白进入人体后没有被消化分解，所以可以直接作用于相应细胞。毒素蛋白被人食用后进入人体，是否会被分解及会怎样被分解？这就需要掌握生物学中代谢过程和消化过程的基本知识。除此之外，还有一个非常重要的涉及转基因食品安全性的问题：科学实验的可行性。关于食品安全问题的争论主要集中在动物体内的实验对于人体的健康有多少可借鉴的意义，以及是否能够在人身上做实验等。这需要从生物学实验的实验设计、基本操作、实验的有效性以及伦理等角度讨论。

第二点也是很多同学在中学学习生物时的一个困惑：知识点多且繁杂，看似没有内在的联系，只有依靠死记硬背的模式学习知识。建立生物学知识点之间的联系有很多思路，比如可以从微观到宏观的生命组成的顺序来梳理。以“突变”这个概念为例，从突变可以联系到 DNA 序列的永久性变化，这种变化会影响其编码的氨基酸的序列，进而影响蛋白质的序列和结构。蛋白质结构的变化会进而影响蛋白质功能的变化，体现在生物体的遗传性状上。如果一个种群中的不同个体出现了突变导致的性状变化，种群内的遗传多样性就会增加，进而影响种群的演化。

当然，我们也可以用其他方式，比如以生物学发展的历史进程为逻辑主线进行知识点的梳理（见图 1.2）。以图 1.2 为例：19 世纪为了阐明物种和环境相互作用的原理，拉马克和达尔文先后提出了获得性遗传和自然选择的观点，这两种观点均有支持者和反对者。20 世纪初随着孟德尔遗传定律被重新发现，科学家们发现基因是遗传单位并且决定性状，以遗传为基础的自然选择理论占据上风，获得性遗传渐渐失去支持。到了 21 世纪，随着越来越多的表观遗传证据的涌现，支持了环境可以影响生物体特征并且可以遗传给后代，这和拉马克的获得性遗传有诸多相似之处。从上面描述的生物学历史进程来看，这些理论发展的关键节点都涉及重要生物学机制的发现，包括了遗传学、细胞生物学、分子生物学和生物演化中所有重要的概念和理论。

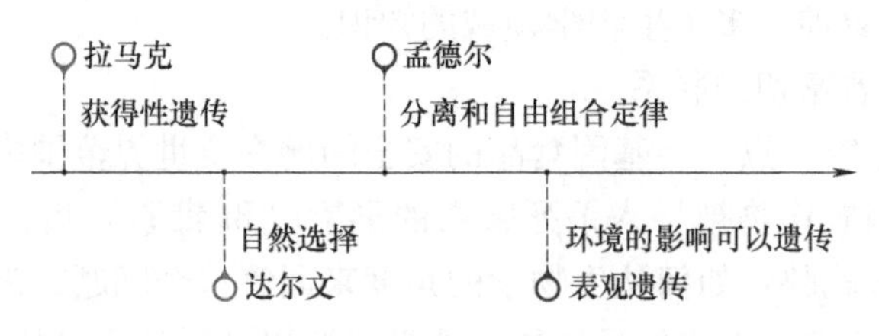

图 1.2　按照历史发展顺序建立生物学概念间联系

1.2.2　生物学和其他学科交叉

进入 21 世纪后，生物学的发展趋势越来越倾向于学科交叉，即生物学和其他学科结合产生新的学科研究方向，或者借鉴其他学科的知识帮助生物学的研究。不少报导和教科书中也有很多生物学和其他学科交叉的具体例子。我们下面举 3 个例子来阐述生物学和其他学科的联系。

1）生物学和物理学结合诞生了许多新的学科，生物力学就是其中之一。生物力学是应用力学原理和方法对生物体中的力学问题进行定量研究，分析发生在生命活动过程中的各种力学现象和过程，了解生物体一部分相对于另一部分以及整个机体在空间和时间上发生位移和运动的力学规律。比如运动生物力学是将一些力学原理结合解剖学和生理学研究人体运动。在人体运动中，科学家们可以应用物理学原理结合方程去分析计算运动员跑、跳、投掷、游泳等多种运动项目的极限能力。在 2021 年东京奥运会中，我国运动员在游泳和田径等多个项目中取得了喜人的成绩，这与生物力学研究是密不可分的。

2）现代医学的发展也离不开生物学现象的发现和生物学重要理论的形成。以癌症研究为例，致癌基因的发现使得科学家们找到了癌症的生物学机理，在此基础上诞生的靶向疗法则是针对这些出现异常的基因的产物——调控细胞周期的关键蛋白质。另外，细胞理论的建立（所有的细胞都是从已经存在的细胞而来）帮助医生们找到了白血病的致病机理——细胞的异常分裂，从而终结了当时医生们的错误认知：血液中混入微生物而导致白血病。这也推动了癌症医学的发展。另外，针对细胞有丝分裂的研究帮助医生们和科学家们寻找打破和干扰细胞分裂的过程，从而研发出一系列影响细胞分裂的化学分子作为化疗药物。

3）数学作为所有科学学科的起源，与生物学之间也存在密切的联系。古希腊前苏格拉底时期，毕达哥拉斯学派利用勾股定理中三角形三边的关系来阐述后代和父母的相似性，建立了最早的关于遗传的规律。到了 19 世纪，孟德尔引用数学统计的概念总结出植物杂交以及基因型和表型的关系，进而探索遗传学的规律。到了 21 世纪，无论是分子医学、分子演化，还是流行病学等生物学分支都需要建立大量数学模型来预测药物分子的作用机理和作用结果，分析和追踪导致流行性疾病的病毒的演化历史，推测病毒的传播趋势等。

1.2.3　演化角度看问题

演化是生物学中最核心的主题。目前地球上所有的生物都是长期演化的结果。而且，正在发生的演化过程又会导致生物不停地变化。演化可以解释我们目前观察到的与生命相关的现象和问题。例如，镰刀型细胞贫血症是一种隐性遗传病，纯合体 aa（a 为突变的等位基因）的红细胞呈现镰刀状，因而丧失运输氧气的能力并且会堵塞血管，杂合体 Aa 和纯合体

AA（A 为正常的等位基因）则不会导致此疾病。研究发现，在非洲携带突变的等位基因 a 的人群和疟疾易感区高度重合，即疟疾易感区的人很多都携带这种等位基因 a，这是自然选择的结果。

研究演化也可以帮助我们实质性地解决很多问题。研究发现，肿瘤内的细胞是多种多样的，而且很多时候各种肿瘤细胞之间是一种竞争关系。不少化疗药物虽然能消灭大部分细胞，但是会有少量的耐药性较强的细胞存活下来。这些细胞缺少了其他细胞的竞争后快速繁殖，因此会改变整个肿瘤的耐药性质，从而使其更难医治。掌握了这种关系，我们在治疗肿瘤和用药时要相应做出调整，这也是我们后面章节中介绍肿瘤治疗新思路的基础。

1.2.4 与实践紧密联系

生物学是一门实验科学，其中需要大量的实验探索。在本书中，我们也将引入大量的生物学现象的发现过程，介绍经典实验，帮助同学们更好地理解生物学相关概念和机理，比如我们会引入生物学历史上的一些经典实验的例子：证实 DNA 的半保留复制模式，乳糖操纵子的发现过程，建立“一个基因一个酶”这一观点的一系列实验等。

另外，我们在介绍概念和原理时，不仅会讨论应用这些原理的一些常见技术，比如聚合酶链式反应（Polymerase Chain Reaction，PCR）、测序、细胞培养等，也会引入生物学前沿科学技术的发展，比如利用 DNA 结构特点搭建纳米结构的 DNA 折纸术，利用细菌的特异性免疫原理的 CRISPR 基因编辑技术等。

1.3 科学研究的方法

和其他学科一样，生物学的研究也遵循科学研究的基本方法。科学是发现世界背后机制的一种方式，用的是科学家设计的一系列有助于发现自己错误的规则。如图 1.3 所示，如果在没有经过测量的情况下，大多数人都会认为上面的线段更长。但是经过实际测量后发现，两个线段一样长。科学研究实际上就是科学家们对提出的一些假说进行验证的过程。我们可以根据图中的例子提出一个假说：两个线段不一样长。那么到底是否一样长，需要有一套方法进行检验。在这个例子中，测量就是科学的方法。

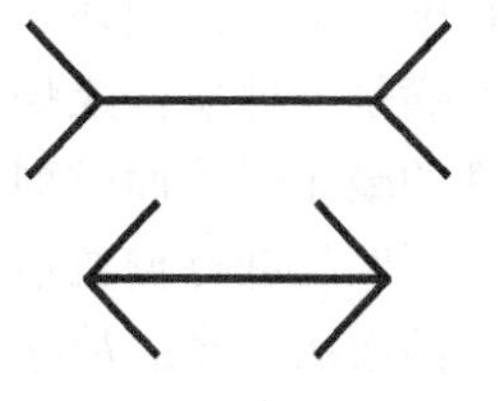

图 1.3 两条线段长度的估计

从科学的历史发展进程来看，很多曾经被认为是绝对正确的理论或看法后来被新的实验所验证为错误的，比如“地心说”“肝脏是产血的器官”“蛋白质是遗传物质”等。随着科学的进步，科学方法也日益完善。科学家们一般采用一种探究的过程，首先是观察，形成合乎逻辑的可验证的假说，然后对它们进行检验。这个过程必然是重复的：在检验一个假说时，更多的观察可能会引发对原始假说的修正或形成新的假说，从而导致进一步的检验。不断地重复使得科学家们越来越接近他们对支配自然规律的最佳估计。

1.3.1 科学研究的过程

科学的作用不是记住已知的东西，而是利用研究和探索的过程来发现新的和未知的东西。这个过程就是观察世界→提出关于事物如何运作的想法→测试这些想法→根据测试结果抛弃（或修改）我们的想法，这就是科学方法的本质（见图 1.4）（见 MOOC 视频 1.2）。

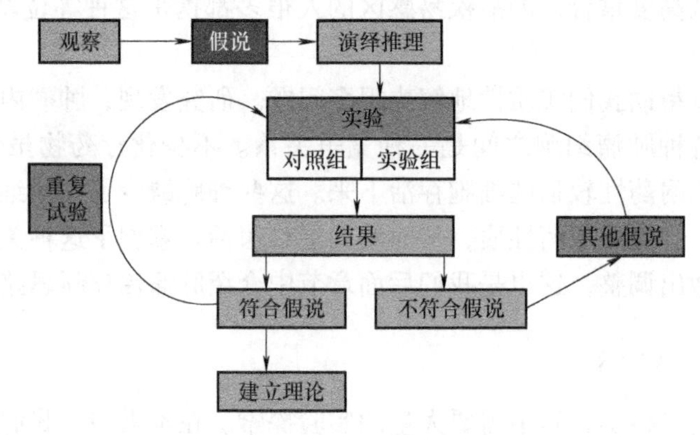

图 1.4 科学研究的过程

1. 假说

假说（Hypothesis）是一种推测性的解释。在生物学中，假说可以从一些前人建立的生物机理而来，可以从经验而来，可以从前人的研究而来，也可以从逻辑推理而来。科学的一个重要特点就是假说必须要经过严格的验证。因此，假说必须是可验证的。另外，假说必须是可证伪的，即观察和实验是可以证明假说有可能是错误的。

科学家们是如何形成假说的？我们看看下面的例子。20 世纪 80 年代初，艾滋病刚刚在美国爆发时，科学家们不确定这种疾病是什么因素导致的。有的认为是同性恋之间相互传染，有的认为是吸毒导致，直到不少儿童血友病患者被感染才帮助科学家们把怀疑范围锁定到小的病原体。血友病是一种遗传疾病，患者由于血液中缺少功能性的凝血因子而时刻处于危险之中。这类患者需要到医院进行输血治疗，即导入含有正常凝血因子的血液。输血治疗中采用的血液是由采集的正常人血液经过灭菌过程而来。主要的除菌方式是采取图 1.5 所示的过滤过程。过滤器中的滤膜孔径是关键，其直径为不超过 0.22μm，保证细菌会被过滤掉。在这种前提下，不少儿童血友病患者仍然感染艾滋病，暗示病原体体积比细菌小，极有可能是病毒。因此，不少科学家推测：艾滋病是由病毒导致的。从这个例子我们可以看出，假说可以基于前人的理论得出，也可以根据实验观察得出。

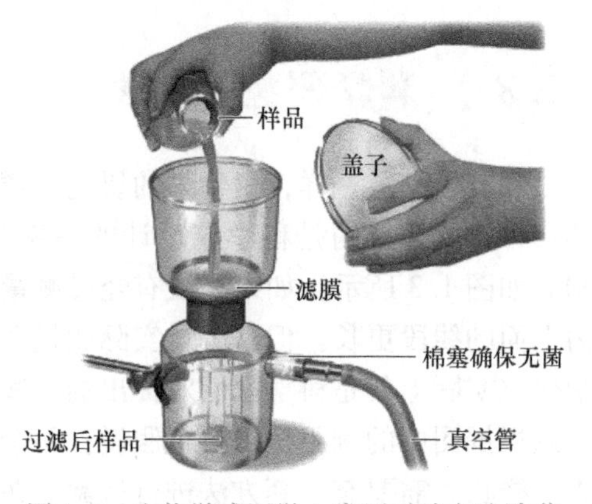

图 1.5 生物学或医学上常用过滤方法除菌

2. 验证假说的逻辑

我们前面举例的假说“艾滋病是由病毒导致的”实际上是一个归纳推理的结果。**归纳推理**（Inductive Reasoning）是通过结合一系列具体的观察来阐述一个普遍的原则。需要注意的是，仅仅因为归纳推理导致一个假说在很多时候有意义，但并不意味着这个假说一定是正确的。以“地心说”为例，这个假说是基于太阳每天早晨从东边升起，每天晚上从西边落下的观察而得出的。在很长一段时间里大家都认为这个假说是一个“事实”。直到 17 世纪早期，基于伽利略对金星的观察，这个假说才被推翻。

还有一种逻辑推理方法被应用于科学假说叫作**演绎推理**（Deductive Reasoning）。如果说归纳是从一系列观察中得出的普遍规律的结论，那么演绎推理则是反方向的，即从一般规律到特定规律。如果从一个普遍的假说前提，我们推测出一个特定的结论，那么这个假说就是正确的。在科学研究中，演绎推理通常是：如果一个假说是正确的，我们就会得出相应的预测结果。然后我们会做实验来检测假说是否正确，来看看结果是否和预测的一致。这种演绎推理通常采用的形式是：如果……那么……。比如说，如果灯不亮是因为电池坏了，那么换上一个好的电池灯就会亮。

1.3.2 假说的验证

如果一个假说经过反复的测试没有被推翻，而且所有合理的其他假说都被排除在外，那么就意味着这个假说得到了充分支持，科学家们就会接受这个假说在实际意义上是正确的。因此，科学中的“真理”可以被定义为基于现在掌握的所有信息，我们所知道和理解的东西。但同时总是存在着一种可能性，即现在看来是正确的东西可能有一天会被证明是错误的。检验假说的有效方法是进行严格的科学实验。

1. 实验的方法

实验（Experiments）是为检验特定的假说而设计的一系列行动或观察。一般来说，实验允许科学家控制可能影响研究对象的条件，严格操控环境可以让科学家排除一些其他假说或可能的解释。科学实验类似修车师傅判断汽车的问题所在。汽车发动机发动不起来的原因有很多。如果一位修车师傅在重新起动汽车之前，先对大量部件进行修补，使用了所有可能的修复方法，那么他就不知道问题到底是什么引起的。相反，修车师傅可首先测试电池的电量，如果电池显示充电良好，则检查发动机。他会一直这样检查下去，直到发现问题。同样，科学家也会系统性地消除那些不能解释特定现象的假说。

实验是在严格控制的条件下进行的科学检测，是通过操纵一个系统中的因子来检验其发生变化时产生的影响。系统中被操控的因子和其产生的影响都叫作实验中的**变量**（Variables），在一个实验中是可以变化的。如图1.6中的实验，假如我们想检测多浇水是否对种子发芽起着推动作用，这个实验中需要操控的因子就是浇水的量，被称为**自变量**（Independent Variables）。浇水导致种子是否发芽就是产生的影响，被称为**因变量**（Dependent Variables）。在实验测试中，科学家们操纵一个自变量（其值可以自由改变）来测量对一个因变量的影响。因变量可能受自变量变化的影响，也可能不受自变量变化的影响，但研究者不能系统地改变因变量。在这一实验中，除了自变量和因变量外，我们还需要注意的是**受控变量**（Controlled Variables）。受控变量是指实验中对照组和实验组之间保持不变的因素。以这个实验为例，要保证除了浇水量外，没有其他因素会影响种子的发芽，比如光照时间、营养、植物的种类、植物年龄等。因此，设计一个实验要充分考虑各个变量。

另外，需要注意的是并不是所有的科学假说都可以通过实验来验证。例如，关于地球上生命如何起源或恐龙灭绝原因的假说，通常无法用这种方法进行验证。但这些假说可以通过对自然界的仔细观察而得到验证。例如，通过对化石和其他地质证据的研究，科学家们可以检验关于恐龙灭绝的假说。

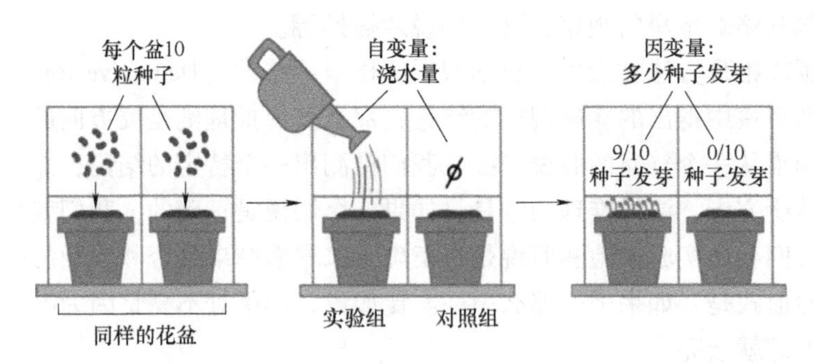

图 1.6 实验的设计（自变量为浇水量，因变量为种子发芽数量）

2. 对照实验

我们前面植物浇水的实验中提到了**对照**（Control）。一个实验中的对照组对象是指和实验组对象进行非常相似的测试，除了该对照组对象没有经过实验组的处理。一般在一个实验中，实验对象被分配到一个对照组或一个实验组。如果二者的结果存在差异，那么这种差异很可能是由于实验处理的原因导致的。以浇水实验为例，对照组不浇水，而实验组保持一定的浇水量（见图 1.6），结果是实验组的种子发芽，而对照组的不发芽。

对照实验的方法也经常应用在测量药物的疗效中。科研人员经常对各种可能的药物疗法开展对照实验。在实验设计中，对照组和实验组对象必须尽可能相似，以排除其他因子造成的影响的可能性。因此，两组测试者在年龄、饮食或其他可能影响结果的因素上应尽量把差异最小化。最小化的一个有效方法就是随机分配个体。

另外，在测试新药疗效的实验中，科研人员经常使用**安慰剂**（Placebo）作为对照组的“药”（见图 1.7）。如果药物实验的数据表明实验组的有效程度比接受安慰剂的人高，加上严格控制实验条件，研究人员可以确信两个组的差异就是药物导致的（见 MOOC 视频 1.2）。

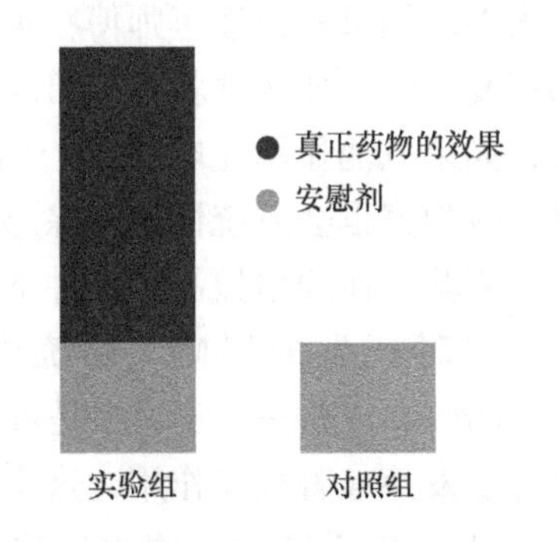

图 1.7 新药测试中的安慰剂效应

3. 减小实验中的主观性

科学家可能在某个特定假说被验证之前就已经对其真实性有了自己的看法。这些观点可能会导致参与者对实验结果产生不公平的影响或偏见。比如上述的药物疗效检测实验中，如果给药人员或者服药人员事先知道哪个是真药哪个是安慰剂，容易使实验结果造成偏差。为了避免实验者产生偏见，我们往往采用“**双盲实验**”（Double Blind），即研究对象和技术人员在执行实验时都不知道分组情况。双盲实验几乎消除了人类偏见对结果的影响（见 MOOC 视频 1.2）。

4. 使用相关性验证假说

有时候尽管设计实验考虑了变量和对照，但是很多时候某些实验还是难以实施，特别是当实验对象是人的时候。有时由于伦理原因或者操作的难度，我们需要借助其他实验方式。

（1）模型系统

很多时候科学研究如果在人身上进行测试时，会引发伦理或实际问题。科学家可以使用模型系统（Model Systems）来测试假说。模型系统主要指容易培养和操纵的有机体，比如某些种类的细菌、线虫和果蝇，或者是在实验室培养的细胞。在人类健康和疾病的研究中，研究对象通常是一些哺乳动物。哺乳动物作为模式生物在医学研究中特别有用，因为它们在解剖学和生理学上和我们有相似之处。模型系统的使用允许在这些方法用于人类之前，对潜在的药物和其他疗法进行实验测试。对模式生物的研究有助于更好地理解几乎所有严重威胁人类健康的疾病，如癌症、心脏病、阿尔茨海默病和艾滋病等。

（2）寻找两个因子之间的关系

当在人类身上进行对照实验比较困难或不可能时，科学家也可以使用相关性来验证假说。相关性是指两个变量之间的关系。以吸烟和肺癌的关系为例，图 1.8 展示的是美国从 1900 到 1980 年间吸烟数量和肺癌死亡率之间的相关性，我们可以看到，随着吸烟数量的上升，死于肺癌的人数也呈类似的上升趋势。需要注意的是相关性不代表直接的因果关系。

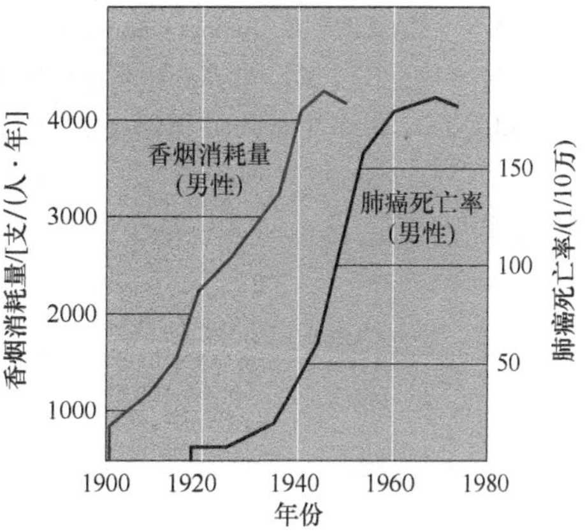

图 1.8　吸烟和肺癌的相关性

1.3.3　如何分辨科学信息

通过学习科学研究的方法，我们知道了科学研究的基本思路。那么，面对出现在我们日常生活中的生物学相关信息时，我们该如何去分辨这些信息呢？

1. 第一手资料

绝大多数生物学相关的研究都是作为一手资料发表的，由研究人员自己撰写，并在科学界进行同行评审（Peer Review）。同行评审，即其他科学家在实验结果和结论发表之前对其进行评估和评论，目的是为了验证学术工作，帮助提高发表研究的质量。在《科学》《自然》和《细胞》等期刊上发表的同行评审的研究论文，以及成百上千的其他期刊，代表了当今科学知识的第一个也是最可靠的来源。

然而，对每周发表的大量科学论文进行评估是非专业人员无法完成的任务。大多数人从书籍、新闻报道和广告等二手来源获得科学信息，而不是阅读原始文献。在这种情况下，我们如何判断这些信息的准确性或可靠性呢？

2. 从二手资料了解科学

在 MOOC 视频中我们举了大量的二手资料的例子，以帮助同学们辨别这些二手资料结论的真伪（见 MOOC 视频 1.3）。我们可以用所学的对科学研究和实验设计的理解来评估这些二手资料的科学信息。这个说法是基于科学研究的结果，还是建立在未经验证的假设之上？这些结果是用科学方法得出的吗？这个报导是否混淆了因果关系？这些信息是否适用于非实验室情况，还是基于初步或动物研究的结果？

即使遵循了所有这些指导方针，我们仍然会发现一些关于科学研究的结果好像是相互矛盾和无法理解的。其实这种困惑正是科学过程的本质：在我们探索知识的早期，许多假说被提出和检验。有些经过测试后被否决，有些虽然暂时得到了一个实验的支持，但后来被更完善的实验否决。只有清楚地了解科学研究的过程和其中的不足，我们才能区分“我们知道的”和“我们不知道的”。

参考文献

[1] 玛格纳. 生命科学史［M］. 李难，崔极谦，王水平，译. 天津：百花文艺出版社，2002.

[2] KATOH I, et al. Inhibition of retroviral protease activity by an aspartyl proteinase inhibitor［J］. Nature, 1987, 329：654-656.

[3] BELK C, MAIER V B. Biology：Science for Life［M］. 5th ed. New York：Pearson, 2016.

[4] 穆克吉. 癌症传［M］. 北京：中信出版股份有限公司，2013.

[5] REECE J B, et al. Campbell Biology［M］. 10th ed. New York：Pearson, 2013.

第2章 DNA和蛋白质的结构与功能

演化关系上和我们人类（智人，Homo sapiens）关系较近的有黑猩猩、大猩猩和红毛猩猩（见图2.1）。有趣的是，人类拥有23对染色体，而黑猩猩，大猩猩和红毛猩猩均拥有24对染色体。这不禁让我们产生这样的疑问：这几个物种的最近的共同祖先有多少对染色体？在漫长的演化过程中人类或者其他三个物种是通过怎样的机制减少或者增加染色体数目的？有什么样的演化上的证据可以支持这样的机制？

图2.1 黑猩猩、大猩猩和红毛猩猩是演化关系上和人类联系最紧密的物种

现代生物学家可以在分子水平上分析生物体的相似性和多样性。所有形式的生命使用相同的遗传物质（DNA或RNA）和相同的遗传密码，证明所有的物种都是从共同祖先演化而来的。分子水平的生物学证据主要通过分析DNA或蛋白质的序列来鉴定物种的演化历史以及物种间的演化关系。DNA作为遗传物质，可以存储遗传信息，这个功能体现在其结构中。同时，DNA作为蛋白质的蓝图，决定了每种蛋白质都具有特定的序列和化学性质。蛋白质由于具有特定的化学性质和空间结构，也决定了其多种功能。

在本章的学习中，我们将探讨生物学中最普遍也是最重要的两种大生物分子：DNA和蛋白质。这两种分子的结构和功能的研究是探索和理解多种生物学问题的基础。我们首先探讨组成大生物分子的化学基础：原子或分子间相互作用，包括强化学作用和弱化学作用。在此基础上，我们分别介绍DNA和蛋白质的结构和功能，并探讨这些知识在生物学研究和技术开发中的应用。

2.1 生物系统中的强化学作用和弱化学作用

DNA由核苷酸组成，蛋白质由氨基酸组成，每个核苷酸单体或氨基酸单体通过共价键

(Covalent Bonds) 连接，分别形成多聚核苷酸长链和多肽链。共价键属于分子内作用力。分子内作用力一般指把原子结合成分子或化合物的作用力，包括所有的化学键（Chemical Bonds)。共价键属于强化学作用，非常稳定，在生物系统中从来不会自发断裂。同时，在生物系统中也存在弱化学作用，在细胞的生理条件下可以不断地生成和断裂，对于维持生命至关重要。

2.1.1 多聚体的形成依赖强化学作用

核酸（DNA 和 RNA）和蛋白质都是链状分子，称为聚合物（Polymer)。聚合物是一种由共价键连接的许多相似元件组成的长分子，就像一列火车由一串串车厢组成一样。这些组成聚合物的相似元件是更小的分子，即单体（Monomer)。虽然每一类聚合物是由不同类型的单体组成的，但细胞内生成和分解聚合物的化学机制基本上是相同的。在细胞中，这些过程由酶催化。两个单体通过一个化学反应连接起来，这就是脱水反应（Dehydration Reaction)。在这个反应中，两个分子通过共价键结合在一起，失去一个水分子（见图 2.2)。当单体一个接一个地添加到链上时就形成了聚合物。

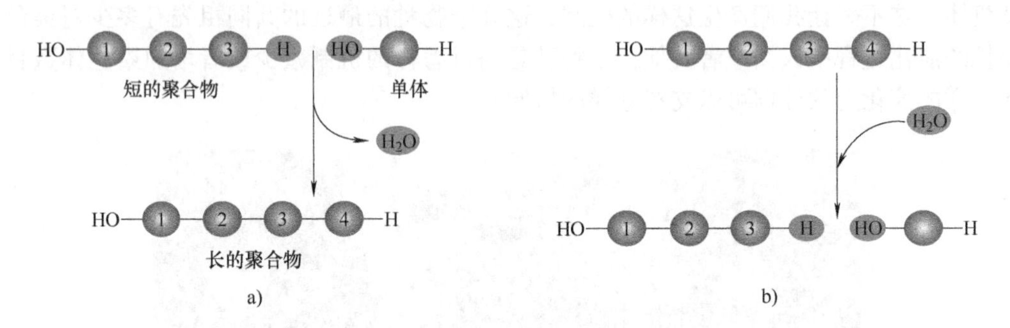

图 2.2 两个单体经过脱水反应结合在一起；聚合物通过水解反应分解为单体
a) 脱水反应：生成聚合物 b) 水解反应：分解聚合物

聚合物通过水解反应（Hydrolysis）分解为单体，这一过程本质上与脱水反应相逆。水解反应指单体之间的化学键通过加入水分子被打破，水分子中的一个氢附着在一个单体上，羟基附着在另一个单体上。我们体内的消化过程就是水解反应的一个例子。食物中的大部分有机物质是以聚合物的形式存在的，由于太大而无法进入我们的细胞。在消化道内，各种类型的酶降解这些聚合物，加速水解过程。释放出来的单体随后被吸收到血液中，并最终进入身体内的所有细胞中。然后，这些细胞可以通过脱水反应将单体组装成新的不同的聚合物，这些聚合物可以执行细胞所要求的特定功能。

2.1.2 弱化学作用

在生物系统中也存在弱化学作用，而且对于生命来说尤为重要，因为它们在生物体内可以不断地生成和断裂，参与到各种生物学过程中。生物系统中比较常见的弱化学作用包括范德华力、疏水作用、氢键和离子键。

1. 弱化学作用的特点

在生物系统中，弱化学作用能够有效地发挥其功能，需要相互作用的分子的表面非常接

近。这种接近程度需要分子表面有互补的结构（Complementary Structures），通常是一个突出的表面会匹配一个凹陷的表面，相互作用的两个分子结构是锁匙配对或者是拼图的关系（见图 2.3）。

图 2.3　相互作用的分子间存在互补的空间结构（锁匙或拼图）

生物系统中 DNA 和蛋白质间的作用很多都属于弱化学作用。在决定这些大生物分子的结构和功能的各种因素中，弱化学作用至关重要。小分子通过共价键连接组成 DNA 或者蛋白质，并且这些小分子连接的顺序体现了 DNA 和蛋白质的信息。然而，只有当这些大生物分子在其不同部分之间形成大量的弱化学作用之后，它们才形成了特定的结构并使其能行使功能。氢键、范德华力、疏水作用指导 DNA 形成双螺旋结构以及蛋白质的空间结构。绝大多数能够破坏大生物分子的这种弱化学作用的因素（如温度、pH 值），即使在共价键不被破坏的情况下，都会破坏其生物活性。

2. 弱化学作用的功能

弱化学作用有以下功能：①调节酶和其底物间的相互作用；②参与形成大生物分子的空间结构；③调节大生物分子之间的相互作用，特别是蛋白质和 DNA、蛋白质和 RNA 或者蛋白质和蛋白质之间的相互作用，决定这些分子的形状以及相应的生物学功能。

DNA 与蛋白质的相互作用以及蛋白质与蛋白质的相互作用构成了细胞生命活动的核心，这些生命活动包括如何识别信号并做出应答；基因的表达；DNA 的复制、修复和重组等，当然还包括这一系列过程的调控。这些相互作用都是通过弱化学作用来实现的。

2.2　DNA 的结构与功能

核酸分子可以存储、传递和表达遗传信息。核酸有 2 种：DNA 和 RNA。本章我们主要讨论 DNA。

2.2.1　DNA 作为遗传物质的特点

DNA 是遗传物质，可以存储遗传信息，并且为自身复制提供依据。主要体现在以下三点：

1. 遗传物质可自我复制

DNA 可以进行自我复制，因此能保证自身和后代都有同样的拷贝。DNA 复制的基础是其自身的结构，即碱基互补配对。而且，这种复制具有忠实性，保证遗传信息可以基本保持不变地代代相传。DNA 复制的忠实性很大程度上通过碱基互补配对和复制过程中的校正机制来实现。

2. 遗传物质具有稳定性

DNA 在复制过程中的精确程度保证了遗传信息在代代相传中的稳定性。另外，DNA 在细胞中被包装成染色质的形式，也有助于维持 DNA 的稳定而不被降解。在日常生活中，环境中的各种因素（比如紫外线、尼古丁等）也会造成 DNA 的损伤。机体能够及时修复这些损伤，防止损伤进而演变成突变。所以遗传物质 DNA 具有把突变概率维持在低水平的能力。

3. 遗传物质可以产生变异

DNA 作为遗传物质也会产生可遗传的变异，即分子结构发生变化，引起遗传信息的改变。DNA 分子可以接受偶然的改变，比如 DNA 重组，即染色体之间或一条染色体上不同位点之间的 DNA 片段发生交换。从 DNA 结构角度来讲，DNA 碱基序列进行不同的排列组合可以产生多种基因，从而产生遗传变异。此外，DNA 也会产生突变，即核苷酸序列的永久改变。需要注意的是，这里讨论的是遗传物质的变异与后面章节中讨论的遗传多样性（包括从 DNA 到蛋白质的过程）并不相同。

2.2.2 DNA 的结构与功能

DNA 和 RNA 都属于核酸分子，存在于生物体中。核酸以多聚核苷酸链的形式存在。每一个多聚核苷酸链都是由多个叫作核苷酸（Nucleotide）的单体组成的。核苷酸主要由三部分组成：五碳糖、含氮碱基和多个磷酸基团。在多聚核苷酸链中，每个单体只有一个磷酸基团。不含有磷酸基团的核苷酸叫作核苷（Nucleoside）。需要注意的是 DNA 和 RNA 组成的差异（见 MOOC 视频 2.4）。当科学家们发现 DNA 是携带遗传信息的遗传分子后，立即将注意力集中在了 DNA 的结构研究上，其主要原因是大家希望通过了解 DNA 的结构来帮助探索 DNA 功能。

1. 多聚核苷酸链

核苷酸通过脱水反应形成多聚核苷酸链。在多聚核苷酸中，相邻的核苷酸通过磷酸二酯键（Phosphodiester Bond）连接，即一个核苷酸的脱氧核糖上的 3'-羟基与另一个核苷酸上 5'-磷酸基团相连。多聚核苷酸链以磷酸二酯键为基础构成了规则的、不断重复的糖-磷酸骨架，这是 DNA 结构的一个特点。多聚核苷酸链的两端有明显的不同。一端有一个磷酸基团与 5' 碳相连，另一端 3' 碳上有一个羟基，我们分别将其称为 5' 端和 3' 端。所以多聚核苷酸链沿着它的糖-磷酸骨架有一个内在的方向性，从 5' 到 3'，沿着这个糖-磷酸骨架附着连接含氮碱基（见 MOOC 视频 2.4）。

多聚核苷酸链中碱基的排列顺序是无规律的，碱基排列顺序的不规则性及其长度是 DNA 存储大量信息的基础。DNA 上的碱基序列对每个基因来说都是独一无二的，它为细胞提供非常具体的信息。因为基因有数百到数千个核苷酸长，所以可能的碱基序列的数量实际上是无限的。一个基因的意义就是编码四个 DNA 碱基特定的排列顺序。基因中碱基的线性顺序也决定了蛋白质的氨基酸序列（一级结构），进而决定了蛋白质的三维结构及其在细胞中的功能。

DNA 中碱基的排列顺序体现大量的遗传信息，因此也方便科学家们通过 DNA 序列来寻找人类和其他物种的演化历史。借助测序技术，我们可以对比碱基序列的异同，找到不同物种间遗传信息的共同点和不同点。回到本章开头所探讨的问题：人类染色体数量为什么有别于其他三个物种？在演化历史上，人类和其他三个物种分道扬镳之前的共同

祖先是 24 对染色体还是 23 对染色体（见图 2.4）？从概率上考虑，演化过程中同时出现三个物种增加染色体数目的可能性并不大，而在演化过程中只出现一个物种染色体数目减少则更有可能。需要注意的是染色体是由 DNA 和蛋白质组成的，它只是基因的载体，承载着遗传信息。只要存在着正确数量的遗传物质，这些遗传物质要如何排列组合并不会导致遗传信息的丢失。

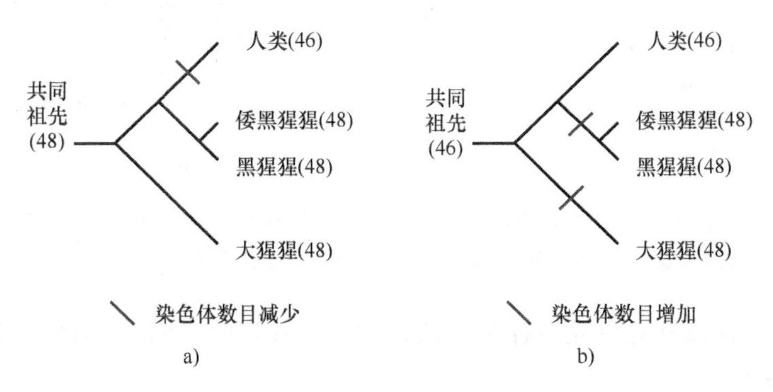

图 2.4　四个物种最近的共同祖先可能具有 23 对或 24 对染色体
a）共同祖先有 48 条染色体　b）共同祖先有 46 条染色体

那么，导致人类染色体数目减少的一种可能的机制是：演化过程中人类两个染色体发生了融合，导致染色体数目减少而遗传信息并没有丢失。接下来的推理就是，如果染色体发生了融合，那么在人类染色体的部分序列中可能观察到具有融合的特征：

1）结合染色体本身的特征来讨论，参考后面章节中介绍染色体的知识（见 MOOC 视频 6.2）。真核生物染色体的末端称为端粒（Telomere），它们通常由首尾相接的富含 TG 的重复 DNA 序列构成。而在融合后的染色体中，我们可能会发现一些端粒序列出现在染色体的非末端部分（见图 2.5a）。另外，在染色体的长臂和短臂的交接处存在着丝粒（Centromere），而在融合的染色体中将会发现不止一处含有着丝粒。

2）人类一条染色体上的 DNA 序列和其他三个物种中的两条染色体序列具有高度相似性。这样既支持演化关系相近，又支持染色体融合（见图 2.5b）。事实证明，人类 2 号染色体是融合的结果，其序列和黑猩猩第 12 号、第 13 号染色体序列高度相似。端粒序列和着丝粒部分序列的检测验证了这一结果。

2. DNA 的碱基互补配对

两条多聚核苷酸链靠氢键结合。一条链上的腺嘌呤总是和另一条链上的胸腺嘧啶配对，而鸟嘌呤总是和胞嘧啶配对。这种配对关系叫作“Watson-Crick”配对，最初是基于生物化学家查戈夫（E. Chargaff）的观察。查戈夫发现：在任何一种生物体中，腺嘌呤的量永远等于胸腺嘧啶的量，而鸟嘌呤的量则永远等于胞嘧啶的量，也被称为 Chargaff 碱基相等法则（见图 2.6）。对于这种等量对应关系科学家们一开始并不清楚，后来随着 DNA 双螺旋的结构被发现而得到了确认。

英国科学家罗莎琳德·富兰克林（R. Franklin）通过 X-射线晶体学技术得到了 DNA 结构的 X-射线衍射图（见图 2.7）。沃森（J. Watson）和克里克（F. Crick）通过这个衍射图推导出 DNA 是螺旋形。这张照片中的模式揭示了螺旋结构是由两条链组成的，也就是我们现

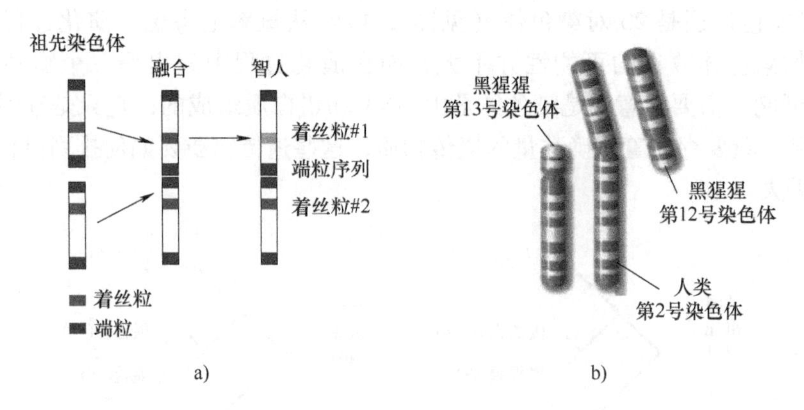

图 2.5　人类与其他物种染色体对比（扫封面二维码查看彩图）

a）真核生物染色体含有端粒和着丝粒　b）人类第 2 号染色体序列与黑猩猩第 12 号、13 号染色体序列高度相似

在熟悉的双螺旋。沃森和克里克结合 X 射线衍射结果和当时人们对 DNA 化学的了解，逐步构建了 DNA 的结构。

图 2.6　a）埃尔文 · 查戈夫　b）碱基相等法则

图 2.7　a）罗莎琳德 · 富兰克林　b）DNA X-射线衍射图

DNA 双螺旋中的含氮碱基以特定的组合配对：腺嘌呤（A）与胸腺嘧啶（T），鸟嘌呤（G）与胞嘧啶（C）。沃森和克里克通过反复搭建模型才得出 DNA 的这一关键特征。起初，沃森认为碱基是同型配对的，比如 A 和 A，C 和 C。但这个模型与 X 射线数据不符，X 射线数据表明双螺旋的直径是均匀的。腺嘌呤和鸟嘌呤均是带有两个有机环的含氮碱基，而胞嘧啶和胸腺嘧啶均是有一个单环的含氮碱基。因此，嘌呤（A 和 G）大约是嘧啶（C 和 T）的两倍宽。因此一个嘌呤-嘌呤对太宽，一个嘧啶-嘧啶对太窄，而将嘌呤和嘧啶配对，就会产生均匀的直径（见图 2.8）。沃森和克里克推断，碱基的结构一定决定了配对的特异性。每个碱基都有化学基团，可以与合适的另一个碱基形成氢键：腺嘌呤可以与胸腺嘧啶形成两个氢键，而且只有胸腺嘧啶；鸟嘌呤与胞嘧啶形成三个氢键，而且只与胞嘧啶形成氢键。简而

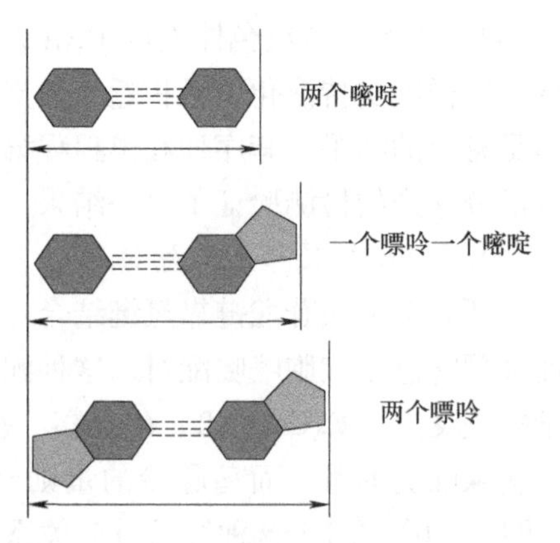

图 2.8　碱基配对的推理

言之，A 与 T 配对，G 与 C 配对。

Watson-Crick 配对模型可以解释查戈夫法则：只要 DNA 分子的一条链有 A，它的配对链就有 T。同样，一条链上的 G 总是与互补链上的 C 成对出现。因此，在任何生物的 DNA 中，腺嘌呤的数量等于胸腺嘧啶的数量，鸟嘌呤的数量等于胞嘧啶的数量。现代 DNA 测序技术已经证实，两者的数量完全相等。

DNA 可以进行碱基互补配对也是 DNA 进行复制的基础。在沃森和克里克揭示 DNA 双螺旋的文章中也指出：DNA 的这种碱基互补配对同时也暗示了 DNA 的复制方式。现代生物学技术也经常利用 DNA 碱基互补配对原则。核酸的杂交技术就是一个典型的例子。杂交（Hybridization）现象，是指一条核酸单链和另一条核酸单链具有互补的碱基序列，可以形成一个双链分子。核酸杂交技术经常被用来检测相关的或者相同的分子。在这项技术中，通常使用一个标记的核酸分子来检测或鉴定混合物或者未知分子中的 DNA 或者 RNA。

另外，利用 DNA 碱基配对原理的还有近几年的新兴技术：DNA 折纸术（DNA Origami）（见图 2.9）。这项技术是通过不断折叠单链 DNA 分子进而组装成一个特定的空间结构，其原理就是使成百上千条 DNA 进行碱基互补配对。通常情况下，氢键可以使碱基互补的 DNA 形成一个双螺旋。然而，当两段 DNA 分子只有部分互补时，两段分子都可以和多段 DNA 分子结合，这就为创造复杂的空间结构提供了前提。这项技术需要一个支架 DNA（Scaffold DNA）和无数个订书钉 DNA（Staple DNA）配合，在实验过程中创造条件，使得订书钉 DNA 和支架 DNA 的部分进行碱基配对结合，进而使其组装成一个更加复杂的结构。如图 2.9 所示，这种技术通过将一条长的单链 DNA 与一系列经过设计的订书钉 DNA 进行碱基互补，能够可控地构造出高度复杂的纳米图案或结构，在新兴的纳米领域中具有广泛的潜在应用。

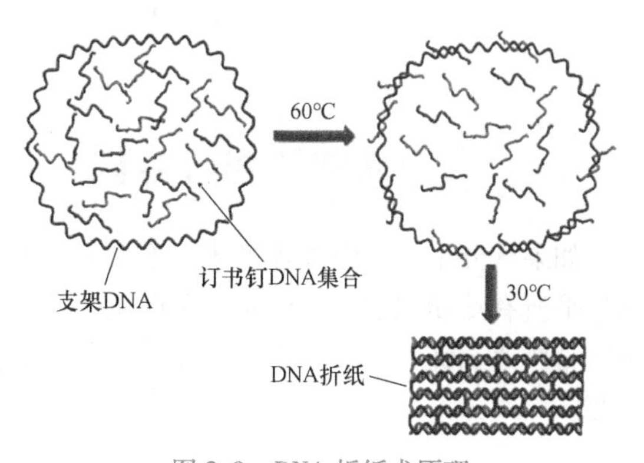

图 2.9　DNA 折纸术原理

3. DNA 的双螺旋结构

DNA 分子通常形成规则的螺旋结构，这是由于组成螺旋的两条 DNA 单链具有互补结构并且反向平行。一条链上的 A 总是和另一条链上的 T 配对，而 G 总是和 C 配对。两条链有相同的几何螺旋结构，但连接它们的碱基配对使得它们有相反的极性，即一条链上 5’端的碱基和另一条链上 3’端的碱基配对，叫作反向平行。分子内和分子间的弱化学作用都起着稳定该结构的作用（氢键、范德华力等）。两条单链由氢键连接在一起。另外，核糖和磷酸基团的所有表面原子都与水分子形成了氢键。双螺旋 DNA 分子通常比较稳定。当高于生理温度时（比如加热），弱化学作用就会越来越不稳定，随着温度的升高，一定数量的弱化学作用被破坏，分子通常会失去其原有结构从而形成无活性的结构，这一过程也叫作变性（Denaturation）。

DNA 分子所形成的双螺旋结构中有两条大小不一的沟。为什么会有一条小沟（Minor Groove）和一条大沟（Major Groove）？这是由碱基对的空间几何结构决定的。以图 2.10

为例，如果从双螺旋的顶部俯视双螺旋，我们会看到最里面是配对的碱基，碱基通过糖苷键连接五碳糖，最外侧是磷酸基团。在这种视角下，碱基对上连接的两个糖之间的角度（糖苷键间的夹角），窄角大约为 120°，广角则为 240°。当越来越多的碱基对上下堆积起来，使其一侧糖间的窄角就形成了小沟，而另一侧的广角就形成了大沟。如果糖和糖之间呈直线相对，也就是 180°的角度，那么所形成的两个沟大小相同，不存在小沟和大沟之分。

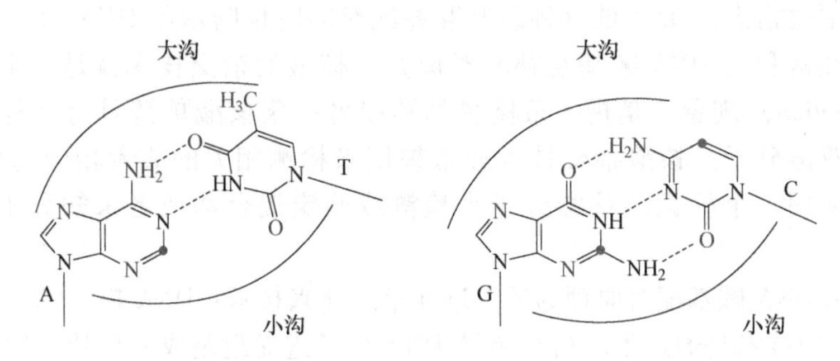

图 2.10　DNA 大沟和小沟形成原理

2.3　蛋白质的结构与功能

如果从分子、细胞或者机体水平上看，大部分生物学过程中蛋白质是主角。一个生物体的几乎所有功能都依赖蛋白质。蛋白质的重要性从它的英文名字中就可以看出："protein"，来自希腊语 proteios，意思是"primary"。理解蛋白质的结构和功能对于理解生物学过程非常重要。

2.3.1　蛋白质的功能

种类繁多的蛋白质可以参与到调控、运输、细胞通信等生物学过程中。表 2.1 列举了蛋白质的多种功能，我们在后面的章节中会陆续学习到。生物体的正常运转离不开酶，而绝大多数酶都是蛋白质。酶对于细胞不停地工作起着至关重要的作用。人体内有上万种不同的蛋白质，每一种都具有特定的结构和功能。和蛋白质的多种功能相对应的是每一种蛋白质都具有特定的三维结构。

表 2.1　生物学中常见的各种蛋白质的功能举例

蛋白质种类	蛋白质名称	蛋白质功能
具有酶功能	DNA 聚合酶	催化合成 DNA 链
免疫反应	抗体	结合抗原、引发免疫攻击
存储	卵清蛋白	存储氨基酸
物质运输	血红蛋白	运输氧气
激素	胰岛素	调控血糖浓度

（续）

蛋白质种类	蛋白质名称	蛋白质功能
受体	生长因子受体	细胞信号传递，结合生长因子
收缩和运动	肌动蛋白	肌肉收缩
结构	角蛋白	结构支持
调控	乳糖抑制酶	调控基因表达
特殊情况	Prion	导致疯牛病

2.3.2　蛋白质的结构

蛋白质是多种多样的，然而它们的基本组成都离不开 20 种氨基酸（见 MOOC 视频 2.4）。这些氨基酸通过肽键连接成多聚氨基酸长链，也叫作**多肽链**（Polypeptide Chain）。蛋白质就是由一个或多个多肽链构成的一个具有生物学功能的分子，其中每个多肽链都折叠成一个特定的三维结构。尽管蛋白质之间差别很大，但所有的蛋白质都具有严格的层级结构：一级结构、二级结构和三级结构。部分蛋白质是由两个或两个以上多肽链构成的，因此具有四级结构（见 MOOC 视频 2.4）。

1. 蛋白质结构模型

蛋白质是具有三维空间结构的大分子。在结构研究中，我们通常用几种蛋白质模型来代表蛋白质的结构。如图 2.11 所示，三种模型代表的都是同一种蛋白：**溶菌酶**（Lysozyme），广泛地存在于我们的汗液、眼泪和口水中。Stick 模型主要体现了蛋白质中的分子状况。Ribbon 模型体现了一个多肽链是如何折叠和卷曲形成一个三维的功能性的蛋白。Spacefilling 模型是常见的蛋白质球形模型，它更好地体现了蛋白质特别是酶的可能的活性中心。

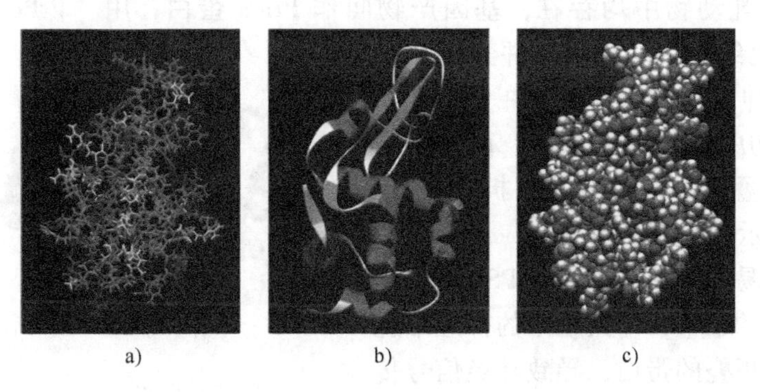

图 2.11　常见的蛋白质的三种模型

a）Stick 模型　b）Ribbon 模型　c）Space-filling 模型

2. 蛋白质的一级结构

蛋白质的**一级结构**（Primary Structure）是指多肽的线性氨基酸序列（见 MOOC 视频 2.4）。蛋白质的一级结构如同一个长英文单词中的一串字母一样。一级结构中氨基酸序列是由遗传信息所决定的，即如果改变遗传信息，那么蛋白质中氨基酸序列也有可能会改变。一级结构中氨基酸序列的变化也会影响蛋白质的结构和功能。镰刀型细胞贫血症（Sickle Cell Anemia）是一种隐性遗传疾病，起因是正常血红蛋白的一个氨基酸发生了变化，导致这种蛋白携带氧气功能的丧失，进而导致细胞形态和功能的变化。正常的红细胞是圆形的，而在镰刀型细胞贫血症患者的红细胞内，由于异常的血红蛋白倾向于聚集呈链状，导致细胞变形为镰刀形。蛋白质的一级结构同时也决定了二级结构和三级结构，这是由多肽链的骨架和氨基酸侧链（R 基团）的化学性质所决定的。

3. 蛋白质的二级结构

大多数蛋白质的多肽链的很多区域都会有重复的螺旋或者折叠，这些螺旋或者折叠决定了蛋白质的总体构型。我们把这些螺旋或折叠统称为蛋白质的二级结构（Secondary Structure)，主要是由多肽链骨架上不断重复出现的组成成分之间形成的氢键导致的。在肽链的骨架上，氧原子有部分负电荷，而连接氮原子的氢原子有部分正电荷，因此氧原子和氢原子之间可以形成氢键。单个氢键虽然比较弱，但是由于多肽链上很多区域都有较多的氢键，这些氢键可以在蛋白质的部分区域支撑一个特定的构型。

二级结构的一种叫作 α 螺旋。许多氨基酸序列能够形成这种 α 螺旋，是因为在多肽链中的羰基和亚氨基基团的几乎全部骨架原子间都形成氢键连接，从而使结构稳定。第二种常见的二级结构叫作 β 折叠。与 α 螺旋不同，β 折叠是多肽链骨架的一种高度延展形态。β 折叠结构之所以稳定是因为在这种延展构型中多肽链区域整齐地排列，使得一个 β 折叠单链的羰基能够与相邻单链的亚氨基基团形成氢键（见 MOOC 视频 2. 4）。

大多数蛋白质中都含有 α 螺旋和 β 折叠，我们以朊病毒（Prion）为例来说明结构与功能的关系。Prion 是一类具有传染性的蛋白质片段，是 Proteinaceous Infectious Particle 的缩写。朊病毒主要导致疯牛病，人如果食用了有病的牛肉，也会引起中枢神经系统的病变。朊病毒和其他病原体不同，并没有传统意义上的遗传物质，仅由蛋白质组成。编码这个蛋白的基因在所有的哺乳动物中均存在，基因产物叫作 Prion 蛋白，用“PrPc”表示。正常的 Prion 蛋白是淋巴细胞的一部分，并且存在于中枢神经系统神经元的细胞膜中。正常的 Prion 蛋白的结构中以 α 螺旋居多。而当这个蛋白处于错误折叠时，结构中以 β 折叠居多，用“PrPSc”表示。错误折叠的 Prion 蛋白非常稳定并且不容易被水解。这种 PrPSc 不断积累达到神经毒性的水平，即大脑中的神经细胞积累过量的错误折叠的蛋白，导致神经信号传递异常，最终造成神经元的功能失常。从 Prion 蛋白的正常结构和异常结构（见图 2. 12）的对比可以看出，结构改变对于蛋白质功能的影响巨大。

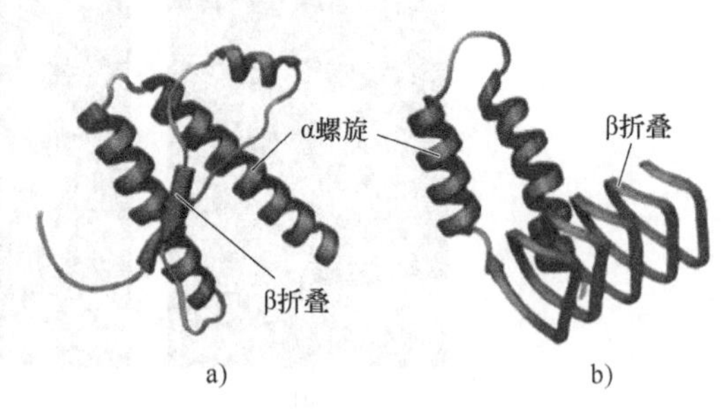

图 2. 12　具有正常功能的 Prion 蛋白和具有异常功能的 Prion 蛋白结构

a）正常 Prion 蛋白　b）致病的 Prion 蛋白

4. 蛋白质的三级结构

蛋白质的三级结构是指在二级结构的基础上被折叠为一个紧密稳定的三维结构，这是通过侧链间的弱化学作用实现的。其中一种弱化学作用叫作疏水作用（Hydrophobic Interactions）。在多肽链折叠的过程中，有疏水基团的氨基酸往往处于蛋白质的中心，远离水。因此，疏水作用实际上是非极性基团被水所排斥导致的。一旦非极性氨基酸侧链彼此接近，范德华力会将这些氨基酸结合在一起。与此同时，极性的氨基酸侧链之间的氢键以及带有电荷的侧链之间的离子键会帮助稳固三级结构。共价键二硫桥（Disulfide Bridges）在蛋白质结构稳定中也起着重要作用。两个半胱氨酸的侧链均有巯基，两个巯基之间形成二硫桥，二硫桥对蛋白质的结构进行了进一步加固。

5. 蛋白质的四级结构

部分蛋白质是由两个或多个多肽链通过相互作用形成的一个功能性大分子。其中单独的一条链被称为亚基（Subunit）。这些亚基聚集在一起成为一个大的功能性分子，这个就是蛋白质的四级结构。血红蛋白（Hemoglobin）就是一个具有四级结构的蛋白质。它包含了四条多肽链亚基，两个叫作 α，另两个叫作 β。α 和 β 亚基均含有二级结构 α 螺旋。每个亚基还包含一个非多肽链成分血红素（Heme），血红素中有铁原子负责和氧结合。

在生物学结构的研究中，我们经常需要使用 Motif 和 Domain 两个名词。Motif 是指在二级结构的基础上对蛋白质某些区域的特定分组，比如 α 螺旋和 β 折叠（见图 2. 13a）。Motif 用于描述二级结构的组成部分的折叠过程以及这些组成成分之间的相互作用。但是需要注意的是，Motif 本身并不稳定。而且，Motif 帮助揭示蛋白质的结构但是却不能预测蛋白质的功能。典型的蛋白质 Motif 包括螺旋-转角-螺旋（Helix-Turn-helix）。

结构域（Domain）是一个最基本的、三维的蛋白质功能单元（见图 2. 13b）。它经常需要发挥某种特定的功能。一个蛋白质可以有好几个不同的结构域。每一个结构域都是一个独立的单元。结构域通常用来预测蛋白质的功能。当我们分析蛋白质时，结构域是重要的研究对象。

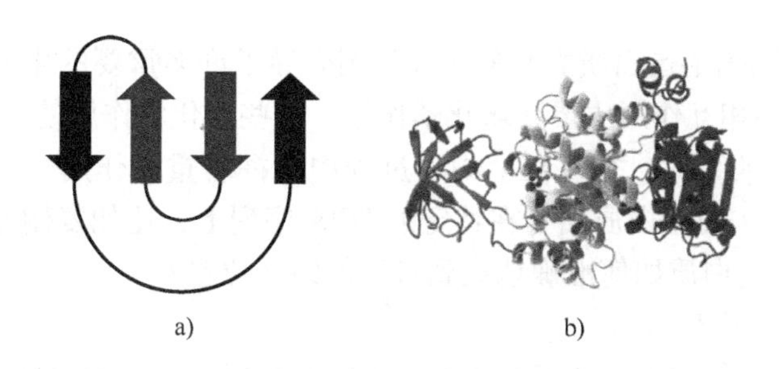

图 2. 13　蛋白质中的 Motif 和 Domain

a）Motif　b）Domain

2. 3. 3　蛋白质功能的调控

一个特定的结构赋予一种蛋白质特定的功能。影响蛋白质结构的因素有很多，比如氨基酸序列的改变、温度、pH 值等（见 MOOC 视频 2. 4）。在生物学过程中，由于生物学反应的需要，蛋白质的结构通常被调控。

1. 蛋白质折叠

从线性多肽链到形成有空间结构的蛋白质的过程叫作蛋白质折叠（Protein Folding）。蛋白质折叠的过程涉及多种弱化学作用，我们前面已经讨论。折叠过程容易被很多外界因素影响：温度、pH 值、化学因素、空间位置等。这些因素会影响蛋白质结构的稳定性并且导致它们打开折叠或者变性（Denaturation）。在变性过程中，蛋白质失去它们的三级结构和二级结构变成了随机的构型。有的细胞含有分子伴侣（Chaperones），帮助蛋白质折叠并且在极端情况下保持折叠状态。同时，分子伴侣也帮助错误折叠的蛋白质重新折叠成正确的构型。错误折叠的蛋白质很容易变性并失去其结构和功能，并且导致多种疾病。我们前面介绍的 Prion 蛋白就是一个例子，由于蛋白质的错误折叠导致结构异常进而导致功能异常。阿尔茨海默病（Alzheimer's Disease，AD）也是一个由于蛋白质错误折叠导致退行性神经疾病的例子。在这种疾病中，纤维蛋白 β-淀粉样蛋白由于 β 折叠发生错误，导致脑部出现大量的沉淀斑块。

2. 变构调控

蛋白质结构不是一成不变的。在生物学过程中由于蛋白质和不同分子作用会发生相应的变化，因此导致功能上的改变。无论是大分子还是小分子，与蛋白质结合都会引起其结构的改变。我们通常把和蛋白质结合的小分子称为配体（Ligand）。这类配体引起的结构改变有不同的效果：有的改变是增加该蛋白质对第二个配体的亲和性，有的改变是刺激蛋白质的酶学活性或者抑制酶学活性，这就是变构调控（Allosteric Regulation），是生物系统中的常见的调控机制（见 MOOC 视频 4. 5）。变构调控的基本原理是：结合于蛋白质某一位点的配体改变了这个蛋白质的形状，这种改变可以促使该蛋白质其他部位的活性位点或另一个结合位点被改变，导致蛋白质活性的增加或减少。受到这种调控的蛋白质包括酶、转录调控蛋白等。配体通常是小分子——糖类或者氨基酸。

2. 3. 4 DNA 和蛋白质的相互作用

DNA-蛋白质、蛋白质-蛋白质之间的相互作用介导了许多重要的生物学过程。蛋白质间以及 DNA 和蛋白质的相互作用主要是弱化学作用。这些弱化学作用使蛋白质、DNA 和 RNA 拥有了各自独特的三维结构，并且在生物学过程中发挥着重要作用。许多生物学过程，如 DNA 的复制或翻译，需要蛋白质结合在特定的 DNA 序列上，比如复制起始位点或启动子序列。在这些过程中，蛋白质如何准确地找到自己的结合位置？

1. DNA 大沟提供序列信息

从前面的学习中我们知道：相互作用的分子间必须要足够接近并且形成弱化学作用。蛋白质和 DNA 发生相互作用主要是通过氢键，并且绝大多数时候是在不打开 DNA 双螺旋的情况下实现的。那么，蛋白质在结合 DNA 的时候，必须在碱基配对的情况下分辨碱基对之间的差异。

DNA 双螺旋中每个碱基对的边缘都暴露在大沟和小沟中，形成了氢键供体和氢键受体模式，以及识别碱基对的范德华力表面的模式（见图 2. 14）。在大沟中的 A-T 碱基对边缘，化学基团的排列顺序：氢键受体，氢键供体，氢键受体和大的疏水表面。同样在大沟中 G-C 碱基对的边缘体现了以下化学基团的排列顺序：氢键受体，氢键受体，氢键供体和小的非极性氢。因此，DNA 大沟中的 A-T 碱基对与 G-C 碱基对所体现的化学信息是可以被区分开来

的。我们可以把这些特征看作代码，其中，A 代表氢键受体；D 代表氢键供体；M 代表甲基；H 代表非极性氢。

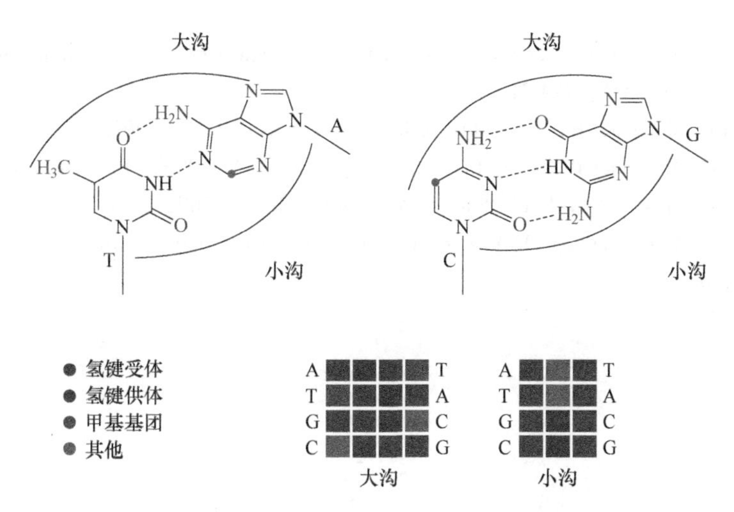

图 2.14　DNA 大沟中的化学信息（扫封面二维码查看彩图）

按照这种代码方式，在大沟中 A D A M 代表一个 A-T 碱基对；A A D H 代表一个 G-C 碱基对。依此类推，大沟中化学基团的这种代码都可以代表不同碱基对的特征。这样的模式是非常重要的，因为蛋白质无须解开双螺旋就可准确地识别 DNA 序列。

2. DNA 结合区域

蛋白质“解码”DNA 序列的机制也依赖于氨基酸侧链进入 DNA 的大沟，识别特定 DNA 并与其结合的能力。那么，是不是蛋白质的任何区域都能够进入 DNA 的大沟？答案是只有特定的结构才可以。和 DNA 结合的蛋白质中，有一种典型的区域叫作**螺旋-转角-螺旋**(Helix-Turn-Helix)。如图 2.15 所示，两个螺旋中的一个进入 DNA 的大沟中，并且和大沟中的碱基之间形成氢键。

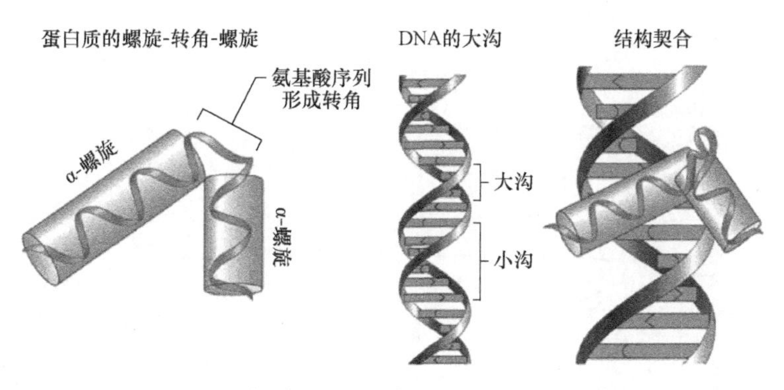

图 2.15　螺旋-转角-螺旋和 DNA 大沟相互作用

DNA 和蛋白质以及蛋白质之间的相互作用对于解释生物学现象至关重要。结构生物学的发展帮助我们掌握更详细的结构信息。除此之外，我们还可以通过遗传学和分子生物学的方法研究大生物分子之间的相互作用，这些方法在后面的章节中会具体讨论。

参考文献

[1] HILLIER L W, et al. Generation and annotation of the DNA sequences of human chromosomes 2 and 4 [J]. Nature, 2005, 434 (7034): 724-31.

[2] REECE J B, et al. Campbell Biology [M]. 10th ed. New York: Pearson, 2013.

[3] WATSON J, et al. Molecular Biology of the Gene [M]. 6th ed. New York: Pearson, 2008.

[4] WEAVER R. Molecular Biology [M]. 5th ed. New York: McGraw Hill, 2011.

[5] ROTHEMUND P W K. Folding DNA to create nanoscale shapes and patterns [J]. Nature, 2006, 440 (7082): 297-302.

第3章

细胞简介

1996年，科学家戴维·麦凯（D. McKay）和团队通过研究火星陨石ALH84001，提供了火星上曾经有生命的证据。研究团队在陨石的裂缝中发现含有橙色的碳酸盐球状体，类似于石灰岩洞穴沉积物。麦凯和他的团队发现了三种证据：①球状体中含有多环芳烃的复杂有机化合物的痕迹，这可能是微生物的衰变产物；②球状体中含有微量的硫化铁，这种化合物很有可能是由细菌代谢产生的；③当用电子显微镜观察这些碳酸盐球状体时，发现它们被大量类似于细菌化石的蠕虫状物体所覆盖（见图3.1）。

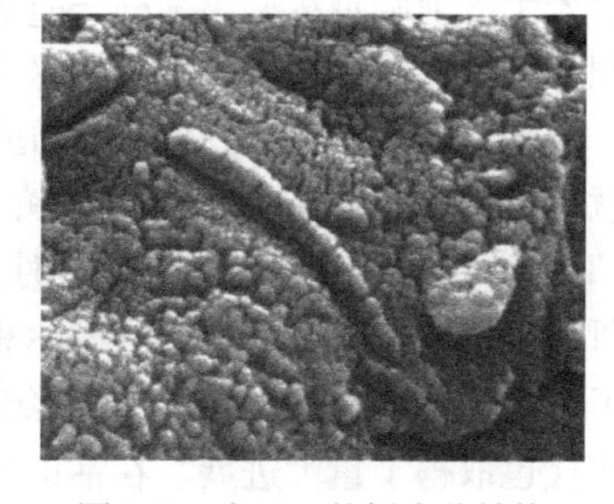

图3.1　火星上的蠕虫状结构

其他科学家对这些证据提出了一些质疑：ALH84001中的许多蠕虫只有几十纳米的直径，大约是地球上已知最小细菌的1/10。另外，维持细菌存活所需的“设备”（包括DNA和核糖体）的最小体积需要200nm，而火星陨石上的这些蠕虫状物体实在太小了，甚至无法完成正常的功能。生物学家的质疑体现出生命的一个特点：具有行使最基本功能的最小单位。这个最小单位就是细胞。细胞是地球上生命的基本结构和功能单位，通过细胞膜或者细胞壁把外界环境和细胞内部隔离。单细胞生物比如细菌，可以完成生命所需的所有活动。更加复杂的多细胞生物由上亿个细胞组成，这些细胞协同工作，共同完成生命所需的活动。

在本章的学习中，我们首先讨论为什么细胞的研究对于生物学来讲如此重要，以及科学家们研究细胞的基本方法。然后，简单地介绍细胞的结构。最后，将介绍细胞膜和跨膜运输。细胞是生物体结构和功能的基本单位，因此也是理解生物体构造和功能的基础。

3.1　细胞研究简介

很多种疾病比如疟疾、糖尿病、阿尔茨海默病或者某一种癌症，都是由细胞或分子水平的问题引起的。通过研究细胞在健康和患病状态下如何工作，科学家们能够更好地了解现在所有的生物，并能够开发更有效的药物以及新的疫苗等。此外，利用细胞生物学技术和基因技术，我们可以克隆植物和动物；以较低的成本获得高质量的食品；为许多需要移植手术的病人提供再生的器官等。

3.1.1 细胞研究的历史

在科学发展的历史上，望远镜的出现帮助科学家们开始了解宇宙，而显微镜的出现则给科学家们打开了微观世界的大门：告诉我们活的生物体是由什么组成的。细胞首先是由罗伯特·虎克（R. Hooke）在1665年发现的。他通过显微镜观察酒瓶的软木塞子，发现了像僧侣祷告的小室一样的结构，因此命名这种结构为"Cell"。虎克观察的是死的植物细胞。他把细胞结构的描述发表在了《微生物志》中。第一个在显微镜下观察活细胞的人是列文虎克（A. van Leeuwenhoek），他通过观察人们的牙垢、精子以及喝的茶水等，对活细胞进行描绘。

1838年，施旺（T. Schwann）和施莱登（M. Schleiden）在一次茶话会上交流了双方关于细胞的研究。两位科学家都对彼此发现的细胞特点的共性所惊讶，并且在会后到实验室进行了进一步观察和交流。两位科学家先后发表了关于植物和动物细胞的结构和功能的特点，并且进行了总结：所有生物体都是由细胞组成的；细胞是生物体的结构和功能基本单位。其中关于活细胞是从哪里来的一直有争议，直到1855年被魏尔肖（R. Virchow）论证：所有的细胞均是从已经存在的细胞而来。

到了20世纪，随着孟德尔遗传学被重新发现，人们的注意力开始转向细胞遗传学，也就是将细胞研究与遗传学研究联系起来。先是沃尔特·萨顿（W. Sutton）和博韦里（T. Boveri）通过描述细胞分裂时染色体的行为提出"染色体假说"：染色体上负载着孟德尔所说的遗传信息。后面经过摩尔根的果蝇杂交以及DNA的结构的研究，进一步证实并巩固了细胞遗传的作用。随着20世纪分子生物学的快速发展，细胞生物学的研究在20世纪50年代也取得了重大进展。在活的生物体外，维持细胞生长和操纵细胞都成为现实。首个在体外培养连续细胞系的实验是1951年由乔治·奥托·盖伊（G. O. Gey）和其同事完成的，他们对从一位名叫H. Lacks的宫颈癌患者身体取出的癌细胞进行实验，这种细胞系就是实验室常用的海拉细胞（Hela Cells）。海拉细胞的建立和应用成为细胞生物学研究的分水岭。在此之后，细胞培养的条件以及无菌细胞操作技术都得到了重大发展。

随着干细胞的发现，细胞的研究又将科学的发展推进到一个新的层面。干细胞是尚未分化的但是具有分化潜能的细胞。20世纪80年代，科学家们开始从老鼠身上提取胚胎干细胞。1998年，汤姆森（J. Thomson）分离出人类胚胎干细胞并培育出细胞系。他的工作后来发表在《科学》杂志上。后来人们发现，成人组织细胞可以被重新编程成干细胞，然后形成其他类型的细胞。这些细胞被称为诱导多能干细胞。干细胞现在被用于治疗许多疾病，如阿尔茨海默病和心脏病。细胞的发现对科学的影响是深远的，它不仅使我们对所有生物的组成部分有了基本的了解，还促进了医学技术的发展。

3.1.2 细胞研究的方法

1. 显微镜

显微镜是细胞学中研究细胞结构的最重要的工具。最早由文艺复兴时期的科学家发明的显微镜，以及学生们在实验室使用的大部分显微镜都是光学显微镜。显微镜有三个重要参数：放大率、分辨率和对比度。放大率是物体的图像大小与其实际大小的比率。光学显微镜可以有效地放大到样品实际尺寸的1000倍左右。分辨率是对图像清晰度的量度，即能被显微镜区分的两个点的最小距离。光学显微镜的最小分辨率为200nm。第三个参数是对比度，即图像明暗区域之间的亮度差异。增强对比度的方法包括对细胞成分进行染色或标记，使其在视觉上突出。然而，光学显微镜的分辨率无法帮助我们有效地研究真核细胞的细胞器，直到20世纪50年代，电子显微镜的出现使得研究更微小的结构成为可能。

和光学显微镜聚焦光不同，电子显微镜聚焦一束电子让其通过标本或其表面。其分辨率与电子的波长成反比，而电子束的波长比可见光短得多，这比标准光学显微镜提高了100倍。扫描电子显微镜（SEM）对于详细研究样品的形貌特别有用。透射电子显微镜（TEM）用于研究细胞内部结构。扫描电子显微镜和透射电子显微镜都不是使用玻璃透镜，而是使用电磁体作为透镜来弯曲电子的路径，最终将图像聚焦到显示器上观看。电子显微镜揭示了许多光显微镜无法分辨的亚细胞结构。但是光学显微镜也有优点，尤其是在研究活细胞方面。电子显微镜的一个缺点是用于制备标本的方法会杀死细胞。

在过去几十年里，光学显微镜因重大技术进步而复兴。用荧光标记单个细胞分子或结构，使人们能够越来越详细地看到这些结构。此外，**共聚焦显微镜**（Confocal Microscopy）和**反卷积显微镜**（Deconvolution Microscopy）都能产生更清晰的三维组织和细胞图像。近年来，一系列新技术和标记分子的开发使用帮助研究人员能够突破分辨率障碍，区分小至10~20nm的亚细胞结构。

2. 细胞分级分离

理解每个细胞结构的功能，需要细胞学和生物化学的结合，研究细胞的化学过程。一种研究细胞结构和功能的有用技术是细胞**分级分离**（Fractionation），它将细胞分开并将主要的细胞器和其他亚细胞结构彼此分离开来，所使用的设备是离心机（见图3.2）。细胞分离使研究人员能够大量制备特定的细胞成分，并确定它们的功能。例如，在一个细胞分离组分中，生化测试显示存在参与细胞呼吸的酶，而电子显微镜显示大量的细胞器——线粒体。这些数据一起帮助生物学家确定线粒体是细胞呼吸的场所，因此生物化学和细胞学在细胞功能和结构的相关方面是互补的。

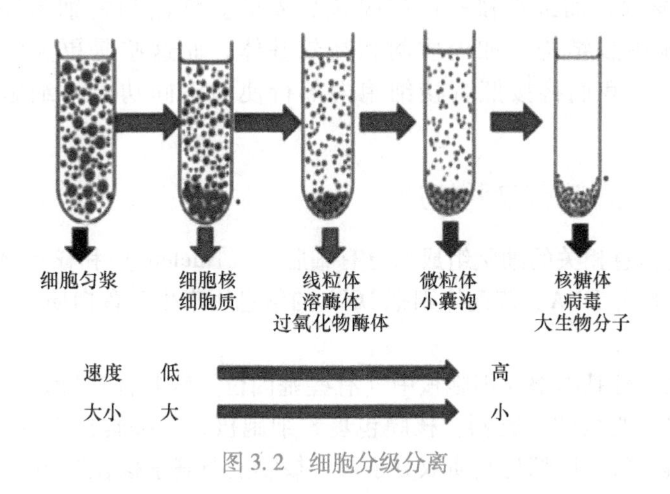

图3.2 细胞分级分离

3. 细胞培养

我们很多时候做实验需要提取某种特定的分子。虽然可以从整个组织中提取，但这不是最方便或最有用的材料来源，因为完整组织和器官的复杂性是一个固有的缺点。而在培养皿中生长的细胞提供了更均匀的细胞群，从中提取物质，在实验室中也更方便使用。在适当的环境下，大多数动植物细胞都能在培养皿中生存和繁殖，甚至表现出分化的特性。我们可以在显微镜下连续观察细胞或进行生化分析，并系统地探索添加或去除特定分子（如激素或生长因子）的影响。在生物化学实验室中，在没有活细胞、于试管中进行的反应我们称其为是在体外（*In vitro*）进行的，而体内（*In vivo*）指的是在活细胞内发生的任何反应，即使该细胞是在培养环境中生长的。

很多时候我们用细胞悬浮液进行细胞的培养。而大多数组织细胞不适应悬浮在液体中生活，需要一个固体表面进行生长和分裂。对于细胞培养，这种固体表面通常由培养皿的表面提供。直接从生物体组织中制备的培养称为原代培养。在大多数情况下，原代培养的细胞可以从培养皿中取出，并在二次培养中重复培养，通过这种方式它们可以连续传代。这样的细胞培养方式往往保留了细胞的特性，比如成纤维细胞继续分泌胶原蛋白；神经细胞延伸出轴突，并与其他神经细胞形成突触。因为这些特性在培养中得以保留，所以我们可以开展各种在完整组织中无法实现的研究。

3.2 细胞的内部结构

所有的生物都以细胞作为生物组织不可再分的单元。由于细胞是基本的功能单位，因此呈现出巨大的多样性。几十亿年前，生物的最后共同祖先演化出了三大类生物，现在称为细菌、古细菌和真核生物，这种分类是以核糖体 RNA 序列的相似性和差异性为依据的。地球上的生物都属于这三类中的一类。大多数细菌和古细菌生物都很小，其生活习性千差万别。我们日常生活中最常碰到并且用肉眼就能够看见的生物是真核生物。

细胞分为两大类：**原核细胞**（Prokaryotic Cell）和**真核细胞**（Eukaryotic Cell）。细菌和古细菌具有原核细胞。动物、植物、真菌等都具有真核细胞。真核细胞是细胞的 DNA 包含在细胞核内，而细胞核是由核膜包裹着的。细菌和古细菌缺少这种特征，也缺少其他复杂的胞内膜结构，如内质网和高尔基体，而这些是更大的复杂真核细胞的特征。在本小节中，我们将按照真核细胞内部行使的不同功能将细胞内结构进行分类讨论。

3.2.1 负责遗传信息的存储和传递

细胞内和遗传信息相关的细胞组成部分有**细胞核**（Nucleus）和**核糖体**（Ribosome）。细胞核存储细胞内大部分 DNA。核糖体则把 DNA 的信息用来生产蛋白质。

1. 细胞核

真核细胞的大部分基因都在细胞核中（有些基因位于线粒体或叶绿体中）。在显微镜的观察中，它通常是最明显的细胞器。核膜包裹着细胞核，将细胞核内的内容物与细胞质分开。核膜是双层膜，每一层都是脂质双分子层。核膜上布满了核孔结构。在每个核孔中都存在核孔复合物蛋白，这些蛋白在调控蛋白质和 RNA 等大生物分子的进出上起着重要作用。大量研究表明，人类免疫缺陷病毒（HIV）正是利用核孔复合物蛋白实现在宿主细胞核进出的。此外，在细胞核内部的核膜一侧，布满了网状的蛋白质丝，负责机械支撑核膜来维持细

胞核的形状。

在细胞核内，DNA以染色体（Chromosome）的形式存在。每条染色体都含有一个长DNA分子，它与许多蛋白质相结合。当细胞不分裂时，细胞核内的一个突出结构是核仁（Nucleolus），它在电镜下呈现出密集染色的颗粒和纤维。真核细胞还具有转录的功能。在核仁中，核糖体RNA（rRNA）是由DNA转录合成的。同样在核仁中，从细胞质进入的蛋白质与核糖体RNA组装成核糖体的大小亚基。这些亚基通过核孔离开细胞核进入细胞质，然后一个大的亚基和一个小的亚基可以组合成一个核糖体（见MOOC视频3.1）。

2. 核糖体

核糖体是由核糖体RNA和蛋白质组成的复合物，是细胞中合成蛋白质的场所。核糖体不是膜包围的，因此不被认为是细胞器。

核糖体在细胞质中有两种存在方式。一种是游离的核糖体，悬浮在细胞质中；另一种核糖体附着在内质网或核膜的外面。附着核糖体和游离核糖体在结构上是相同的。游离核糖体产生的蛋白质大部分在细胞质内，附着核糖体产生的蛋白质一般要运输到特定的地点发挥作用，比如在细胞器中，或者被细胞分泌出细胞外（见MOOC视频3.1）。

3.2.2　负责蛋白质的运输和代谢

真核细胞的许多膜都属于内膜系统（Endomembrane System），内膜系统包括核膜、内质网、高尔基体、溶酶体、各种囊泡和液泡，以及质膜。内膜系统在细胞中执行各种任务，包括蛋白质的合成、蛋白质的运输、脂质的代谢等。这些功能各不相同的细胞内结构之所以都属于内膜系统，主要是由于膜之间存在物理连接或通过膜片段（比如微小的囊泡）可以发生转移。

1. 内质网

内质网（Endoplasmic Reticulum）是一个分布广泛的膜网络。内质网膜将内质网的内部腔室和细胞质分隔开。由于内质网膜和细胞核核膜是连续的，核膜的两个膜之间的空间和内质网的内部腔室也是连续的（见MOOC视频3.1）。内质网有两种，在结构和功能上明显不同。一种叫作平滑内质网（Smooth ER），另一种叫作粗糙内质网（Rough ER）。

有些蛋白在成为有三维结构和功能的蛋白之前还需要进行加工，叫作翻译后修饰（Post-translational Modification）。翻译后修饰可以是给蛋白质添加一些功能性的基团，也可以是特定的酶切除一些氨基酸，暴露出功能性的部分。蛋白质的加工可以在内质网中进行，我们以糖基化（Glycosylation）为例进行说明（见图3.3）。糖蛋白的糖基在内质网的腔内和膜上进行添加。这些添加了糖基的糖蛋白在酵母细胞的絮凝过程中起着重要的作用（见图3.4）。在发酵后期，酵母细胞倾向于集结在

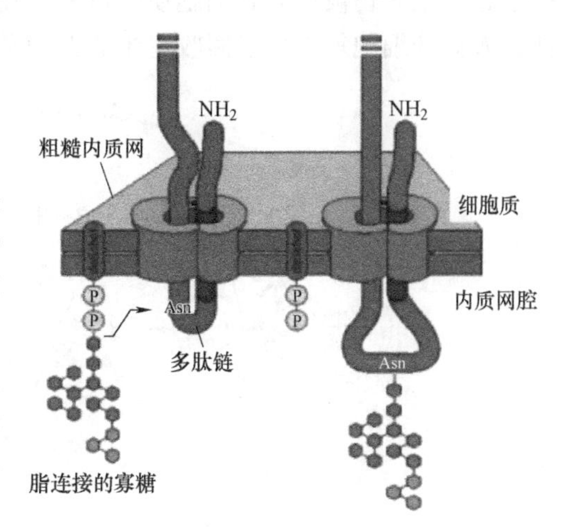

图3.3　蛋白质在内质网的膜上添加糖基

一起呈棉絮状，叫作絮凝作用（Flocculation）。这一过程主要由酵母细胞表面的糖蛋白分子之间的相互作用导致。

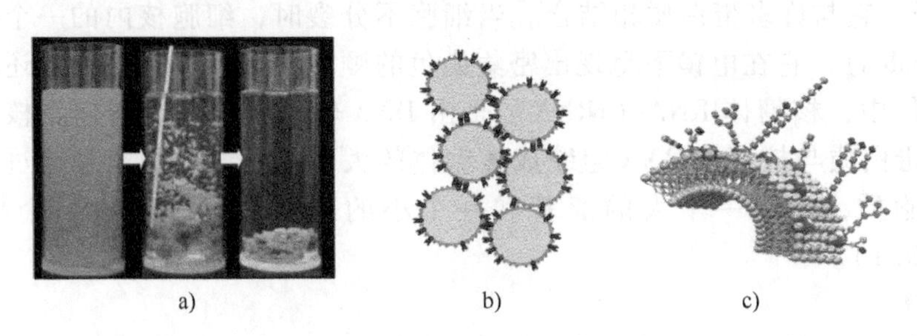

图 3.4　酵母细胞的絮凝作用原理

a）酵母细胞絮凝　b）酵母细胞表面分子相互作用导致絮凝发生

c）酵母细胞参与絮凝作用的表面蛋白需要添加糖基

2. 高尔基体

离开内质网后，运输囊泡前往高尔基体（Golgi Body）。我们可以把高尔基体看作是一个仓库，用于接收、分拣和运输，甚至在这里进行一些生产。在这里，来自内质网的产物蛋白质，被进一步修饰和储存，然后送往其他目的地。需要注意的是，高尔基体将各种蛋白质进行分拣的依据是蛋白质中的信号肽（见 MOOD 视频 3.1）。

3. 溶酶体

溶酶体（Lysosome）是一个富含水解酶的膜性囊，许多真核细胞用其水解大分子。比如变形虫和许多其他单细胞真核生物通过吞噬较小的有机体或食物颗粒来进食，这个过程被称为吞噬作用（Phagocytosis）。一些人体细胞也有吞噬作用，比如巨噬细胞，它吞噬并摧毁细菌等病原体。

溶酶体也利用它们的水解酶回收细胞自身的有机物质，这个过程被称为自噬（Autophagy）（见图 3.5）。在自噬过程中，受损的细胞器或少量的胞质被双层膜包围形成自噬体（Autophagosome），溶酶体与自噬体的外膜发生融合。溶酶体酶分解被包围的物质，产生的小有机化合物被释放到细胞质中重复使用。在溶酶体的帮助下，细胞不断地自我更新。例如，人类肝细胞每周可以回收一半的大分子。

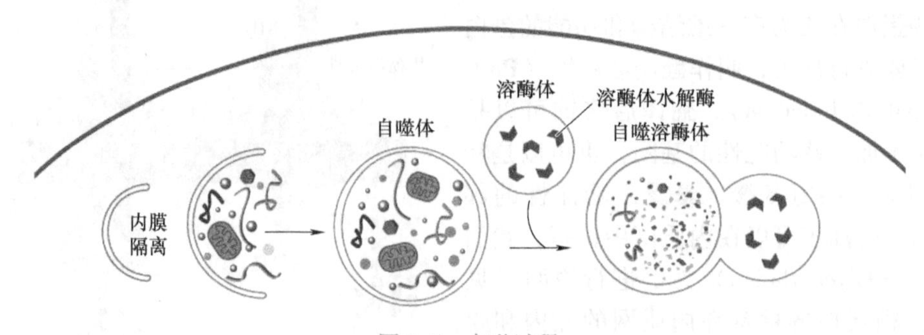

图 3.5　自噬过程

4. 液泡

液泡（Vacuole）是来自内质网和高尔基体的大型囊泡。因此，液泡也是细胞内膜系统的组成部分。液泡在不同种类的细胞中发挥着各种各样的功能。比如前面提到的由吞噬作用形成的食物液泡。许多生活在淡水中的单细胞真核生物都有可收缩的液泡，这些液泡可以将细胞内多余的水分抽出，从而保持细胞内部适当的浓度。在植物和真菌中，某些液泡可以进行水解，这和动物细胞中溶酶体的功能相似。在植物中，小液泡可以储存重要的有机化合物。在成熟的植物细胞中一般具有一个大的中央液泡，在植物细胞生长过程中起着重要作用（见 MOOC 视频 3.1）。

3.2.3 负责能量转换

在真核细胞中，线粒体和叶绿体可以将不同形式的能量转化为细胞可以利用的能量。线粒体是细胞呼吸的场所，是通过从糖、脂肪和其他物质中获取能量，利用氧气的驱动生成三磷酸腺苷（ATP）的代谢过程。在植物和藻类中发现的叶绿体是进行光合作用的场所。叶绿体的这一过程通过吸收阳光将太阳能转化为化学能，并利用它驱动从二氧化碳和水合成糖类等有机化合物。线粒体和叶绿体除了有相关的功能外，也有相似的演化起源（见 MOOC 视频 3.1）。

1. 线粒体

线粒体（Mitochondrion）存在于几乎所有的真核细胞中，包括植物、动物、真菌和单细胞真核生物。有些细胞只有一个较大的线粒体，但更常见的情况是一个细胞有数百甚至数千个线粒体。线粒体数量与细胞的代谢活动水平有关。

包裹线粒体的两层膜都是磷脂双分子层，含有独特的蛋白质集合。外膜是光滑的，内膜向内折叠称为**嵴**（Cristae）。内膜把线粒体分成两个内部室。第一个是膜间空间，即介于内外膜之间的狭窄区域。第二个是**线粒体基质**（Mitochondrial Matrix），被内膜包围。基质含有许多不同的酶以及线粒体 DNA 和核糖体。基质中的酶催化细胞呼吸过程中的一些步骤。其他参与呼吸作用的蛋白质，包括产生 ATP 的酶，都在内膜。嵴作为高度折叠的表面，给内线粒体膜一个较大的表面积，从而提高细胞呼吸的效率（见 MOOC 视频 3.1）。

2. 叶绿体

叶绿体（Chloroplast）含有叶绿素、酶和其他在光合作用中生产糖的分子，存在于植物的叶片和其他绿色器官以及藻类中。

叶绿体也具有两层膜结构，这两层膜之间有一个非常狭窄的膜间空隙。在叶绿体内部是另一个膜系统，它是扁平的、相互连接的囊，称为**类囊体**（Thylakoid）。类囊体外面的液体是基质，其中含有叶绿体、DNA、核糖体以及许多酶。叶绿体的膜把叶绿体空间分成三部分：膜间空间、间质空间和类囊体空间。这种结构使叶绿体能够在光合作用中将光能转化为化学能。

3.2.4 负责细胞内部结构组织活动

细胞骨架（Cytoskeleton）是贯穿细胞质的纤维网络。细胞骨架可以稳定细胞，为细胞提供机械支持并维持其形状。这对缺乏细胞壁的动物细胞尤为重要。细胞骨架作为一个整体具有一定的强度和弹性。就像动物的骨骼系统帮助固定身体的各个部位一样，细胞骨架也为许多细胞器和分子提供了固定点。不仅如此，细胞骨架比动物骨架更灵活。它可以在细胞的一个部分迅速拆卸，然后在一个新的位置重新组装，从而改变细胞的形状。

某些类型的细胞运动也涉及细胞骨架。细胞运动包括细胞位置的变化和细胞各部分的运动。细胞运动通常需要细胞骨架与马达蛋白（Motor Protein）的相互作用（见图3.6）。比如细胞骨架元素、马达蛋白与细胞膜上的分子一起工作，使整个细胞可以移动。在细胞内部，囊泡和其他细胞器通常利用马达蛋白的“脚”沿着细胞骨架提供的路径“走”到它们的目的地（见 MOOC 视频 3.1），比如含有神经递质分子的囊泡迁移到轴突末端。细胞骨架也影响质膜，使其向内弯曲，形成食物空泡或其他吞噬囊泡。

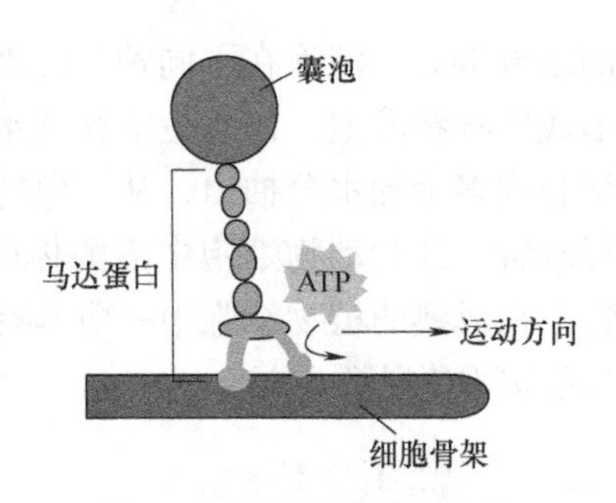

图 3.6　马达蛋白协助细胞骨架中的微管帮助囊泡运动

真核细胞骨架由三种分子结构组成：微管（三种纤维中最厚的）、微丝（最薄的）和中间丝（直径在中间范围的纤维），它们在组织细胞的结构和活性方面起着重要作用。

1. 微管

所有的真核细胞都有微管（Microtubule），这是由一种叫作微管蛋白的球状蛋白构成的空心棒。每个微管蛋白都是二聚体，由两个亚基组成。微管可以提供运动轨道，使得配备了马达蛋白的细胞器可以沿着其移动。微管引导囊泡从内质网到高尔基体，从高尔基体到细胞质膜的移动。微管还参与了细胞分裂期间染色体的分离（见 MOOC 视频 3.1）。

2. 微丝

微丝（Microfilament）是细实心棒，也被称为肌动蛋白丝（Actin Filament），因为它们是由一种肌动蛋白（Actin）构成的。微丝也存在于所有真核细胞中。一方面，微丝起着结构支持作用。在细胞质膜内，微丝形成的网状结构有助于支撑细胞的形状。另一方面，微丝在细胞运动中也起着重要作用。成千上万的肌动蛋白和肌凝蛋白（Myosin）相互作用从而引起肌细胞收缩。在植物细胞中，肌动蛋白和肌凝蛋白的相互作用有助于细胞质在细胞内的循环流动，从而促进细胞内物质的分布。

3. 中间丝

中间丝（Intermediate Filaments）的直径大于微丝的直径，但小于微管的直径。脊椎动物等部分动物细胞中有中间丝。角蛋白是中间丝的重要组成成分。与微丝和微管相比，中间丝在细胞中更持久。即使在细胞死亡后，中间丝网络也会持续存在。例如，我们皮肤的最外层由死细胞组成，这些死细胞内含有大量的角蛋白。中间丝非常坚固，它们在强化细胞形状和固定某些细胞器的位置方面起着重要的作用。例如，细胞核通常位于一个由中间丝构成的“笼子”中，并且被延伸到细胞质的中间丝分支所固定。

3.3 细胞膜

细胞膜将活细胞与周围环境分离并控制细胞进出。像所有的生物膜一样，细胞膜具有选择通透性：它允许一些物质比另一些物质更容易穿过。生命的基本要素之一是细胞在与环境的化学交换中能够对各种物质进行甄别，而细胞膜和它的组成分子使这种选择性成为可能。

3.3.1 细胞膜的流动性

细胞膜并不是静止的。膜结构主要通过疏水作用组装起来（见 MOOC 视频 3.2）。大多数脂质和一些蛋白质可以横向移动，即在细胞膜平面上移动。磷脂在膜内的横向运动是迅速的。蛋白质比脂类大得多，移动得更慢。有些膜蛋白是高度定向移动的，这种移动需要细胞骨架的协助以及马达蛋白的驱动。

当温度降低时，磷脂膜流动变缓。膜的凝固温度取决于它所属的脂类的类型。如果膜富含不饱和烃尾部，那么它在较低的温度下仍保持流体状态。由于双键的原因，不饱和碳氢化合物的尾部不能像饱和碳氢化合物的尾部那样紧密地聚集在一起，因此膜更具有流动性（见 MOOC 视频 3.2）。影响细胞膜流动性的还有胆固醇，它可以抵抗由温度变化引起的膜流动性变化。

细胞膜必须是流动的才能正常工作。膜的流动性影响膜的通透性和膜蛋白功能。当膜凝固时，它的通透性改变，如果膜上的酶蛋白的活性需要其在膜中运动，那么这种酶蛋白就会因为膜凝固而失去活性。但是，流动性太强的膜也不能支持蛋白质的功能。我们可以看到很多极端环境下的例子。例如，生活在极冷环境下的鱼类，其膜上不饱和烃尾的比例很高，使其膜保持流体状态。而另一个极端，一些细菌和古细菌可以在温度超过 90℃ 的温泉中生活，它们的膜可以防止在如此高的温度下过度流动。总而言之，许多物种细胞膜中脂类成分的不同，都是各种极端环境下适应性演化的结果。

3.3.2 细胞膜的“镶嵌”模式

现在我们来看看流动镶嵌模型的镶嵌方面，即在细胞膜上还有不同种类的蛋白质和多糖，像瓷砖马赛克一样，嵌入脂质双分子层的液体基质中。

1. 膜上蛋白

磷脂构成了膜的主要结构，但蛋白质决定了膜的大部分功能。膜蛋白主要分为两类：整合蛋白（Integral protein）和外周蛋白（Peripherin）（见图 3.7）。整合蛋白穿透脂质双分子层的疏水内部。它们大多数是跨膜蛋白。整合蛋白的疏水区域由一段或多段非极性氨基酸组成。分子的亲水部分暴露在膜的两边的水溶液中。外周蛋白完全不嵌入脂质双分子层中，它们是与膜表面松散结合的附属物。在质膜的细胞质侧，一些膜蛋白附着在细胞骨架上。在细胞外侧，某些膜蛋白附着在细胞外基质的纤维上。

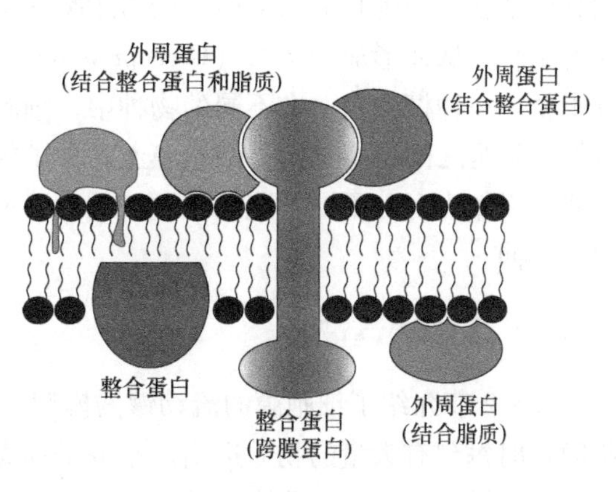

图 3.7 膜蛋白

这些附着物结合在一起，为动物细胞提供了更坚固的骨架。单个细胞可能具有执行多种不同功能的细胞表面膜蛋白，如通过细胞膜运输；具有酶的活性等。因此，膜不仅是一种结构镶嵌，而且是一种功能镶嵌。

细胞表面的蛋白质在医学领域很重要。例如，免疫细胞表面的一种叫作 CD4 的蛋白质帮助 HIV 感染这些细胞，导致获得性免疫缺陷综合征（艾滋病）。但是少数人不会被 HIV 感染，因为他们免疫细胞表面具有一种基因的突变体，这种基因编码一种叫作 CCR5 的免疫细胞表面蛋白（见图 3.8）。进一步的研究表明，尽管 CD4 是 HIV 的主要受体，HIV 也必须与 CCR5 结合作为共受体来感染细胞。由于基因发生突变，这些个体的细胞上缺少正常的 CCR5，阻止病毒进入细胞。这一发现是治疗 HIV 感染的关键。干扰 CD4 可能导致危险的副作用，因为它在细胞中执行许多重要的功能。CCR5 共受体的发现提供了一个更安全的靶点，科学家们可以根据这种基因的变异体，开发出阻断 HIV 进入细胞的药物。

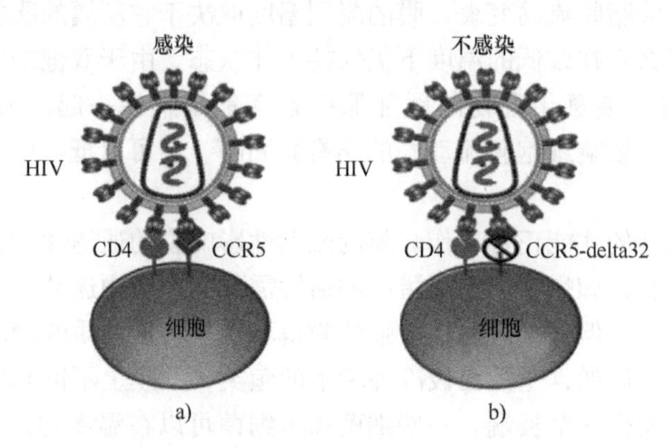

图 3.8　细胞表面受体蛋白 CCR5 发生突变导致 HIV 无法感染

a）正常的免疫细胞表面蛋白 CCR5　b）无法发挥功能的免疫细胞表面蛋白 CCR5

2. 膜上多糖

细胞区分相邻细胞的能力，对生物体的功能至关重要。例如，免疫系统排斥外来细胞就是基于这种区分能力。细胞通过结合细胞质膜外表面的分子（通常含有碳水化合物）来识别其他细胞。细胞膜上的多糖有些与脂类共价结合，形成糖脂类的分子。大多数糖与蛋白质共价结合，从而形成糖蛋白（Glycoprotein）。我们前面介绍酵母细胞絮凝作用中的细胞表面分子就是一种糖蛋白。在不同的物种中，细胞膜上的碳水化合物是不同的。甚至在同一个人身上，细胞之间也不相同。细胞膜上的分子的多样性和它们在细胞表面的位置使得膜碳水化合物可以作为区分不同细胞的标记。例如，A、B、AB、O 四种血型反映了红细胞表面糖蛋白的不同。

3.3.3　选择通透性

3.3.2 节介绍了细胞膜的流动镶嵌模型，细胞膜的这种特征是和其功能紧密相关的。细胞膜每时每刻有大量的物质进出。小分子和离子在细胞质膜上双向移动。糖、氨基酸和其他营养物质进入细胞，而代谢废物离开细胞。同时，细胞通过将 Na^+、K^+、Ca^{2+} 和 Cl^- 等无机离子进行跨细胞膜运输来调节它们的浓度。细胞膜允许有选择性地通过，物质不会不加选择地通过这道屏障。

非极性分子如碳氢化合物、CO_2 和 O_2 是疏水的，因此可以溶解在膜的脂质双分子层中，并在没有膜蛋白的帮助下轻松穿过它。膜的疏水内部防止亲水离子和极性分子直接通过膜。这些亲水性物质可以通过跨膜的转运蛋白（Transport Protein）进入细胞，从而避免与脂质双分子层接触。一些转运蛋白，称为通道蛋白（Channel Protein），具有一个亲水性通道，某

些分子或离子利用它作为穿过细胞膜的通道（比如水分子通道蛋白）。其他转运蛋白，称为**载体蛋白**（Carrier Protein），结合运输物质后，通过改变自身形状而使物质穿过（见 MOOC 视频 3.2）。需要注意的是转运蛋白是针对它所转运的物质的，即只允许某一特定物质或一类相关物质通过细胞膜。比如，红细胞的细胞膜中有一种特殊的载体蛋白，它负责将葡萄糖快速运输通过细胞膜。这种载体蛋白选择性非常强，会排斥葡萄糖的结构异构体——果糖。因此，膜的选择通透性既依赖于脂质双分子层的化学屏障，也依赖于膜内特定转运蛋白。

3.4　跨膜运输

我们讨论了细胞膜的结构和功能，知道了膜的选择通透性既依赖于脂质双分子层的有选择的屏障，也依赖于膜内的特定转运蛋白。但是，什么决定了跨膜运输的方向？在特定的时间，什么决定了一个特定的分子会进入细胞还是离开细胞？什么机制驱动分子穿过细胞膜？这些问题都涉及细胞膜的跨膜运输，下面我们将讨论膜运输的两种模式：被动运输和主动运输。

3.4.1　被动运输

被动运输（Passive Transport）是指物质在细胞膜上的扩散，不需要能量。在没有其他力的情况下，一种物质会从它较集中的地方扩散到它较不集中的地方。也就是说，任何物质都会沿**浓度梯度**（Concentration Gradient）扩散。扩散是一个自发的过程，不需要输入能量。每种物质沿其浓度梯度扩散，不受其他物质浓度梯度的影响。

细胞膜上的许多运输是由扩散产生的。当一种物质在膜的一边比另一边集中时，就有沿浓度梯度扩散的趋势，前提是膜对该物质是可渗透的。比如进行细胞呼吸的细胞对氧气的吸收。溶解的氧气穿过细胞膜进入细胞。只要细胞呼吸消耗了进入的氧气，进入细胞后氧气的扩散就会持续，因为浓度梯度有利于氧气向那个方向移动。物质在生物膜上的扩散被称为被动运输，因为细胞不需要消耗能量。膜是选择性的渗透，因此对不同分子的扩散速率有不同的影响。

1. 渗透

水穿过细胞膜的运动以及细胞和环境之间的水平衡对生物体来说是至关重要的。自由水通过选择性渗透膜（无论是人工的还是细胞的）的扩散称为**渗透**（Osmosis）（见 MOOC 视频 3.2）。对于动物细胞来说，浸泡在一个等渗的环境中，水通过膜扩散，但在两个方向的速率相同。在等渗环境中，一个动物细胞的体积是稳定的。如果将细胞转移到高渗溶液中，细胞会失去水分，发生萎缩，甚至死亡。这就是为什么湖中盐度的增加会杀死其中的动物。然而，吸水过多也同样危险。如果我们把细胞放在低渗的溶液中，水进入细胞的速度比它离开的速度快，细胞会膨胀和破裂。

植物、原核生物、真菌和一些原生生物有细胞壁。当这样的细胞浸泡在低渗溶液中（比如浸泡在雨水中）时，细胞壁有助于维持细胞的水分平衡。和动物细胞一样，植物细胞也会膨胀。然而，相对缺乏弹性的细胞壁会膨胀到一定程度，然后才会对细胞施加反压，从而阻止细胞进一步吸水。到了这个时候，细胞非常坚固，这是大多数植物细胞的健康状态。

然而，如果细胞浸泡在高渗环境中，将失去水分而收缩。当植物细胞萎缩时，其细胞质膜将与细胞壁分离。这种现象被称为质壁分离，会导致植物枯萎，甚至死亡。细菌和真菌的细胞在高渗环境中也存在质壁分离。

2. 协助扩散

我们前面学习到，许多极性分子和离子受到磷脂双分子层的阻碍，在跨膜转运蛋白的帮助下进行被动运输，这种现象称为**协助扩散**（Facilitated Diffusion）。大多数转运蛋白具有特异性，即只运输一类物质，不运输其他物质。转运蛋白有两种：通道蛋白和载体蛋白。通道蛋白只是提供走廊，比如水通道蛋白提供的水性通道可以让水分子或小离子从膜的一边迅速扩散到另一边（见 MOOC 视频 3.2）。输送离子的通道蛋白称为**离子通道**（Ion Channel）。许多离子通道具有门控通道的功能，当受到刺激时，门控通道可以打开或关闭。对于某些门控通道，刺激信号是电性的。例如，在神经细胞中，一个离子通道对电刺激做出应答，允许离子进入或离开细胞。这就恢复了细胞再次激活的能力。与离子通道一样，一些参与促进扩散的载体蛋白导致物质沿浓度梯度移动。这个过程不需要能量输入，因此这是被动运输。

3.4.2 主动运输

协助扩散可以进行有效的物质运输，但它不改变运输的方向。一些其他的转运蛋白可以沿着浓度梯度将溶质从浓度较低的一侧移到浓度较高的一侧。

1. 主动运输需要能量

将溶质逆浓度梯度运输穿过细胞膜需要做功，细胞必须消耗能量。因此，这种跨膜运输被称为**主动运输**（Active Transport）。根据浓度梯度运输溶质的转运蛋白都是载体蛋白而不是通道蛋白。主动运输能使细胞内部的小分子溶质比较集中，并且和细胞外环境中的溶质不同。例如，与周围环境相比，动物细胞的钾离子浓度高得多，钠离子浓度低得多。细胞质膜通过泵出 Na^+和泵入 K^+来帮助维持梯度。主动运输的过程由 ATP 来提供能量。ATP 提供能量的一种方式是将其末端的磷酸基团直接转移到转运蛋白上。这可以诱导蛋白质改变其形状，从而和溶质结合并携带溶质进行跨膜运输。典型的例子就是**钠钾离子泵**（Sodium-Potassium Pump），动物细胞跨膜交换钠离子和钾离子。

2. 离子泵维持膜电势

所有细胞的细胞膜上都有电势能。膜的细胞质一侧相对于细胞外侧带有负电荷，这是由于两侧阴离子和阳离子分布不均造成的。膜上的电压称为膜电位，膜电位能影响所有带电物质的跨膜运输。由于细胞内侧相对于外部带有负电荷，膜电位有利于两种跨膜的被动运输：阳离子进入细胞和阴离子离开细胞。因此，有两种力量驱动离子在膜上的扩散：一种是化学力量（离子的浓度梯度），另一种是电势（膜电位对离子运动的影响）。这两种共同作用在离子上的力量统称为**电化学梯度**（Electrochemical Gradient）。

所以，我们前面讨论的扩散，比如离子扩散，不仅仅是沿浓度梯度扩散，更确切地说是沿电化学梯度扩散。例如，静止的神经细胞内钠的浓度要比外部低得多，当刺激细胞时，门控通道打开，促进钠离子扩散。在钠离子浓度梯度的驱动下，钠离子沿着电化学梯度“下降”，一个是被钠离子浓度驱使，一个是被阳离子到膜里面的吸引力所驱使。在这个例子中，电和化学对电化学梯度的贡献在细胞膜上以相同的方向起作用。然而，当电作用力与离子沿浓度梯度的简单扩散的方向相反时，则需要进行主动运输（见 MOOC

视频 3.2)。

3.4.3 大批量跨膜运输

大分子如蛋白质和多糖，以及较大的微粒，通常以囊泡的形式大量穿过细胞膜。和主动运输一样，这些过程也需要能量。

1. 胞吐作用

细胞通过囊泡与细胞质膜融合而分泌某些分子，这个过程称为胞吐作用（Exocytosis）（见图 3.9）。从高尔基体脱出的运输小泡沿着细胞骨架的微管移动到细胞质膜。当囊泡膜和细胞质膜接触时，特定的蛋白质会重新排列两层膜的脂质分子，使两层膜融合。小泡的内容物从细胞溢出，小泡膜成为质膜的一部分（见 MOOC 视频 3.2）。

许多分泌细胞利用胞吐作用输出产物。例如，神经细胞利用胞吐作用释放神经递质，向其他神经元或肌肉细胞发出信号。植物细胞在合成细胞壁时，胞吐作用将高尔基小泡中的蛋白质和碳水化合物输送到细胞外。

2. 胞吞作用

在胞吞作用（Endocytosis）中（见图 3.9），细胞从质膜上形成新的小泡，从而吸收分子和微粒物质。首先，一小块质膜向内下沉，形成一个口袋。然后，随着口袋的加深，它会收缩，形成一个囊泡，里面含有细胞外的物质。

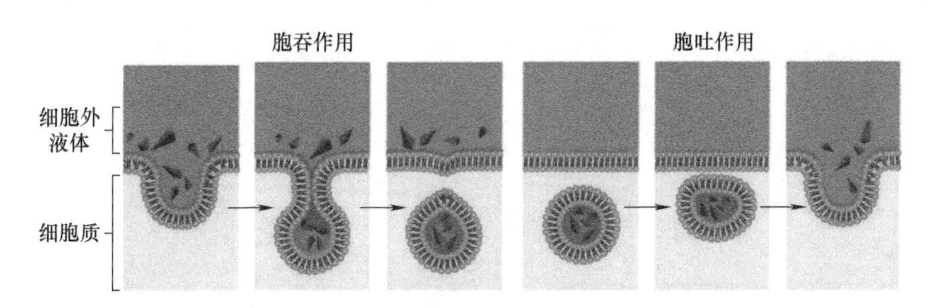

图 3.9 胞吞作用和胞吐作用

人类细胞使用胞吞作用来吸收胆固醇进行膜合成和其他类固醇的合成。胆固醇在血液中被低密度脂蛋白（LDLs）运输。LDL 与细胞膜上的 LDL 受体结合，然后通过胞吞作用进入细胞。家族性高胆固醇血症是一种遗传性疾病，其特征是血液中胆固醇含量很高。主要原因是 LDL 受体蛋白有缺陷或缺失，导致 LDL 不能进入细胞。因此，胆固醇在血液中积累，导致早期动脉粥样硬化，血脂沉积在血管壁上。这种沉积会使血管内的空间缩小，阻碍血液流动，并可能导致心脏损伤和中风。

参考文献

[1] MCKAY D S, et al. Search for past life on Mars: possible relic biogenic activity in Martian meteorite ALH84001 [J]. Science, 1996, 273 (5277): 924-30.

[2] 玛格纳. 生命科学史 [M]. 李难，崔极谦，王水平，译. 天津：百花文艺出版社，2002.

[3] 吴庆余. 基础生命科学 [M]. 2 版. 北京：高等教育出版社，2002.

[4] VERSTREPEN K J, et al. Yeast flocculation: what brewers should know [J]. Appl Microbiol Biotechnol, 2003, 61: 197-205.
[5] LOPALCO L. CCR5: From Natural Resistance to a New Anti-HIV Strategy [J]. Viruses, 2010, 2 (2): 574-600.
[6] 翟中和，王喜忠，丁明孝. 细胞生物学 [M]. 4版. 北京：高等教育出版社，2011.

第4章

细胞和代谢

现代很多人会花大量的时间去关注自己的体型，并且会通过各种方式达到自己想要的体型。虽然人的体型和身材各不相同，但人们往往更关注流行媒体上看到的男性和女性形象（见图4.1）。几乎所有的媒体图像都将男性和女性的体型限制在有限范围内。对于男性来说，理想的身材应该是高挑、宽肩、肌肉发达、体脂率低，几乎每块肌肉都能看出来。对于女性美的标准也非常苛刻，包括臀部小、四肢细长、胸部丰满、体脂率低。事实上，这些理想的体型是很难达到的，如果没有达到，很多人就会对自己的体型不满，而对于患有疾病和健康正常的身体是什么样子感到困惑。如何判断自己的体重是否在健康范围？应该节食还是增肥？还是维持现状就没事了？

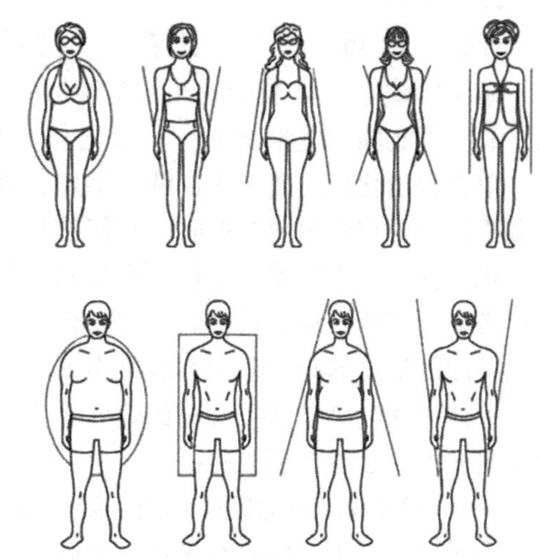

图4.1　人的各种体型

上面的一系列问题涉及生物学中的代谢问题。在本章的学习中，我们首先介绍营养元素，即人类代谢中必不可少的元素。然后，介绍代谢中最关键的分子——酶的结构和功能，以及酶在代谢中的关键作用。在掌握这些基本概念的基础上，我们将讨论生物体代谢中最核心的过程——细胞呼吸，即我们的细胞如何把食物中的化学能转化为ATP来支持各种生理活动。

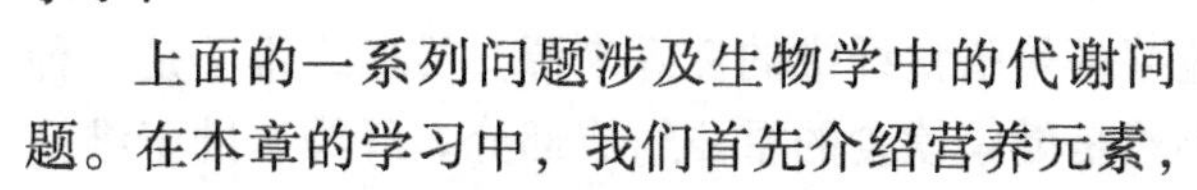

4.1 营养元素

我们摄取的食物和饮料为身体提供了大量的分子，这些分子可以被分解，用作生长、维持和修复的原材料。这些分子也可以作为一种能量的来源。我们把食物中提供结构材料或能量的物质统称为**营养**或**营养素**（Nutrient）。

4.1.1 大量营养素

大量营养素（Macronutrient）对于生物体来说需求量比较大。这些物质包括水、碳水化合物、蛋白质和脂肪。

1. 水和营养

大多数动物可以在除了水之外没有其他营养的情况下存活数周。然而，如果没有水，只能存活几天。水几乎参与所有细胞活动。除了帮助身体运输其他营养物质，水还有助于溶解和消除消化废物。水有助于维持血压。此外，皮肤水分的蒸发有助于保持体温。人类平均每天以汗液、尿液和粪便的形式流失水分。为了避免脱水，我们必须补充水分。除了喝水和吃一些含水的食物，许多人也选择运动饮料来补充水分，其中大部分都是高单糖和高热量的。事实上，有些饮料含有许多添加剂，以至于它们的溶质浓度高于血液。当这种情况发生时，实际上增加了脱水的风险。除了每天摄取适量的水，人们还必须食用含有碳水化合物、蛋白质和脂肪的食物。

2. 碳水化合物和营养

面包、谷物、大米、面食以及部分水果和蔬菜等食物都富含碳水化合物（Carbohydrate）。碳水化合物是细胞能量的主要来源。能量储存在组成碳水化合物分子的碳、氢、氧原子之间的化学键中。碳水化合物可以以单糖的形式存在，也可以相互结合产生多糖。单糖被消化后迅速进入血液。牛奶、果汁、蜂蜜和大多数精制食品中的糖都是单糖。当许多不同的糖单体组成多糖时，它们被称为复合碳水化合物（Complex Carbohydrate）。复合碳水化合物存在于蔬菜、面包、豆类和面食中。当糖的含量超过需求量时，可以将其储存起来以备以后使用。植物把多余的碳水化合物以淀粉的形式储存起来。动物将多余的碳水化合物以糖原的形式储存在肌肉和肝脏中（见 MOOC 视频 2.4）。淀粉和糖原都是葡萄糖的聚合物。人体消化复合碳水化合物的速度要比消化简单碳水化合物的速度慢，因为复合碳水化合物有更多的化学键需要被打破。

纤维（Fiber）是健康饮食的重要组成部分，主要由人类无法消化的复合碳水化合物组成。由于这个原因，膳食纤维进入大肠，在那里，其中的一部分被细菌消化，剩下的大部分变成了粪便。全谷物、豆类和许多水果、蔬菜都是膳食纤维的良好来源。虽然纤维不是一种营养物质，因为它不能被身体吸收，但它仍然是健康饮食的重要组成部分。纤维有助于维持健康的胆固醇水平。

3. 蛋白质和营养

富含蛋白质的食物包括牛肉、家禽、鱼、豆蛋、坚果和奶制品。我们的身体能够合成许多常见的氨基酸。身体必需但不能合成的氨基酸被称为必需氨基酸（Essential Amino Acid），必须由食物提供。如果摄入太多蛋白质，最终会增加身体脂肪。此外，蛋白质含量过高的饮食会导致健康问题，如骨质流失和肾脏损伤。

4. 脂肪和营养

身体利用脂肪作为能量的来源。每克脂肪所含的能量是碳水化合物或蛋白质的两倍多一点。这种能量储存在脂肪分子的化学键中。富含脂肪的食物包括肉、牛奶、奶酪、植物油和坚果。肌肉通常被储存的脂肪包围，但一些动物在肌肉中储存脂肪，因此一些红肉会呈现出大理石样的外观（见图 4.2）。其他动物，比如鸡，在肌肉表面储存脂肪。大多数哺乳动物，包括人类，就在皮肤下面储存脂肪，帮助缓冲和保护重要器官，降低身体受寒冷天气的影响。

脂肪由甘油分子和富含氢、碳的脂肪酸尾巴组成（见 MOOC 视频 2.4）。我们的身体可以合成所需的大多数脂肪酸。那些不能合成的脂肪酸被称为必需脂肪酸。与必需氨基酸一样，必需脂肪酸必须从饮食中获得。

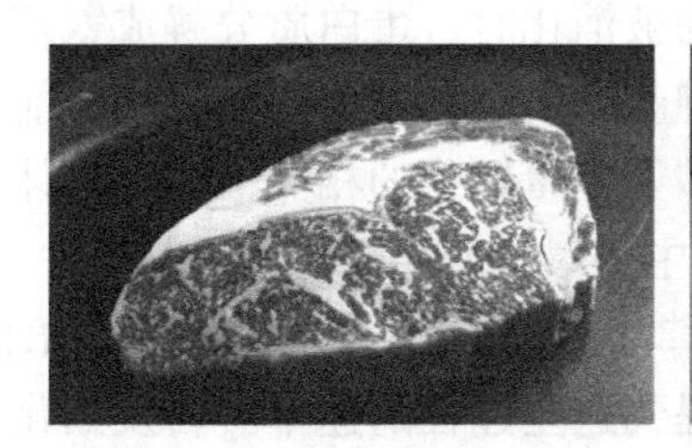

图 4.2　脂肪的储存

4.1.2　微量元素

微量的必需营养素，如维生素和矿物质被称为微量营养素（Micronutrient）。它们既不会在使用过程中被人体破坏，也不会作为能量而燃烧。

1. 维生素

维生素（Vitamin）是有机物质，其中大部分是人体无法合成的。大多数维生素以辅酶的形式发挥作用（参考 4.2.4 节），加速体内的化学反应。当一种维生素缺乏时，体内的每个细胞都会受到影响，因为许多不同的酶都需要同样的维生素，涉及不同的身体功能。维生素也有助于吸收其他营养物质。例如维生素 C 可以促进肠道对铁的吸收。

维生素 D，也叫骨化三醇，是人体细胞唯一能合成的维生素。所有其他维生素都必须从所吃的食物中获得。许多维生素如维生素 B 和维生素 C，都是水溶性的，所以煮沸会使它们渗入水中。因为水溶性维生素不会储存在体内，缺乏水溶性维生素比缺乏脂溶性维生素更有可能导致营养不足。维生素 A、D、E 和 K 是脂溶性的，在脂肪中积累。过量的维生素在体内积累会对身体有毒性。

2. 矿物质

矿物质（Mineral）是不含碳的物质，但对许多细胞功能是必不可少的。由于缺乏碳，矿物质被称为无机物。它们对于适当的液体平衡、肌肉收缩和神经冲动的传导以及骨骼和牙齿的形成都很重要。和一些维生素一样，矿物质是水溶性的，在煮沸的过程中会渗透到水中。矿物质也不是人体内合成的，必须通过饮食来补充。钙是一种常见的补充矿物质，我们的身体需要钙来帮助血液凝结、肌肉收缩和保持健康的骨骼结构。

3. 抗氧化剂

除了含有维生素和矿物质之外，许多天然食物还含有一种被称为抗氧化剂（Antioxidant）的分子，在预防包括癌症在内的许多疾病方面发挥着重要作用。抗氧化剂能保护细胞不受高活性分子自由基（Free Radical）的破坏。自由基有一个不完整的电子层，这使得它们具有更活跃的化学性质。自由基可以破坏细胞膜和 DNA，抗氧化剂可以抑制自由基参与的化学反应，减少它们对细胞的损害。抗氧化剂在水果、蔬菜、坚果、谷物和一些肉类中含量丰富。

4.2 酶和代谢

活细胞像一个微型的化学工厂，大量的化学反应发生在一个微小的空间。糖可以转化为氨基酸，在需要时合成蛋白质。相反，当食物被消化时，蛋白质分解成氨基酸，氨基酸可以转化为糖。在多细胞生物中，许多细胞通过细胞呼吸这一过程将食物中的能量转化成其他形式的能量来完成各种各样的工作。这一过程涉及能量转化的相关概念，具体细节参考 MOOC 内容（见 MOOC 视频 4.1）。本小节中，我们主要讨论酶相关的知识。

在 MOOC 视频中，我们学习了热力学定律。热力学定律告诉我们在给定的条件下什么反应会发生，什么反应不会发生，但是没有提到这些过程的速率。自发的化学反应发生时不需要外界的能量，但它可能发生得非常缓慢，以至于人们无法察觉。举一个例子，尽管蔗糖分解产生葡萄糖和果糖的水解是自然发生的，但将蔗糖溶解在水中，在室温下放置很久也不会有明显的水解。但是，如果我们在溶液中加入少量的蔗糖酶，那么蔗糖可以在数秒内全部被水解。酶是如何做到这一点的呢?

4.2.1 活化能

分子间的每一个化学反应都涉及化学键的断裂和化学键的生成。把一个分子变成另一个分子通常需要在反应进行之前把开始的分子“扭曲”到高度不稳定的状态。这种“扭曲”就像撬开一个金属钥匙圈，然后添加一把新钥匙的情况。钥匙圈在开启状态下是高度不稳定的，但一旦钥匙被穿在环上，它就会回到稳定状态（见 MOOC 视频 4.4）。为了达到化学键可以改变的“扭曲”状态，反应物分子必须从周围环境中吸收能量。当产物分子的新键形成时，能量以热量的形式释放出来，而分子以比扭曲状态更低的能量回到稳定的形状。

启动一个反应所需的初始能量——使反应物分子扭曲从而使化学键断裂所需的能量，被称为**活化能**（Activation Energy），缩写为 E_A。我们可以把活化能当作是将反应物“推上”能量壁垒所需要的能量，这样反应中的“走下”能量壁垒就可以发生。活化能通常是以反应物分子吸收环境中的热能的形式来体现的（见 MOOC 视频 4.4）。吸收热能加速反应物运动，因此他们经常发生更有力的碰撞。它还会搅动分子中的原子，使化学键更容易断裂。当分子吸收了足够的使化学键断裂的能量时，反应物就处于一种不稳定的状态，称为**过渡状态**（Transition State），意味着反应物被激活，它们的键可以被打破。当原子具有了新的更稳定的成键方式时，能量就会被释放到周围环境中。因此，活化能提供了一个决定反应速率的障碍。在反应发生之前，反应物必须吸收足够的能量到达活化能垒的顶部。对于某些反应，即使在室温下也有足够的热能使许多反应物分子在较短的时间内达到过渡状态。然而，在大多数情况下，E_A 非常高以及过渡状态非常少，以至于反应几乎不会进行。在这些情况下，只有提供能量时，反应才会以显著的速度发生。

4.2.2 酶如何加速反应

在细胞所特有的温度下，蛋白质、DNA 和其他复杂的细胞内分子几乎不会分解，因为它们自身无法越过活化能垒。然而，细胞要想完成生命所需的过程，必须不断地克服某些特

定反应的障碍。加热可以通过使反应物更经常地达到过渡状态来增加反应速率，但这在生物系统中并不适用。首先，高温使蛋白质变性并杀死细胞。其次，热量会加速所有的反应，而不仅仅是那些必需的反应。生物使用催化作用来加速反应，而不是加热。酶是一种大分子，起到催化作用，是一种加速反应而不被反应消耗的催化剂。

酶通过降低 E_A 壁垒来催化反应，使反应物分子能够吸收足够的能量，即使在温和的温度下也能达到过渡态（见图 4.3），图 4.3a 中反应速度非常缓慢主要由于活化能的能量壁垒较高。图 4.3b 的反应速度明显变快主要是由于活化能的能量壁垒变低。需要注意的是，酶不能把一个吸能反应变成放能反应。酶只能加速最终无论如何都会发生的反应，这使细胞有一个动态的新陈代谢，使化学物质在代谢途径中顺畅地流动（见 MOOC 视频 4.4）。

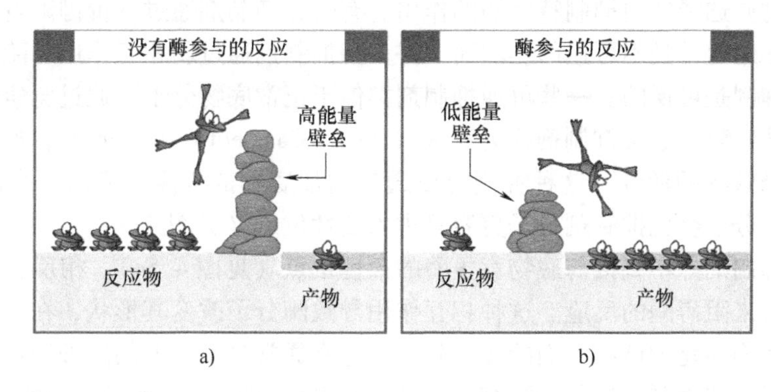

图 4.3 活化能的作用原理

a）没有酶参与反应 b）酶参与反应

4.2.3 酶的特异性

酶催化反应中的反应物被称为底物（Substrate）。酶和底物结合后，形成酶-底物复合体。酶的催化反应把底物转化为产物。每一种酶催化的反应都是特异的，即一种酶只能催化特定的底物反应。导致这种特异的分子识别是由结构所决定的。大多数酶是蛋白质，而蛋白质是具有独特三维构型的大分子。酶的特异性来自于它的形状，而形状是其氨基酸序列的结果。实际上，只有酶分子的一个有限区域与底物结合。这个区域被称为活性位点（Active Site），是酶表面的一个口袋或凹槽，即催化发生的地方（见图 4.4）。活性位点是由酶的少数氨基酸形成的，而蛋白质分子的其余部分提供了一个框架来决定活性位点的形状。酶的特异性归因于其活性位点的形状与底物的形状之间的互补匹配（见 MOOC 视频 4.4）。

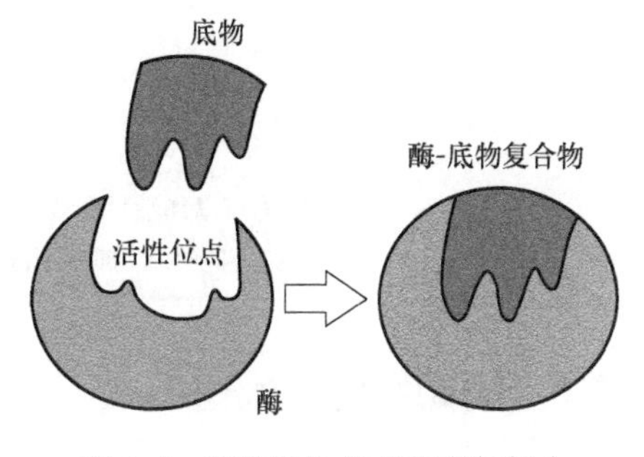

图 4.4 酶的活性位点和底物结合

酶不是一个具有固定形状的分子，它可以在不同形状间切换。最适合底物的形状不一定是能量最低的那个，但在很短的时间内酶呈现出这种形状，它的活性位点可以与底物结合。当底物进入活性位点时，由于底物的化学基团和活性位点的化学基团之间的相互作用，使得酶的形状略有改变（见 MOOC 视频 4.4）。

4.2.4 影响酶活性的因素

除了温度和pH外（见MOOC视频4.4），其他因素也会影响酶的活性。

1. 辅助因子

许多酶的催化活性需要非蛋白**辅助因子**（Cofactor）的帮助，它们可以永久地紧密地结合在酶上，也可以松散地和底物可逆地结合在一起。某些酶的辅助因子是无机的，如离子形式的金属原子锌、铁和铜。如果辅助因子是一个有机分子，它则被称为**辅酶**（Coenzyme）。大多数维生素在营养中是重要的，因为它们是辅酶或辅酶合成的基础材料。

2. 酶的抑制剂

某些化学物质选择性地抑制特定酶的作用。有时，抑制剂通过共价键附着在酶上，这种情况下，抑制作用通常是不可逆的。然而，许多酶抑制剂通过弱相互作用与酶结合，当这种作用发生时，抑制是可逆的。一些可逆抑制剂类似于正常底物分子，通过竞争进入活性位点（见MOOC视频4.5），这类抑制剂称为**竞争抑制剂**（Competitive Inhibitor），通过阻止底物进入活性位点来降低酶的活性。这种抑制可以通过增加底物的浓度来克服，当活性位点可用时，更多的底物分子会比抑制剂分子更容易进入活性位点（见图4.5b）。

非竞争性抑制剂并不直接与底物竞争酶的活性位点（见图4.5c）。相反，它们通过与酶的另一部分结合来阻碍酶的反应。这种相互作用导致酶分子改变其形状，在这种情况下，活性位点在催化底物转化为产物方面的效率降低。毒素通常是不可逆的酶抑制剂，神经毒气沙林就是一个例子，它抑制乙酰胆碱酯酶。此外，杀虫剂DDT也是神经系统的关键酶抑制剂。许多抗生素是细菌中特定的酶的抑制剂。

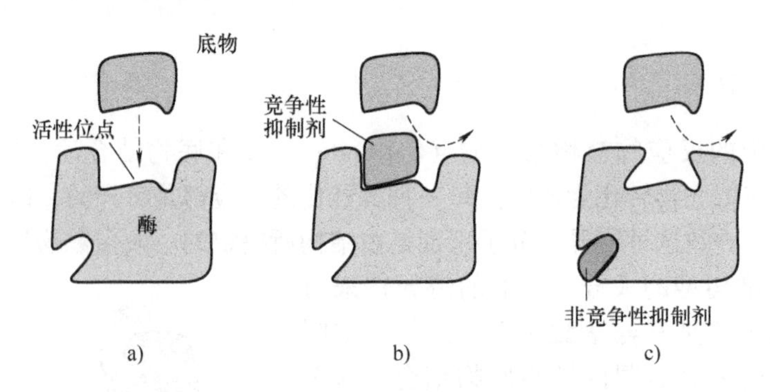

图4.5 抑制剂与酶的作用

a）底物可以和活性位点正常结合 b）竞争性抑制剂和底物竞争活性位点

c）非竞争性抑制剂改变酶的形状，活性位点无法正常结合底物

4.2.5 酶如何调控代谢

如果一个细胞的所有代谢途径同时运转，就会导致化学反应的混乱。生命过程的本质是细胞通过控制各种酶在何时何地被激活来严格调节其代谢途径。它可以通过打开和关闭编码特定酶的基因，或者通过调节酶的活性来实现。

在许多情况下，细胞中调节酶活性的分子机制类似可逆的非竞争性抑制剂。这些调节分子通过非共价作用结合，改变酶的形状和活性位点的功能。

变构调控（Allosteric Regulation）是指一个分子与酶活性位点以外的一个位点结合，并通过改变酶的构型来改变酶的活性。它可能导致抑制或刺激酶的活性（见 MOOC 视频 4.5）。大多数受变构调控的酶是由两个或两个以上的亚基组成的。整个复合物在两种不同的构象之间振荡，一种具有催化活性，另一种不具有催化活性。

调控酶活性的分子的浓度变化可导致细胞中酶活性的反应模式的变化。例如，三磷酸腺苷（ATP）及其水解产物（二磷酸腺苷即 ADP 和磷酸基团）通过对关键酶的影响，在合成代谢和分解代谢的平衡中发挥着重要作用。ATP 与几种分解酶变构结合，降低它们对底物的亲和力，从而抑制它们的活性。然而，ADP 可以作为同一种酶的激活剂。分解代谢过程可以再生 ATP。如果 ATP 的合成慢于它的消耗，ADP 就会积累，激活分解代谢的酶，产生更多的 ATP。如果 ATP 供大于求，分解代谢就会减慢，ATP 分子会积累并与相同的酶结合，从而抑制它们。此外，ATP、ADP 和其他相关分子也影响合成代谢途径中的关键酶。通过这种方式，变构酶控制了两种代谢途径中重要反应的速率。

4.3 细胞呼吸

细胞是生物体功能的基本单位。细胞利用能量行使功能的一个重要特征就是能量耦合（Energy Coupling），即利用一个放能过程来驱动一个吸能过程。ATP 是负责调节细胞中的大部分能量耦合的重要分子，在大多数情况下，它是驱动细胞工作的直接能量来源。

细胞呼吸是将储存在食物化学键中的能量转化为细胞可以利用的能量，同时释放废物的一系列代谢反应。能量储存在化学键的电子中，当化学键在细胞呼吸三个阶段的过程中被打破时，ATP 就产生了。ATP 能够为细胞提供能量是因为它能够从食物中产生的电子运动中获得能量，并储存在自己的化学键中。为了更好地理解细胞呼吸过程，我们先来看看相关概念。

4.3.1 ATP

ATP 是一种核苷酸。它包括含氮的腺嘌呤、核糖和三个磷酸基团。三个磷酸基团中的每个磷酸都带有负电荷。这些负电荷互相排斥，这有助于分子中存储能量。ATP 的磷酸基团之间的键可以被水解破坏。当末端磷酸键被一个水分子破坏时，一个无机磷酸分子离开 ATP，后者成为二磷酸腺苷即 ADP。反应是放能的，即去除 ATP 的末端磷酸基团释放能量，可以用来推动细胞的各种工作。我们打一个比方来描述这个过程：ATP 就像一个弹簧枪。如图 4.6 所示，给弹簧枪上膛时，将飞镖放入枪中需要人手臂肌肉的能量，而人所消耗的能量将储存在飞镖枪内的弹簧中，当发射飞镖枪时，能量从枪中释放出来，将飞镖发射到空中，这一结果可类比各种细胞所做的工作。在这一过程中，磷酸基团从 ATP 转移到另一个分子上。因此，ATP 可以通过磷酸化激活其他的分子。当一个分子比如一种酶需要能量时，磷酸基团就从 ATP 转移到酶上，因而导致酶的构型发生改变，从而催化特定的反应。

我们的细胞持续使用 ATP。耗尽 ATP 的供应意味着更多的 ATP 必须再生（见 MOOC 视频 4.3）。ATP 是在细胞呼吸过程中，通过在 ADP 上再加一个磷酸基团而合成的。在这个过程中，氧气被消耗，水和二氧化碳被产生。因为细胞呼吸的某些步骤需要氧气，它们被称为有氧呼吸（Aerobic Respiration）。细胞呼吸是典型的分解代谢途径（见 MOOC 视频 4.6）。

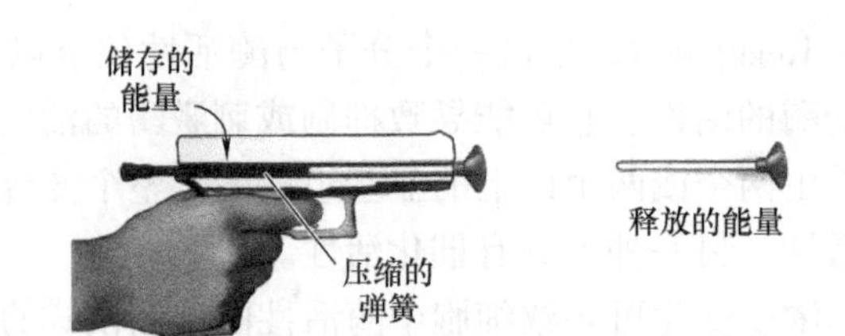

图 4.6 飞镖枪使用储存在压缩弹簧中的能量发射飞镖

4.3.2 分解代谢

通过分解复杂分子来释放能量的代谢途径称为分解代谢途径（Catabolic Pathway）。细胞通过酶的活动，有步骤地将含有势能的复杂有机分子降解为能量较低的简单分子。最有效的分解代谢途径是有氧呼吸，氧气作为反应物和有机燃料一起被消耗。大多数真核生物和许多原核生物的细胞都能进行有氧呼吸。食物为呼吸提供燃料，排出的是二氧化碳和水。

$$\text{有机化合物}+O_2 \longrightarrow CO_2+H_2O+\text{能量}$$

食物中的碳水化合物、脂肪和蛋白质分子都可以加工并作为燃料消耗。在动物饮食中，碳水化合物的主要来源是淀粉，它可以被分解为葡萄糖（$C_6H_{12}O_6$）。我们以葡萄糖的降解为例：

$$C_6H_{12}O_6+6O_2 \xrightarrow{\text{细胞呼吸}} 6CO_2+6H_2O+\text{能量(ATP+热)}$$

葡萄糖的分解是放能的，而且反应可以自发进行，也就是说，不需要输入能量（见MOOC 视频 4.2）。分解代谢途径不直接移动鞭毛、跨膜运输、合成聚合物，或执行其他细胞工作。分解代谢与 ATP 的工作有关。为了持续工作，细胞必须不断地从 ADP 和磷酸基团的反应中再生 ATP。为了更好地理解细胞呼吸如何做到这一点，我们需要先理解氧化还原反应。

4.3.3 氧化还原反应

细胞内绝大多数产生 ATP 的反应都涉及电子的转移。电子的重新定位释放了储存在有机分子中的能量，这些能量最终被用来合成 ATP。在化学反应中，有一个或多个电子（e^-）从一个反应物转移到另一个反应物。这些电子转移被称为氧化还原反应（Oxidation-Reduction Reaction）。在氧化还原反应中，一种物质失去电子称为氧化（Oxidation），向另一种物质添加电子称为还原（Reduction）。电子供体被称为还原剂（Reducing Agent），电子受体是氧化剂（Oxidizing Agent）。因为电子转移既需要电子供体又需要电子受体，所以氧化和还原总是相伴而行。

1. 细胞呼吸中的氧化还原反应

现在我们来讨论生物学中产生能量的氧化还原过程：细胞呼吸。结合电子的转移，其反应方程为

被氧化（$C_6H_{12}O_6 \rightarrow 6CO_2$）

$$C_6H_{12}O_6+6O_2 \xrightarrow{\text{细胞呼吸}} 6CO_2 + 6H_2O + \text{能量(ATP + 热)}$$

被还原（$6O_2 \rightarrow 6H_2O$）

富含氢的有机分子是很好的燃料，因为它们的化学键是电子的来源，当这些电子被转移到氧气中时，它们的能量会随着能量梯度下降而释放出来。在细胞呼吸中，氢从葡萄糖转移到氧，葡萄糖的氧化将电子转移到较低的能态，释放出可用于合成 ATP 的能量。

碳水化合物和脂肪是产生能量的主要食物，他们是含氢的电子的储存场所。只有活化能的能量壁垒能够阻挡电子向较低的能态扩散。如果没有这个壁垒，像葡萄糖这样的物质几乎会瞬间与氧气结合。如果我们吞下一些葡萄糖，细胞中的酶会降低活化能的壁垒，让糖在一系列步骤中被氧化。

2. 能量的逐步传递

如果一种燃料的能量一次全部释放出来，就不能有效地利用它进行系统性的工作。例如，如果一个油箱爆炸，它不能把汽车开很远。细胞呼吸也不会在一个单一的燃烧步骤中氧化葡萄糖。相反，葡萄糖是在一系列步骤中分解的，每一步都由一种酶催化。在这些反应过程中，电子从葡萄糖中脱离。电子从葡萄糖传递到氧的过程中，并不是一步到位的，而是通常先转移到一个电子载体上，这种电子载体是一种叫作烟酰胺腺嘌呤二核苷酸（NAD^+）的辅酶。NAD^+可以在氧化态（NAD^+）和还原态（NADH）之间循环，是一种很好的电子载体。NAD^+作为电子受体，在呼吸过程中起氧化剂的作用（见 MOOC 视频 4.6）。当电子从葡萄糖转移到 NAD^+时，它们损失的势能很少。呼吸作用中形成的每个 NADH 分子都代表储存的能量。当电子完成从 NADH 到氧的一系列能量梯度的“下降”时，这些能量可以被用来产生 ATP。

3. 电子传递链

从前面的讨论中我们知道：从葡萄糖中出来的电子储存在 NADH 中作为势能。那么这些电子是如何最终到达氧气的？我们用一个简单的化学反应——氢和氧之间的反应生成水，与细胞呼吸的氧化还原反应做对比进行说明（见图 4.7）。混合 H_2 和 O_2，气体结合发生爆炸。事实上，液体氢气和氧气的燃烧被用来为航天飞机的主引擎提供动力，推动它进入轨道。细胞呼吸作用也会把氢和氧结合在一起形成水，但有两个重要的区别。首先，在细胞呼吸作用中，与氧气反应的氢来自有机分子而不是氢气。其次，呼吸作用不是一次性爆炸反应，而是利用电子传递链将电子在几个放能过程中逐步“下降”到氧气中（见图 4.7b）。

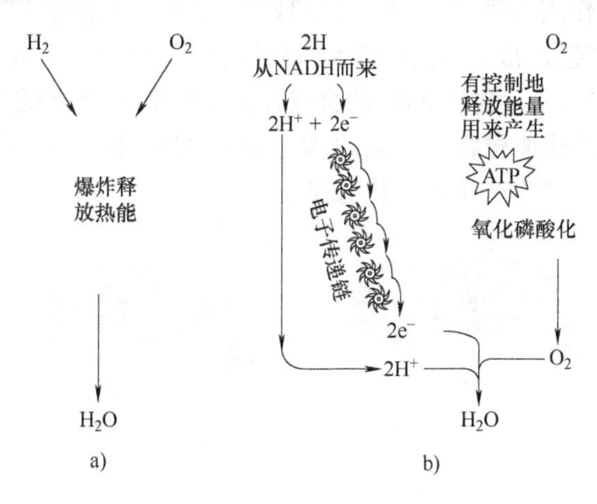

图 4.7　电子传递链

a）不受控制的反应　b）细胞呼吸

电子传递链（Electron Transport Chain）主要由蛋白质组成，在真核细胞线粒体的内膜上。从葡萄糖中移出的电子被 NADH 转移到链的“顶部”，也就是能量更高的一端。在“底部”，低能量的一端，氧气捕获这些电子和氢原子核（H^+）形成水。电子从 NADH 转移到氧是一个放能反应。和爆炸性反应一次性释放能量不同，细胞呼吸中电子在一系列的氧化还原反应中，从一个载体分子通过级联逐步传递，并且在传递中释放能量，直到终端的电子受体——氧气。每个下游的电子载体的电负性都比它的上游更强，因此能够氧化其上游。从葡萄糖转移到 NAD^+的电子，在电子传递链中沿着一个能量梯度下降到一个更稳定的位置。也就是说氧在电子传递链中把电子不断下拉并释放能量。

综上所述，在细胞呼吸过程中，大部分电子的“下移”路径为：葡萄糖→NADH→电子传递链→氧。我们已经介绍了细胞呼吸的基本氧化还原机制，下面将介绍从有机燃料中获取能量的整个过程。

4.3.4 细胞呼吸概述

细胞呼吸主要包括三个阶段：①糖酵解（Glycolysis）；②丙酮酸氧化和柠檬酸循环（Citric Acid Cycle）；③氧化磷酸化，即电子传递和化学渗透。糖酵解和丙酮酸氧化之后是柠檬酸循环，柠檬酸循环是分解葡萄糖和其他有机燃料的代谢途径。糖酵解发生在细胞质中，这个过程将葡萄糖分解成两个分子的丙酮酸。在真核生物中，丙酮酸进入线粒体，并被氧化成乙酰辅酶 A（Acetyl Coenzyme A），然后进入柠檬酸循环。因此，呼吸作用产生的二氧化碳代表氧化的有机分子。

糖酵解和柠檬酸循环的一些步骤是氧化还原反应，其中脱氢酶将电子从底物转移到 NAD^+，形成 NADH。在呼吸作用的第三阶段，电子传递链接收前两个阶段分解产物中的电子，并将这些电子从一个分子传递到另一个分子。在链的末端，电子与氧分子和氢离子结合，形成水。链中每一步释放的能量在线粒体中储存，用来从 ADP 产生 ATP。这种 ATP 合成模式被称为氧化磷酸化（Oxidative Phosphorylation），因为它是由电子传递链的氧化还原反应提供动力的。

在真核细胞中，线粒体的内膜是电子传递和化学渗透的位置，这两个过程共同构成了氧化磷酸化。氧化磷酸化作用占呼吸作用产生 ATP 的 90%。少量的 ATP 在糖酵解和柠檬酸循环的一些反应中直接形成，这种机制被称为底物水平磷酸化（Substrate-Level Phosphorylation）（见图 4.8）。这种 ATP 的合成模式是酶将一个磷酸基团从底物分子转移到 ADP，而不是像氧化磷酸化那样将一个无机磷酸加到 ADP 上。这里的底物分子是指葡萄糖分解代谢过程中作为中间产物产生的有机分子。

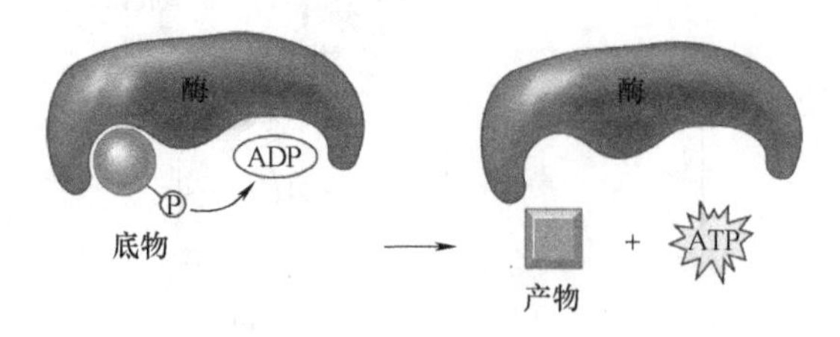

图 4.8 底物水平磷酸化

每一个葡萄糖分子通过呼吸作用分解为二氧化碳和水，细胞就会产生大约 32 个 ATP 分子。呼吸作用将储存在一个葡萄糖分子中的大量能量转化为许多 ATP 分子。这个概述介绍了糖酵解，柠檬酸循环和氧化磷酸化如何适应细胞呼吸过程，三个阶段具体的化学反应请参考 MOOC 视频 4.6。

4.4　其他代谢方式

4.4.1　发酵和无氧呼吸

因为细胞呼吸作用产生的 ATP 大部分是由氧化磷酸化作用产生的，所以我们对有氧呼吸作用产生的 ATP 的估计取决于细胞是否有足够的氧气供应。但是，有两种机制可以让细胞氧化有机燃料和产生 ATP 而不需要氧气：无氧呼吸和发酵。这两者之间的区别是电子传递链在无氧呼吸中使用，但在发酵中不使用。无氧呼吸中有一个电子传递链，但不使用氧作为最后的电子受体。氧气因为电负性很强能很好地完成这个功能，但其他电负性较低的物质也可以作为最终电子受体。

1. 发酵

发酵不需要细胞呼吸。作为有机营养物质呼吸氧化的替代方法，发酵是糖酵解的延伸，通过底物水平磷酸化，允许持续产生 ATP。在糖酵解的氧化过程中，必须有足够的 NAD^+来接受电子。如果没有某种从 NADH 中回收 NAD^+的机制，所有的 NAD^+都将会被还原为 NADH，糖酵解会因为缺乏氧化剂而关闭自身。在有氧条件下，通过把电子转移到电子传递链，NAD^+可以从 NADH 中回收。在无氧条件下，电子从 NADH 转移到糖酵解的最终产物丙酮酸。

发酵有许多类型，主要区别在于丙酮酸产生的最终产物不同。人类在食品和工业生产中常用的两种发酵方法是酒精发酵和乳酸发酵。在酒精发酵中，丙酮酸分两步被转化为乙醇。第一步从丙酮酸中释放二氧化碳，转化为二碳化合物乙醛。在第二步中，乙醛被 NADH 还原为乙醇。这就重新产生了继续糖酵解所需的 NAD^+的供应。许多细菌在厌氧条件下进行酒精发酵。酵母也进行酒精发酵。几千年来，人类一直在酿酒和烘焙中使用酵母。在酒精发酵过程中，酵母产生的 CO_2 气泡使面包发酵。

在乳酸发酵过程中，丙酮酸直接被 NADH 还原生成乳酸作为最终产物，不释放二氧化碳。由某些真菌和细菌发酵的乳酸在乳品工业中用于制作奶酪和酸奶。人体肌肉细胞在缺氧时通过乳酸发酵产生 ATP。在剧烈运动中，产生 ATP 的糖分解代谢速度超过了肌肉从血液中提供的氧气的速度。在这种情况下，细胞由有氧呼吸转化为发酵。过量的乳酸会逐渐被血液带往肝脏，在肝脏细胞将其转化为丙酮酸。因为有氧气，丙酮酸可以进入肝细胞的线粒体，完成细胞呼吸（见图 4.9）。

2. 无氧呼吸

纯厌氧菌（Obligate Anaerobe）的生物只进行发酵或无氧呼吸。这些生物体不能在氧气的存在下生存。一些类型的细胞，如脊椎动物的大脑细胞，只能进行丙酮酸的有氧氧化，不能进行发酵。其他生物体，包括酵母和许多细菌，可以使用发酵或呼吸产生足够的 ATP。这样的物种称为兼性厌氧菌（Facultative Anaerobe）。在细胞水平上，我们的肌细胞类似兼性厌氧菌的代谢。在这样的细胞中，丙酮酸是代谢过程中的一个分叉，它会导致两种不同的分解代谢途径（见图 4. 10）。在有氧条件下，丙酮酸可以转化为乙酰辅酶 A，在柠檬酸循环中继续通过有氧呼吸氧化。在厌氧条件下则是乳酸发酵：丙酮酸从柠檬酸循环中转移，作为电子受体来循环 NAD^+。为了产生相同数量的 ATP，兼性厌氧菌在发酵时消耗糖的速度要比呼吸时快得多。

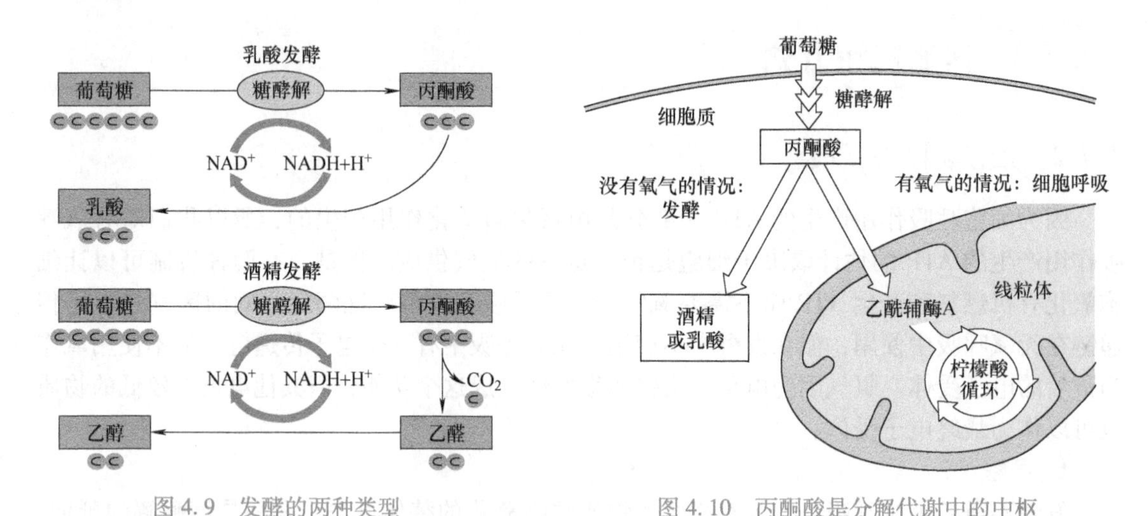

图 4. 9　发酵的两种类型

图 4. 10　丙酮酸是分解代谢中的中枢

3. 癌细胞的代谢

研究表明，癌细胞中葡萄糖的代谢速度远大于正常细胞的代谢速度。这一发现被称为**瓦氏效应**（Warburg's Effect），即癌细胞在氧气充足的情况下使用无氧代谢的形式大量摄入葡萄糖（见图 4. 11）。从能量的利用来看，癌细胞利用发酵过程来产生 ATP 是一个低效的过程，这也间接解释了为什么癌细胞需要持续大量地代谢葡萄糖，来弥补低效产生 ATP。部分科学家注意到癌细胞代谢和单细胞生物代谢之间的相似性。当单细胞生物处于一个营养丰富的环境中时，他们的新陈代谢过程倾向于产生大量**生物质**（Biomass），比如乙醇和有机酸，以促进增殖。相反，当资源不足时，他们会寻求从可用营养中提取最大的能量。在多细胞生物中，不受控制的增殖通常受到抑制，因此细胞最大限度地提取能量，而不是进行生物质的生产。

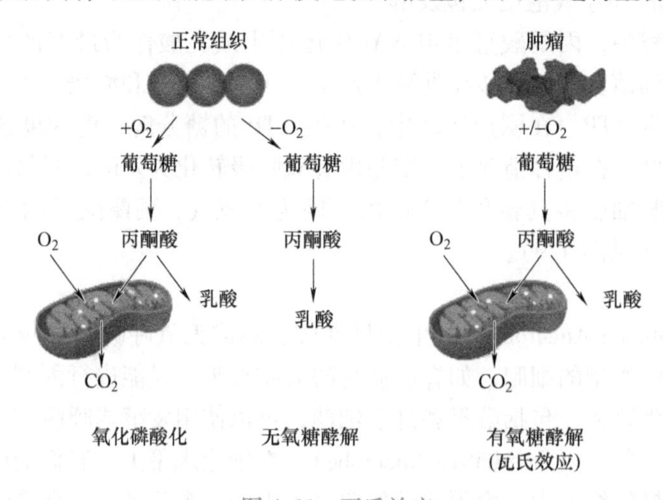

图 4. 11　瓦氏效应

4.4.2　其他代谢通路

我们前面集中讨论葡萄糖的氧化分解。事实上，糖酵解和柠檬酸循环是细胞分解代谢和合成代谢途径的主要交叉点。

1. 分解代谢的多功能性

实际代谢中，游离葡萄糖分子在人类和其他动物的饮食中并不常见。我们以脂肪、蛋白质、蔗糖和其他二糖以及淀粉的形式获得大部分的能量。所有这些食物中的有机分子都可以通过细胞呼吸作用用来产生 ATP（见图 4.12）。

糖酵解可以将多种碳水化合物进行分解代谢。在消化道中，淀粉被水解成葡萄糖，后者在细胞中通过糖酵解和柠檬酸循环被分解。同样，储存在人类和其他动物肝脏和肌肉细胞的糖原，可以在两餐之间被水解成葡萄糖，作为呼吸的燃料。

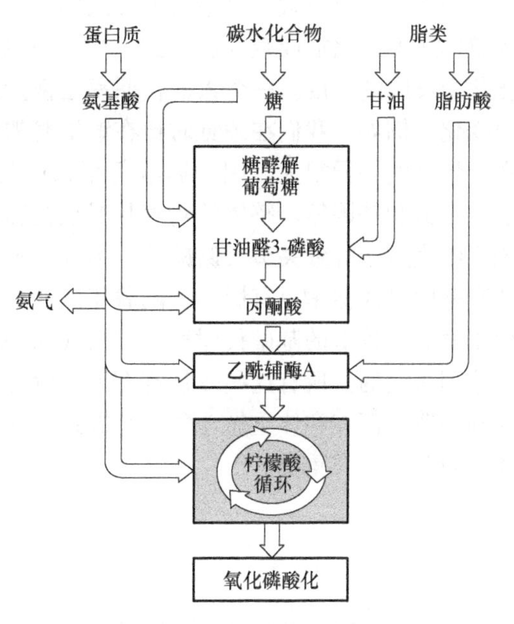

图 4.12　多种代谢途径

蛋白质也可以用作燃料，但它们首先必须被降解成氨基酸。许多氨基酸被生物体用来构建新的蛋白质。过量的氨基酸被酶转化为糖酵解和柠檬酸循环的中间产物。在氨基酸进入糖酵解或柠檬酸循环之前，它们的氨基必须被去除，这一过程称为脱氨基。含氮废物以氨(NH)、尿素或其他废物的形式从动物体内排泄出来。

分解代谢也可以从脂肪中获得能量，这些能量要么来自食物，要么来自体内的储存细胞。脂肪被消化成甘油和脂肪酸后，甘油被转化为甘油醛-3-磷酸。脂肪的大部分能量储存在脂肪酸中。脂肪是很好的燃料，这是由它们的化学结构所决定的。1g 被呼吸氧化的脂肪产生的 ATP 是 1g 碳水化合物的两倍多。同时，这也意味着想要减肥的人必须努力消耗储存在体内的脂肪，因为每克脂肪中都储存着大量的卡路里。

2. 生物合成

细胞不仅需要能量，也需要物质。并不是所有的食物中的有机分子都要被氧化成燃料用来产生 ATP。除了热量，食物还必须提供细胞合成中所需的重要分子。一些通过消化得到的有机单体可以直接用于合成。例如，食物中蛋白质水解产生氨基酸，这些氨基酸可以参与到合成机体自身的蛋白质中。糖酵解和柠檬酸循环的中间产物可以进入合成代谢途径，作为细胞合成所需分子的前体。例如，葡萄糖可以由丙酮酸合成，脂肪酸可以由乙酰辅酶 A 合成。当然，这些合成途径并不产生 ATP，而是消耗 ATP。

此外，糖酵解和柠檬酸循环起到了代谢交换的作用，使我们的细胞能够在需要的时候将某些分子转化为其他分子。例如，糖酵解过程中生成的中间产物可以被转化为脂肪的主要前体之一。如果我们吃的食物超过了需要，即使我们的饮食是无脂肪的，也会储存脂肪。因此，代谢是灵活多样的并且适应性极强。

4.4.3 卡路里和代谢速率

在日常生活中，我们经常使用卡路里（Calorie，单位符号 cal）为单位来计算能量。1cal 是使 1g 水的温度升高 1℃所需的能量。在很多科学文献中，能量通常以千卡（kcal）的形式体现：1kcal = 1000cal。在生理学以及在营养标签上，千卡被称为卡路里。身体消耗卡路里是为了给身体提供能量来完成各种各样的工作。

平衡能量摄入和能量输出意味着吃适量的食物来保持健康。当卡路里的供给大于需求时，多余的卡路里就会以脂肪的形式储存起来。不同酶的活性和效率将导致一个人分解食物的整体速度的增加或减少。因此，当我们说新陈代谢慢或快时，实际上指的是酶在人体内催化化学反应的速度。一个人的代谢率是衡量这个人能量使用情况的指标，根据人的活动水平而变化。例如，我们在睡觉时比在锻炼时需要更少的能量。然而，由于许多因素，这个速率在个体之间差异很大，因为影响每个人的代谢率的因素有很多，比如运动习惯、体重、性别、年龄和基因等。整体的营养状况也会影响新陈代谢。例如，维生素可以作为辅酶，饮食缺乏维生素会导致关节代谢减缓。另外，超重的人在运动中比瘦人会消耗更多的卡路里。年龄和基因对代谢率也有影响。随着年龄的增长，人在消化食物时的代谢速度会减慢。有些人生来就具有较低的基础代谢率。参与代谢的酶的特性，就像所有蛋白质一样，是由编码它们的基因决定的。所有这些变量都有助于解释为什么有些人吃得很多但是不容易增重，而有些人却一辈子都在和体重做斗争。掌握这些知识对于我们判断自身是否健康以及建立正确的身体健康观念至关重要。

参考文献

[1] GARRETT R H, GRISHAM C M. Biochemistry [M]. 4th ed. New York: Cengage Learning, 2010.

[2] VOET D, VOET J G. Biochemistry [M]. 4th ed. New York: John Wiley & Sons, Inc, 2010.

[3] REECE J B, et al. Campbell Biology [M]. 10th ed. New York: Pearson, 2013.

[4] WEINBERG R A. The Biology of Cancer [M]. 2nd ed. New York: W. W. Norton & Company, 2013.

[5] BELK C, MAIER V B. Biology: Science for Life [M]. 5th ed. New York: Pearson, 2016.

第5章

细胞和癌症

2012年出版的《滚蛋吧！肿瘤君》由漫画家熊顿本人创作，以她治疗癌症的过程和内心感触为素材，讲述了一个癌症患者笑对生活的感人纪实。书的封面如图5.1所示，这本漫画书受到了读者们的广泛欢迎，同时也引起了大家对癌症年轻化的关注。人类很早就开展针对癌症的机理和治疗方案的研究，但是随着研究的推进，人们发现癌症的机理超乎想象的复杂。科学家们从分子角度、细胞角度、组织角度、生物体角度等方面阐述了癌症的机理，在本书的学习中我们将会陆续讨论。在本章的学习中，我们主要从细胞角度探讨癌症的机理和治疗方案。

图5.1 《滚蛋吧！肿瘤君》封面（熊顿著）

癌症是一种细胞自我复制出现问题导致的疾病。细胞通过细胞分裂实现自我复制。这一过程通常受到调控，即只有在需要更多的细胞和条件有利于分裂时，细胞才会分裂。然而癌细胞是一种不经允许就分裂的反叛细胞。那么在正常的生物体内，细胞的分裂是如何受严格调控的？这涉及生物学中重要的概念：细胞通信和细胞周期。前者讨论细胞间如何进行“交流”来调控生理学现象，后者讨论正常的细胞分裂是如何进行的。此外，我们还将讨论癌细胞的一些特点，这些特点也涉及一些重要的生物学现象，比如细胞凋亡。在此基础上，我们将会介绍在细胞层面治疗癌症的基本方法。

5.1 细胞通信

细胞通信（Cell Communication）指细胞之间进行交流从而主管细胞活动并协调细胞行为。细胞间交流需要相互发送信号，而且细胞需要接收来自其他细胞和环境的信号。这些信号主要是化学物质，比如动物在遇到危险时逃跑，这种逃跑的行为是由一种叫作肾上腺素的信号分子触发的。细胞通信的研究也进一步证实了所有生命在演化上都有亲缘关系。同样的一套细胞信号传递机制在不同的物种中均有出现，这包括细菌信号传递、动物胚胎发育以及人类的癌症等。

5.1.1 细胞通信分类

和单细胞生物一样，多细胞生物的细胞通常通过信号分子进行交流，这些信号分子针对的细胞可能是相邻的，也可能不是相邻的。按照信号传递的方式可以分为直接接触传递、近距离传递和远距离传递（见 MOOC 视频 3.3）。

真核细胞可以通过直接接触进行交流。动物和植物可以通过细胞连接（连接相邻细胞的细胞质）进行直接接触，也可以通过细胞表面分子之间的直接接触进行交流，这种信号传递方式在免疫反应中尤为重要。

有时候细胞会分泌出化学物质作用于邻近的细胞，这种通信方式被称为近距离传递。生长因子（Growth Factor）是动物体内一种刺激附近靶细胞分裂的化学物质。许多细胞可以接受生长因子信号并且对其产生应答。另一种近距离信号传递是突触信号传递，主要发生在动物的神经系统中，神经细胞内的电信号触发信号分子神经递质的分泌。

动物和植物都使用激素来进行远距离信号传递。在动物的激素信号传递中，特定的细胞释放激素分子，这些分子通过循环系统到达能够识别和响应激素的靶细胞。植物激素主要通过在细胞中移动或作为气体在空气中扩散来到达它们的目的地。激素的大小和类型差异很大，我们将在后面的章节中具体讨论。

5.1.2 细胞通信过程

细胞通信主要分为三个阶段：接收信号、信号转导和应答。

1. 接收信号

这一过程需要两种分子：信号分子和受体。信号分子的结构和受体上的特定位点互补并且结合，就像锁匙关系。信号分子起到配体（Ligand）的作用，即特异性地结合某种分子。配体结合通常会导致受体蛋白发生形状上的变化。对于有的受体来说，这种形状变化直接激活受体，使其和其他细胞内分子相互作用。对于另一些受体来说，受体和信号分子结合会导致更多的受体分子被激活，细胞内更多的分子参与进来。我们将分成两大类来讨论：受体在细胞表面和受体在细胞内部。

（1）细胞表面受体

很多水溶性信号分子结合细胞表面受体后，把细胞外环境信号传递到细胞内部。我们主要讨论三种细胞表面受体：G 蛋白耦合受体、受体络氨酸激酶和离子通道受体。

G 蛋白耦合受体（G Protein-Coupled Receptor）是一类典型的细胞表面受体。很多信号分子比如激素分子、神经递质都使用 G 蛋白耦合受体。G 蛋白是一个结合鸟苷三磷酸（Guanosine triphosphate，简称 GTP）分子的蛋白。G 蛋白本身和细胞质侧的细胞膜松散地结合，它的主要功能就是作为一个分子开关，决定“开“或“关“的关键完全在于 G 蛋白是和鸟苷二磷酸（Guanosine diphosphate，简称 GDP）还是和 GTP 结合。当 GDP 结合到 G 蛋白上时，G 蛋白处于非活性状态。受体和 G 蛋白通常和酶协同工作。当合适的信号分子和细胞外部分的受体结合后，受体被激活并且改变形状，细胞质侧则和非活性的 G 蛋白结合，导致 GTP 替换 GDP，因而激活 G 蛋白。激活的 G 蛋白从受体上解离下来，沿着细胞膜扩散，然后和相应的酶结合，进而改变这个酶的形状和活性。一旦被激活，酶就可以引发细胞内应答（见图 5.2）。

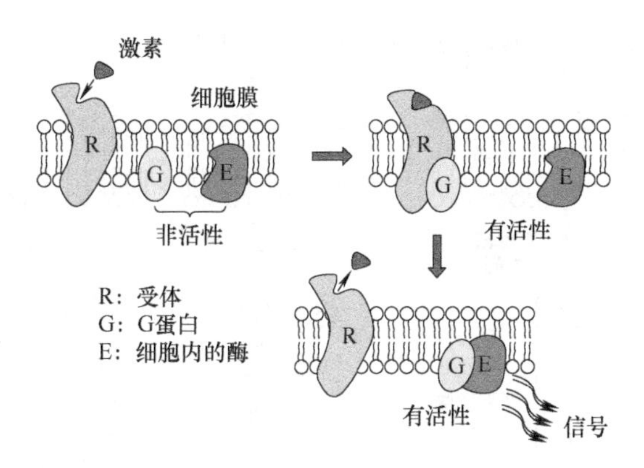

图 5.2　G 蛋白耦合受体

信号分子的结合是可逆的，它们可以反复结合和解离。细胞外信号分子的浓度决定了其结合受体的频繁程度并且导致信号传递。酶和 G 蛋白的改变只是暂时的。当恢复到未激活状态，G 蛋白离开酶，导致酶也回到了最初的状态。这时候 G 蛋白又可以被重新使用了。

受体络氨酸激酶（Receptor Tyrosine Kinase）是一类细胞膜受体同时也具有酶的活性。激酶是一种催化磷酸基团转移的酶。受体蛋白的一部分伸入到细胞内作为特定的络氨酸激酶，负责催化把 ATP 上的磷酸转移到底物蛋白的络氨酸上的化学反应。因此，受体络氨酸激酶负责把磷酸基团转移到络氨酸上。很多受体络氨酸激酶的结构如图 5.3 所示。在信号分子结合之前，这些受体以单体形式存在。每一个单体都有一个细胞外配体结合部位和一个包含了很多络氨酸的细胞内“尾巴”。当一个信号分子（比如生长因子）结合后，导致两个受体单体紧密结合，形成一个二聚体。这个二聚体化的过程激活了每个单体的络氨酸激酶部分，每个络氨酸激酶把 ATP 上的一个磷酸基团加到另一个单体的络氨酸尾巴上。当受体被激活，它就会被细胞内特定的**中继蛋白**（Relay Protein）所识别。激活的蛋白然后引发信号转导通路，产生细胞内应答。一个受体络氨酸激酶可以激活 10 个或者更多的信号转导通路和细胞内应答。一个单独的配体结合受体就可以激活多种信号通路，这也是受体络氨酸激酶和 G 蛋白耦合受体的重要区别，后者只能激活一个信号通路。

离子通道受体（Ion Channel Receptor）配体门控离子通道是一类细胞膜受体，当其改变形状时，其中的一个区域功能就像闸门一样。当信号分子和受体蛋白结合，闸门打开或者关闭，允许或者阻挡特定的离子比如钠离子或者钙离子等从受体的通道流入。这些蛋白质在细胞外的特定位置与配体结合。图 5.4 展示了一个配体门控离子通道受体，在受体与信号分子结合之前，其中的门一直保持关闭。当受体与信号分子结合后，通道打开时，特定的离子可以通过通道，并迅速改变细胞内特定离子的浓度。这种变化会以某种方式直接影响细胞的活性。

配体门控离子通道在神经系统中非常重要。例如，在两个神经细胞之间的突触释放的神经递质分子，作为配体结合到接收细胞的离子通道上，导致通道打开。离子流入（或在某些情况下流出），触发电信号沿神经元的轴突传播。

（2）细胞内部受体

细胞内部受体蛋白存在于靶细胞的细胞质或细胞核中。为了到达这种受体，信号分子需要穿过靶细胞的细胞膜。这些信号分子要么具有疏水性，要么足够小，可以穿过膜的疏水内

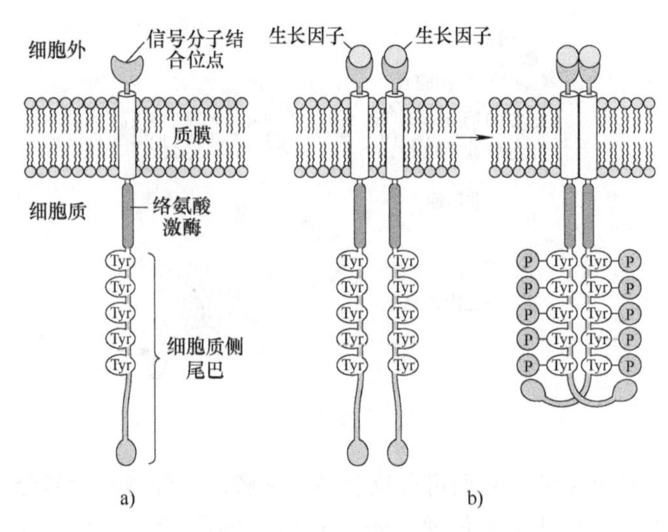

图 5.3 受体络氨酸激酶

a）受体络氨酸激酶单体的结构 b）受体络氨酸激酶被激活

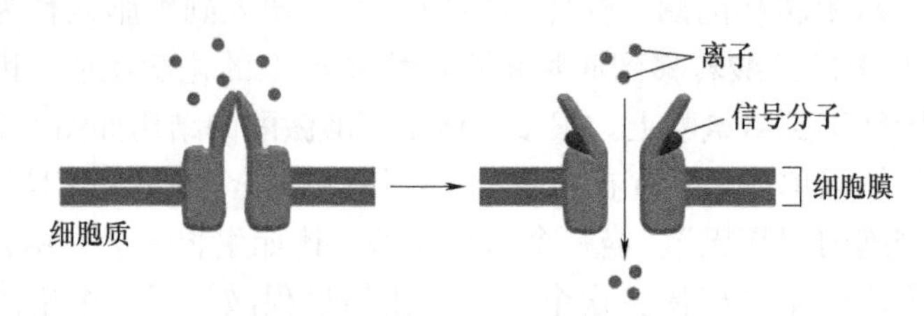

图 5.4 配体门控离子通道受体

部。这些疏水化学信号包括动物的类固醇激素。

一旦激素进入细胞，它将与细胞质或细胞核中的细胞内受体结合，形成激素-受体复合物，这种复合物能够导致特定基因的开启或关闭。我们在后面的章节基因表达中将会具体讨论基因的开启或关闭。一般情况下，激素-受体复合物激活受体后，受体作为一个转录因子启动特定的基因的表达（见 MOOC 视频 3.3）。

2. 信号转导

当细胞表面受体和信号分子结合后，受体需要把接收到的信息向细胞内传递，这个过程就是**细胞信号转导**（Signal Transduction）。细胞信号转导阶段通常是一个涉及多个分子的多步途径。这些途径通常包括通过添加或去除磷酸基团来激活蛋白质，或释放作为信使的其他小分子或离子。

信号分子与细胞表面受体结合触发了信号转导途径的第一步，然后将导致细胞内一系列的链式反应，就像倒下的多米诺骨牌一样，信号激活受体，受体再激活下一个分子，以此类推，直到产生最终应答的蛋白质被激活。将信号从受体传递到应答的分子，我们称之为**中继分子**（Relay Molecule），它们通常是蛋白质。需要注意的是，当我们说信号的时候，指的是特定的信息被传递下去，并不是指信号分子进入细胞。在每一步，信号被转导变成另一种形式，通常是下一个蛋白质的形状改变。磷酸化是造成这种改变的常见形式。

(1) 蛋白质磷酸化和去磷酸化

我们前面简单介绍了磷酸化是如何参与受体酪氨酸激酶的激活的。事实上，蛋白质的磷酸化和去磷酸化是一种广泛存在的调节蛋白质活性的细胞机制。能够将磷酸基团从 ATP 转移到蛋白质上的酶通常被称为**蛋白激酶**（Protein Kinase）。

信号转导通路中的许多中继分子是蛋白激酶，它们经常作用于通路中的其他蛋白激酶。图 5.5 描述了一个假设的通路，其中包含三个不同的蛋白激酶，它们可以产生磷酸化级联反应。信号通过蛋白质磷酸化的级联传递。由于新添加的磷酸基团与被磷酸化的蛋白质上的带电或极性氨基酸相互作用，每一个磷酸基团都会引起形状的变化，因而激活了蛋白质。

需要注意的是，在磷酸化级联中同样重要的是蛋白质磷酸酶，这种酶可以迅速地从蛋白质中去除磷酸基团，这个过程被称为去磷酸化。磷酸酶通过去磷酸化从而使蛋白激酶失活，当初始信号不再存在时，磷酸酶提供了关闭信号转导通路的机制。磷酸酶也使蛋白质激酶可重复使用，使细胞再次对细胞外信号做出反应。磷酸化-去磷酸化系统作为一个分子开关在细胞中根据需要打开或关闭。在任何特定时刻，磷酸化调控的蛋白质的活性取决于细胞中活性激酶分子和活性磷酸酶分子之间的平衡。

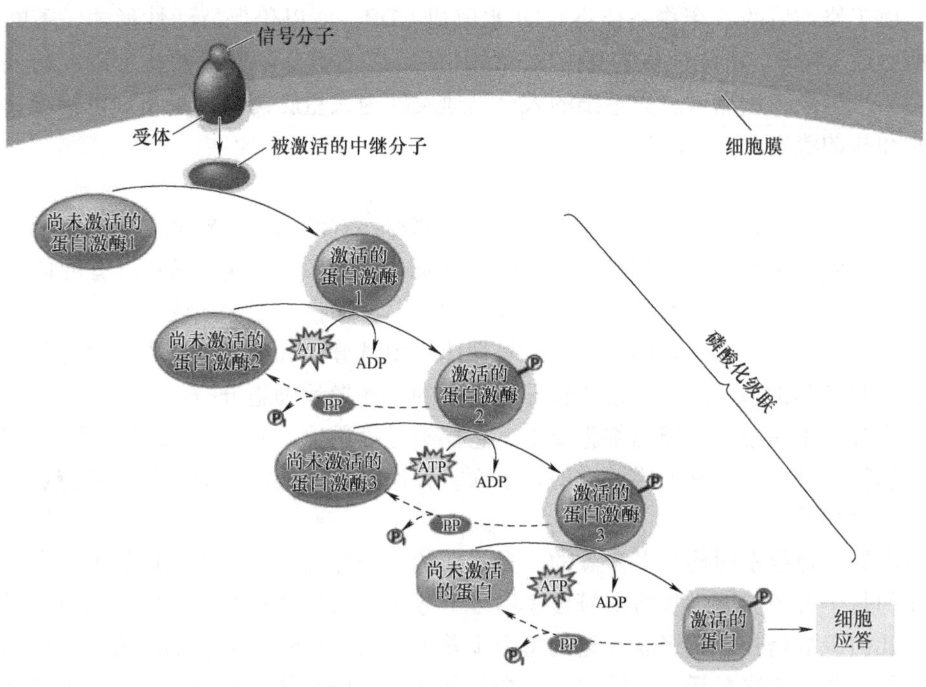

图 5.5　磷酸化级联反应

(2) 第二信使

并非所有信号转导途径中的分子都是蛋白质。许多信号通路也涉及小的、非蛋白的、水溶性的分子或离子，称为**第二信使**（Second Messenger）。之所以使用这个术语，是因为该途径的“第一个信使”被认为是与细胞膜受体结合的细胞外信号分子。因为第二信使很小而且是水溶性的，它们很容易通过扩散遍及整个细胞。一种常见的第二信使是环腺苷酸（cAMP）。

以肾上腺素为例，肾上腺素与细胞质膜的受体——G蛋白耦合受体结合后，该受体激活腺苷环化酶（见图5.6）。这是一种嵌入细胞膜的酶，可以将ATP转化为cAMP。通过这种方法，cAMP的正常细胞浓度可以在几秒钟内提高20倍。然后cAMP向细胞质发送信号。cAMP通路除了G蛋白和G蛋白耦合受体外，还有蛋白激酶。cAMP水平升高的直接影响通常是激活蛋白激酶A。激活的蛋白激酶A然后会磷酸化不同的其他蛋白。

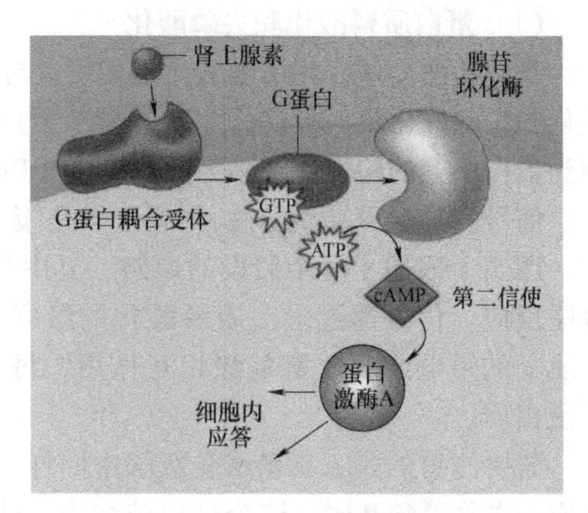

图5.6 肾上腺素作为信号分子，cAMP作为第二信使传递信号

cAMP在G蛋白信号通路中的作用可以帮助我们从分子层面解释某些微生物是如何引起疾病的。以霍乱为例，这种疾病经常在水源被人类粪便污染的地方流行。人们通过饮用受污染的水被感染霍乱弧菌。细菌在小肠内壁上形成生物膜并且产生毒素。霍乱毒素是一种化学修饰G蛋白的酶，而G蛋白参与调节盐和水的分泌。由于修饰后的G蛋白不能将GTP水解成GDP，所以仍保持活性形式，不断刺激腺苷环化酶生成cAMP。由此产生的高浓度cAMP使肠道细胞分泌大量的盐分进入肠道，由于渗透作用，水也会大量涌入。受感染的人会迅速发展为大量腹泻，如果不加以治疗，很快就会死于水和盐的流失。

3. 应答

信号转导途径会导致一个或多个细胞活动的调控。有的信号通路调节蛋白质的合成，通常是通过在细胞核中开启或关闭特定的基因（例如类固醇激素信号通路）。有的信号通路调节蛋白质的活性，而不是导致蛋白质的合成。例如，有的信号引起质膜中离子通道的打开或关闭；有的信号引起细胞代谢的改变。信号受体、中继分子和第二信使参与多种信号转导途径，导致细胞核和细胞质应答。这些转导途径中的一些导致细胞分裂。

无论应答发生在细胞核还是细胞质中，它都不是简单地“打开”或“关闭”。相反，应答的范围和特异性是由多种方式调控的。下面，我们简单讨论细胞应答的一些特点。

（1）信号放大

信号转导途径很多时候是多步骤的。多步骤的一个好处是可以极大地放大信号。如果一个通路中的每个分子的下一步将信号传递给多个分子，结果就是在该通路结束时，活化分子的数量呈几何级数增长。在级联催化的每个步骤中，活化产物的数量都比前一步催化步骤大得多。例如，肾上腺素激活的通路中，每个腺苷酸环化酶分子都催化产生100个左右cAMP分子，蛋白激酶A的每个分子使通路中下一个激酶的10个分子磷酸化，以此类推。作为信号放大的结果，少量的肾上腺素分子与肝细胞或肌细胞表面的受体结合，可以导致糖原释放出数亿个葡萄糖分子。

（2）信号转导的特异性

以体内的两种细胞——肝细胞和心肌细胞为例，二者都与血液接触，因此有大量的机会接触各种激素分子，以及邻近细胞分泌的信号分子。然而，肝细胞和心肌细胞都只对某些信号有应答，而忽略其他信号。另外，同样的信号会触发两个细胞不同的反应。例如，肾上腺

素刺激肝细胞分解糖原，但心肌细胞对肾上腺素的主要应答是收缩，导致心跳加快。为什么会有这种差异呢？细胞对信号反应的特异性主要取决于不同种类的细胞里面的不同的基因表达，不同种类的细胞有不同的蛋白质集合。一个特定细胞对信号的应答取决于信号受体蛋白、中继蛋白和进行应答所需蛋白质。

（3）信号的终止

对于一个多细胞生物体的细胞来说，要保持对输入信号做出应答的能力，其信号通路中的每个分子变化必须只持续很短的时间。如果一个信号通路的组成部分被锁定为一种状态，不管是活跃的还是不活跃的，给生物体带来的后果都是可怕的，比如前面讨论的霍乱的例子。

细胞接收新信号的能力取决于先前信号产生的变化的可逆性。信号分子与受体的结合是可逆的。当信号分子的外部浓度下降时，与之结合的受体就会减少，而未结合的受体就会恢复到非活性形式。只有与信号分子结合的受体浓度超过一定的阈值时，细胞应答才会发生。当活跃受体的数量低于这个阈值时，细胞应答就停止了。然后，相应的中继分子返回到它们的非活性形式，比如蛋白质磷酸酶抑制磷酸化激酶和其他蛋白质的活性等。因此，细胞很快就能对新的信号做出应答。

5.2 细胞周期

繁殖的能力是区分生物和非生物的重要特征。这种繁殖能力是基于细胞的。生命的延续建立在细胞的繁殖或细胞分裂的基础上。原核细胞通过分裂实现了繁殖的功能，任何单细胞真核生物也是如此。对于多细胞真核生物来说，细胞分裂使其能够从一个细胞（受精卵）逐步发育而来。在成熟的多细胞真核生物中，细胞分裂继续发挥更新和修复的功能，取代因正常损耗或意外而死亡的细胞。

细胞分裂过程是细胞周期的一个组成部分。细胞周期就是用来调控细胞分裂的，即细胞何时分裂，分裂何时终止等。关于细胞分裂的知识可以参考 MOOC 相关内容（见 MOOC 视频 3.4），本小节将着重讨论细胞周期。细胞周期是一个普遍存在的复杂的过程，在细胞的生长和复制、器官的发育、DNA 损伤修复的调控、组织损伤后的增殖，以及像癌症这样的疾病中起着重要的作用。细胞周期中有大量的调控蛋白作用，引导细胞通过一系列有序的生物学过程进行有丝分裂并最终产生两个新细胞。细胞周期一共分成 G_1 期、S 期、G_2 期和 M 期几个阶段（见 MOOC 视频 3.4）。

5.2.1 细胞周期的调控系统

生物体不同类型的细胞分裂的频率不相同。比如，人类的皮肤细胞在人的一生中分裂非常频繁；然而肝脏细胞虽然有分裂能力但是直到需要分裂的时候才进行分裂，比如修复损伤的时候。某些特化的细胞，像已经发育好的神经细胞，在发育成熟的人体内就不再分裂了。理解细胞周期的调控机制，不仅能帮助我们理解正常细胞的生活周期，而且可以帮助我们理解癌细胞是如何逃避常规调控的。

什么机制调控细胞周期？在 20 世纪 70 年代，不少哺乳动物细胞培养实验使得科学家们得出一个假说：细胞周期被细胞质中的信号分子所驱使。在这些实验中（见图 5.7），把两个处于细胞周期不同阶段的细胞融合成一个细胞，其中包含两个细胞核。如果其中的一个细胞一开始是在M期，而另外一个在G_1期，融合后G_1期的细胞核马上进入M期，因为细胞质中的信号分子指导其为分裂做准备。

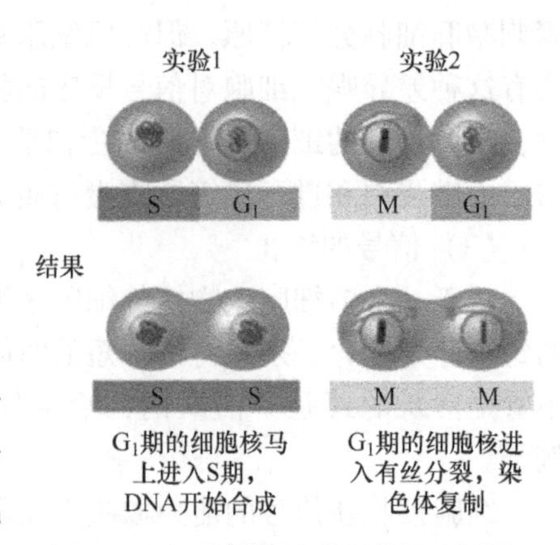

图5.7 细胞周期被分子信号所调控

细胞周期的调控系统包括细胞中可以循环工作的一系列分子，负责调控细胞周期中的关键阶段。我们以全自动洗衣机为例进行阐述。全自动洗衣机有一个洗衣周期，大致可分为注水、洗涤、漂洗和甩干几个阶段。每一个阶段都是受到调控的，前一个阶段完成了才会进入下一个阶段，比如只有注水完成了才会进入洗涤阶段。在洗衣过程中，洗衣周期受到外部和内部因素的调控。与之相似的是，细胞周期也受到外部因素和内部因素调控。细胞周期的调控在细胞周期检查点被外部和内部的信号调控。**细胞周期检查点**（Cell Cycle Checkpoint）是细胞周期的一个调控机制，确保细胞在进入细胞周期中的每个阶段之前，上一个阶段是否正确无误地完成。细胞周期检查点主要有三个，分别在G_1期、G_2期和M期。其中G_1期的检查点最为关键，也叫作**限制点**（Restriction Point），是细胞进入细胞周期后第一个检查点，通常决定了细胞是否要进行分裂。当细胞在细胞周期中遇到检查点时，检查点会有很多分子来检测细胞周期是否正常进行。一旦正常，检查点给出“GO”的信号，细胞则在细胞周期中继续走下去。如果发现异常，检查点则给出“STOP”的信号，细胞先暂停在细胞周期中。比如M期的检查点需要检测的一项就是纺锤丝是否都连接到了染色体上，这样检测的目的是保证下一步染色体能够正常向两级移动。如果纺锤丝都连接到染色体上了，检查点就会给出“GO”的信号。反之，检查点则会给出“STOP”的信号（见MOOC视频3.4）。不进入细胞周期的细胞则停在G_0期，这个阶段细胞进行正常的代谢，但是不进行细胞分裂（见图5.8a）。

5.2.2 细胞周期调控的分子机制

我们首先来介绍细胞周期调控中两个非常重要的分子：周期素和周期素蛋白依赖激酶。**周期素**（Cyclin）是一种在细胞周期中浓度变化的蛋白。如图5.8b所示，不同的周期素在细胞周期中的不同阶段分别达到峰值，这说明不同的周期素在细胞周期的不同阶段发挥作用。

另一种重要蛋白是周期素蛋白依赖激酶（Cyclin-Dependent Kinase，简称CDK）。CDK要发挥作用必须通过磷酸化来激活或抑制其他蛋白。这种激酶只有和周期素结合成复合体后才能被激活。我们前面学习到调控酶催化反应的一个特点就是通过调控酶的活性来实现的。在细胞周期的调控中，这种蛋白激酶在不工作的时候没有活性，只有在被激活的情况下才能发挥作用。只有当周期素的浓度达到最高点时，周期素才会和蛋白激酶相结合形成复合体，因而激活了蛋白激酶。比如M期的一种周期素的浓度逐渐积累达到阈值时，这种周期素和蛋白激酶结合形成复合体，当这种复合体结合后，意味着细胞通过了检查点的检查，继续细胞周期的下一阶段。这时候复合体中的蛋白激酶会激活一系列下游作用的酶，使它们发挥作

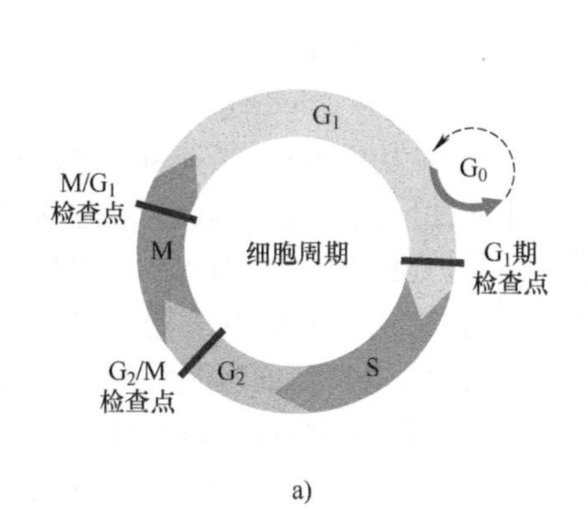

a)

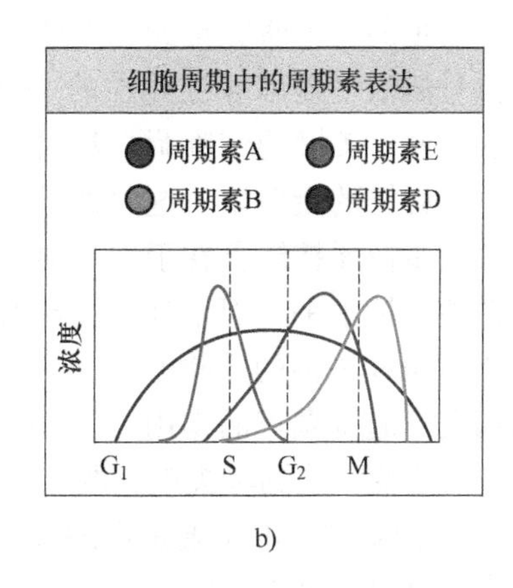

b)

图5.8 细胞周期检查点和周期素（扫封面二维码查看彩图）
a）细胞周期检查点 b）不同周期素在细胞周期不同阶段表达

用，比如促进核膜的解体或纺锤丝的形成。等过了 G_2 期，这个复合体解体，周期素也降解。所以，周期素和蛋白激酶结合形成复合体是细胞能够在细胞周期继续下去的前提条件。

5.3 细胞凋亡

多细胞生物体内的所有细胞是一个高度有组织的团体。这个团体内的细胞是受到严格调控的，不仅是调控细胞分裂的速率和频率，也调控细胞死亡的速率。和生物体一样，细胞也有生老病死。细胞可以被感染，被损伤，或者达到它们的寿命终点，这时细胞就需要进行程序性细胞死亡（Programmed Cell Death）。在细胞程序性死亡中，研究最多的是细胞凋亡（Apoptosis）。

发育中的和成年的生物体中细胞凋亡现象非常常见。在发育的脊椎动物神经系统中，将近一半的神经细胞在形成前就已经死亡。在一个健康的成年人体内，每个小时都有大量细胞死亡。在发育过程中，动物趾的形成就是趾间细胞的细胞凋亡的结果。对于另外一些动物而言，发育过程中当身体不再需要一些结构的情况下，细胞凋亡也会发生。在蝌蚪发育成青蛙的过程中，蝌蚪的尾部细胞死亡，进而导致尾巴的消失。在很多生物体内，细胞凋亡帮助调控细胞的数量。在成熟的组织内，细胞死亡平衡着细胞分裂。如果平衡被打破，将会造成组织增大或者缩小。

细胞凋亡是一个有序的被调控的过程。细胞凋亡不仅在生物体的正常生长发育中起着重要作用，同时在疾病的发病机制中起着重要作用。有时候疾病的问题在于细胞凋亡过多，比如一些退行性疾病。而像癌症这样的疾病就是细胞凋亡过少，导致一些异常细胞没有死亡。

5.3.1 细胞凋亡的机制

细胞凋亡过程中，每个细胞的死亡不会影响其临近的细胞。细胞凋亡过程包含细胞收缩、细胞骨架坍塌、核膜解体和细胞核内的DNA分解成碎片（见MOOC视频3.3）。更重要的是细胞表面也发生了变化，使得死亡的细胞快速进入被吞噬状态。

秀丽隐杆线虫的相关研究帮助我们理解细胞凋亡的分子机制。在线虫和其他物种中，细胞凋亡是由信号激活一连串导致死亡的“自杀”蛋白质引起的。对秀丽隐杆线虫的遗传学研究最初发现了两个关键的细胞凋亡基因，即 *ced*-3 和 *ced*-4（ced 代表“细胞死亡”），它们编码细胞凋亡所必需的蛋白质。这两种蛋白质分别被称为 Ced-3 和 Ced-4。它们和大多数其他与凋亡相关的蛋白质持续存在于细胞中，但以非活性形式存在。因此，在这种情况下，调控发生在蛋白质活性水平，而不是通过基因活性和蛋白质合成。在线虫的线粒体外膜中，一种名为 Ced-9（*ced*-9 基因的产物）的蛋白质作为细胞凋亡的主要调节器，在没有促进细胞凋亡信号的情况下起到刹车的作用（见图 5.9）。当细胞接收到细胞凋亡的信号时，信号转导涉及 Ced-9 的改变，使刹车失效，凋亡途径激活蛋白酶和核酸酶，这些酶可以降解细胞的蛋白质和 DNA。细胞凋亡的主要蛋白酶称为**半胱氨酸蛋白酶**（Caspase），在线虫中，主要的半胱氨酸蛋白酶就是 Ced-3 蛋白。

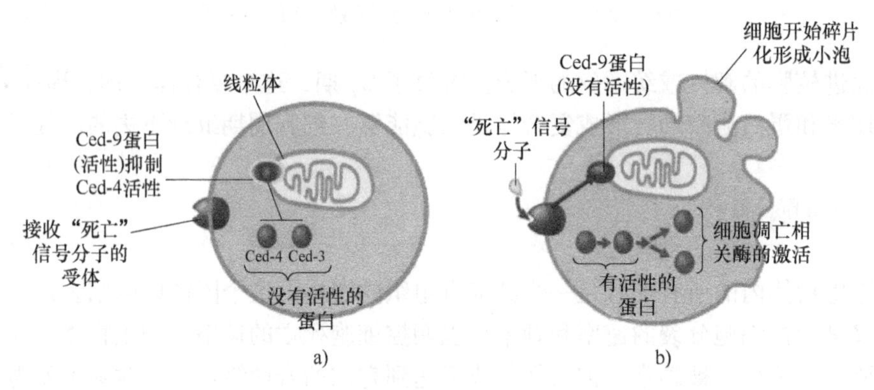

图 5.9 线虫中的细胞凋亡机制

a）没有细胞凋亡的信号 b）有细胞凋亡的信号

5.3.2 细胞凋亡的信号

激活细胞凋亡的应答也是受信号转导通路所调控的。通常有两种信号机制：线粒体机制和外部机制。我们首先讨论线粒体机制。前面学习过线粒体是细胞的“呼吸机”，通过细胞呼吸产生 ATP，为细胞的代谢活动提供能量。同时，线粒体内部也存在细胞凋亡因子，当被特定的信号激活后，这些细胞凋亡因子从线粒体释放出去，从而激活细胞凋亡相关蛋白。比如当 DNA 受到损伤后无法修复时，传递信号给线粒体，细胞凋亡机制被启动，释放出细胞凋亡因子，进而激活一系列半胱氨酸蛋白酶，进而导致细胞膜的变化等。另一种机制是受外部因素来激活的细胞凋亡。当生物体内的细胞被病毒感染后，这些细胞释放出一种叫作干扰素的信号分子，这个分子作用在邻近细胞帮助邻近细胞起到防御作用。干扰素近些年被发现也可以诱导肿瘤细胞的细胞凋亡。干扰素相对应的受体在细胞表面接收信号后，激活半胱氨酸蛋白酶的级联反应，从而激活了癌细胞的细胞凋亡。

细胞凋亡机制对所有动物的发育和维持都是必不可少的。线虫细胞凋亡基因与哺乳动物细胞凋亡基因的相似性，以及对多细胞真菌和单细胞酵母中细胞凋亡的观察，表明细胞凋亡的基本机制在真核生物演化早期就已形成。在脊椎动物中，细胞凋亡对神经系统的正常发育、免疫系统的正常运作是必不可少的。有证据表明，细胞凋亡在某些神经系统退行性疾病中起作用，如帕金森病和阿尔茨海默病。在阿尔茨海默病中，神经细胞中聚集的蛋白质激活了一种触发细胞凋亡的酶，导致这些患者大脑功能的丧失。此外，细胞自杀失败可能导致癌症。例如，一些人类黑色素瘤病例已经被证实与人类中的 Ced-4 蛋白的功能缺陷有关。

5.4　癌症的机理和治疗

单个细胞自我复制不受控制最终导致癌症。我们知道细胞分裂通常受到调控，因此只有在需要更多细胞和条件有利于细胞分裂时，细胞才会分裂。而癌细胞是一种不受约束、不受控制、不停分裂的细胞。

不受控制的细胞分裂导致细胞堆积，形成肿块或肿瘤（Tumor）。肿瘤是一团细胞，它在人体内没有明显的功能（见图 5.10）。如果肿瘤停留在一个地方，不影响周围组织细胞，这样的被称为良性肿瘤（Benign Tumor）。一些良性肿瘤是无害的，但是另一些良性肿瘤可能会引发癌变。侵犯周围组织的肿瘤是恶性肿瘤（Malignant Tumor）或被称为癌。正常细胞在培养过程中获得无限的分裂能力，使它们表现得像癌细胞，这一过程被称为恶性转化（Malignant Transformation）。

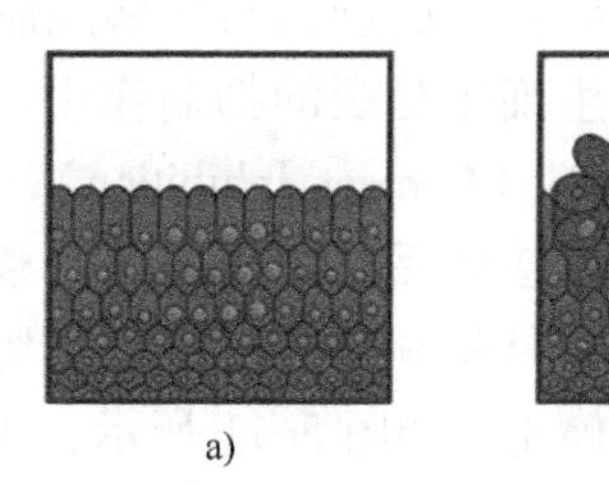

图 5.10　正常细胞 VS 癌细胞
a）正常细胞　b）肿瘤

5.4.1　癌细胞的特点

温伯格（R. A. Weinberg）等人在 2000 年《细胞》上发表的 Hallmarks of Cancer（癌症的标志）中指出，癌症具有六大特征：①自给自足生长信号；②逃避细胞凋亡；③诱发血管新生；④促使无限复制；⑤激活浸润和转移；⑥忽略生长抑制信号。在本小节中，我们将总结并介绍这些特点。

1. 细胞周期失控

癌细胞经常不遵循细胞周期的正常信号调控。在培养过程中，有时在没有生长因子存在的情况下，癌细胞仍然不会停止分裂，这意味着癌细胞的生长和分裂不需要培养基中的生长因子。一种可能是癌细胞可以自己制造所需的生长因子；或者在没有生长因子的情况下，癌细胞的生长因子信号通路可能出现了异常。另一种可能是细胞周期调控系统出现了异常。这些异常主要是由于一个或多个基因发生变化（突变或 DNA 的化学修饰），改变其产物蛋白质的功能，导致错误的细胞周期控制。关于癌症的相关分子机制，我们将在后面的章节中介绍。

2. 无限的分裂能力

如果持续提供营养，癌细胞可以在培养过程中无限地分裂。从本质上说，它们是不死的。一个最著名的例子就是海拉细胞（Hela Cell），它是实验室常用的细胞系。这些细胞自 1951 年以来一直在培养过程中不断繁殖，它们来自于一位名叫海瑞塔·拉克斯（Henrietta Lacks）的女性身上摘除的肿瘤。相比之下，几乎所有在培养中生长正常的、没有发生恶性转化的哺乳动物细胞在停止分裂、老化和死亡之前，只分裂大约 20 到 50 次。

3. 逃避细胞凋亡

我们前面讲过，当细胞周期发生错误时，例如，在有丝分裂前的DNA复制过程中发生了不可修复的错误，在正常的调控下，这些错误会触发细胞发生凋亡。癌细胞则不然。很多研究表明，具有抵抗细胞凋亡能力是所有癌症的重要标志。肿瘤细胞的增殖能力不仅取决于细胞的增殖率，还取决于细胞的损耗率。细胞凋亡是这种损耗的主要来源。

4. 打破接触抑制

培养细胞通常会分裂，直到在培养瓶的内表面形成一层细胞，此时细胞停止分裂。如果一些细胞被移除，那些邻近的细胞就开放了空间开始再次分裂，直到空缺被填满。研究表明，即使存在生长因子，细胞表面蛋白与相邻细胞上对应蛋白的结合也会产生细胞分裂的抑制作用。这种抑制作用就是**接触抑制**（Contact Inhibition），细胞生物学中指当两个细胞接触后，细胞通过调整移动方向尽量避免进一步的接触碰撞。当两个细胞接触后，细胞的分裂就会停止。如图5.11所示，正常细胞接触到彼此后就停止分裂。而在癌细胞中，即使细胞相互接触也不会停止分裂，所以癌细胞可以叠加在已有细胞上生长。

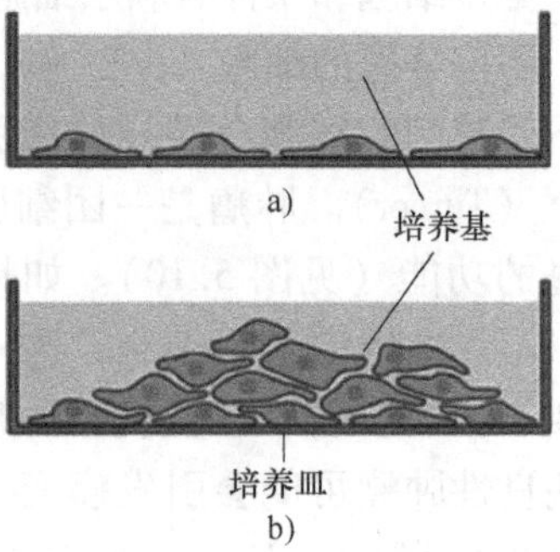

a)
培养基
培养皿
b)

图5.11 接触抑制

a）正常细胞产生接触抑制后形成单层生长
b）癌细胞不受接触抑制的影响而形成多层生长

5. 打破锚定依赖

大多数动物细胞表现出**锚定依赖**（Anchorage Dependence）的现象。为了分裂，它们必须附着在基质上，如培养皿的内部或组织的细胞外基质。而癌细胞不需要与其他细胞进行某种接触，因为癌细胞分裂太快，没有消耗足够的能量来分泌使细胞聚在一起的黏附分子。一旦一个细胞失去了它的锚定依赖，就可能离开原来的肿瘤，移动到血液、淋巴或周围的组织（见图5.12）。

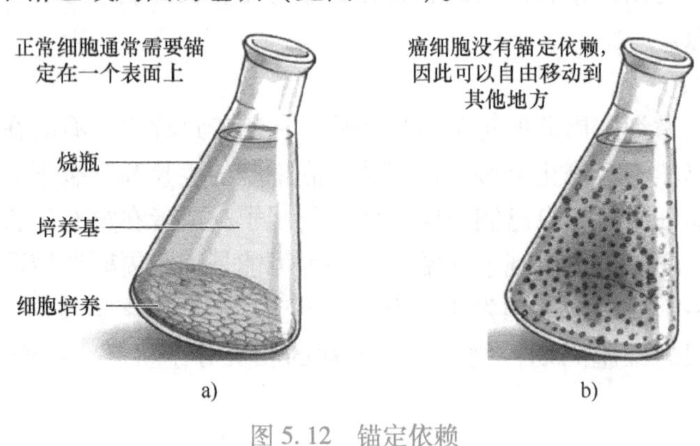

图5.12 锚定依赖

a）正常细胞 b）癌细胞

6. 转移

大多数良性肿瘤不会造成严重的问题，可以通过手术切除。相反，恶性肿瘤能够扩散到新的组织，损害一个或多个器官的功能。细胞表面的异常变化导致癌细胞失去与邻近细胞和细胞外基质的附着，使它们扩散到附近的组织中。少数肿瘤细胞可脱离原发肿瘤，进入血管和淋巴管，并转移到身体的其他部位。在那里它们可能增殖并形成一个新的肿瘤。

癌细胞向远离原发部位的地方扩张称为转移（Metastasis）。癌细胞可以通过淋巴和循环系统在身体的几乎任何地方移动。淋巴系统收集从血管中流失的液体或淋巴，当淋巴液返回血管时，就携带了癌细胞进入血液。淋巴结是过滤体液的结构。当癌症患者接受手术时，外科医生通常会切除一些淋巴结，以检查淋巴结中是否有癌细胞。如果癌细胞出现在淋巴结，那么意味着一些细胞已经离开了原来的肿瘤，并在血液中移动。当发生这种情况时，癌细胞可能已经转移到身体的其他部位了。

7. 持续的血管新生

相较正常细胞，癌细胞需要摄取大量的葡萄糖（参考第 4 章瓦氏效应）。特别是当一个肿瘤每长大几毫米，血液循环系统必须要相应地提供充足的氧气和营养，这时候就需要血管新生这种生物学现象。血管新生（Angiogenesis）就是从已经存在的血管中产生新的血管系统的生理过程，是生物体生长和发育的重要过程，同时也是癌症的标志。在正常和健康的生物体中，很多情况下都需要新的血管形成，比如婴幼儿的快速生长、女性月经周期中子宫内膜的变厚、伤口愈合等。癌细胞也需要形成大量新的血管，帮助癌细胞提供营养和氧气，带走废物，更重要的是帮助癌细胞转移。

血管新生在正常的情况下被认为是一个“关闭”的机制。只有当需要的时候血管才会形成，这个时候被“打开”，但是这个过程持续的时间不长。当月经周期结束或伤口愈合后，就会被重新“关闭”。无论是“打开”还是“关闭”，都需要环境给予相应的信号。有些情况下肿瘤中氧气不足也会激发血管新生。癌细胞发出信号，即分泌生长因子来诱导血管的形成，支持肿瘤的发展。

5.4.2　癌症的治疗

本小节的讨论主要集中在细胞层面的治疗方法，即如何杀死或者控制癌细胞的生长。后面的章节会讨论癌症的分子和免疫机制，同样会介绍如何运用分子和免疫机制来杀死癌细胞或破坏癌细胞的生长。

1. 化学疗法

在化疗过程中，化学物质被注射到血液中。这些化学物质选择性地杀死正在分裂的细胞。多种化疗药物以不同的方式中断细胞分裂。医生们通过循环系统给药，这些药物对正在分裂的细胞有毒性，因为化疗药物会干扰细胞周期中的特定步骤。例如，药物紫杉醇可以稳定和增强微管蛋白的聚合，这样防止微管的解聚，抑制细胞有丝分裂。

由于大多数化疗药物只影响一种类型的细胞活性，因此化疗涉及许多药物。癌细胞在快速分裂过程中，不会修复复制错误，因而导致突变。携带大量突变的癌细胞通过 G_2 检查点，因此，癌细胞可以随机发生突变，其中一些突变可能使它们逃避特定化疗药物的作用。当这些细胞逃避化疗药物的攻击后，它们就可以在肿瘤内部竞争生存空间和营养。这些已经产生抗性的细胞会产生更多的耐药的子细胞，因此在化疗中需要使用一种以上的化疗药物。用针对不同机制的化疗药物联合治疗癌症患者，增加了消灭肿瘤中所有癌细胞的机会。但是，快速分裂的正常细胞也会受到化疗的影响。因此，化疗的影响包括暂时性脱发、贫血（由于红细胞数量减少导致头晕和疲劳），以及由于白血球数量减少而降低的抗感染能力。此外，对胃肠细胞的损害会导致恶心、呕吐和腹泻。

2. 放射性疗法

癌症患者也经常接受放疗。放射疗法使用高能粒子通过破坏细胞的 DNA 来诱导或破坏细胞，使这些细胞无法继续生长和分裂。在一些情况下，可以直接对肿瘤进行放射治疗。肿瘤切除手术后有时要进行多次放射治疗，有时手术前使用放疗来减小肿瘤的大小。放射治疗通常只应用在癌位于身体表面附近的情况。放射性疗法对癌细胞 DNA 的损害比正常细胞要大得多，因为大多数癌细胞已经失去了修复这种损伤的能力。

3. 肿瘤治疗电场

这是近些年来被广泛应用的新治疗方法。活细胞由带电或极性分子和离子组成，因此对电场和电流有反应。电场能影响细胞的各种活动，包括细胞分裂。影响程度取决于电场强度和频率。比如在非常低的频率下，神经元将去极化。在中频下，有研究者发现电场对细胞分裂具有特异性抑制作用。

肿瘤治疗电场（Tumor Treating Field）是一种交替、低强度、中频电场，目的是破坏细胞分裂和抑制肿瘤生长。在不分裂的细胞内，电场是均匀和振荡的，电力只导致离子和偶极子的“振动”。相比之下，分裂细胞内的电场不均匀，施加的肿瘤治疗电场导致纺锤体形成异常和随后的有丝分裂停止或延迟。随后，细胞停止在有丝分裂阶段或细胞分裂过程中发生程序性死亡（见图 5. 13）。目前这种疗法在临床研究中发现对于脑部肿瘤的治疗有着较好的疗效（见 MOOC 视频 3. 5）。

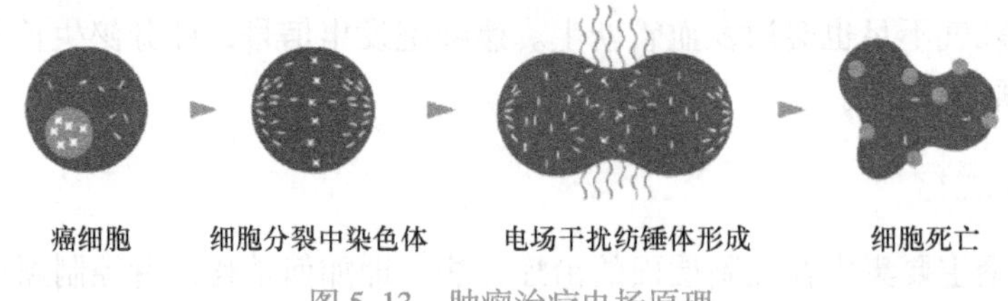

图 5. 13　肿瘤治疗电场原理

参考文献

[1] 熊顿. 滚蛋吧！肿瘤君 [M]. 北京：北京理工大学出版社，2012.
[2] 翟中和，王喜忠，丁明孝. 细胞生物学 [M]. 4 版. 北京：高等教育出版社，2011.
[3] 吴庆余. 基础生命科学 [M]. 2 版. 北京：高等教育出版社，2002.
[4] BELK C，MAIER V B. Biology：Science for Life [M]. 5th ed. New York：Pearson，2016.
[5] HANAHAN D，WEINBERG R A. Hallmarks of cancer：the next generation [J]. Cell，2011，144（5）：646-74.
[6] KIRSON E D，et al. Alternating electric fields arrest cell proliferation in animal tumor models and human brain tumors [J]. Proc Natl Acad Sci，2007，104（24）10152-10157.
[7] WEINBERG R A. The Biology of Cancer [M]. 2nd ed. New York：W. W. Norton & Company，2013.

第6章 遗传的基本概念

优生学这一概念是由英国人类学家高尔顿（F. Galton）（见图 6.1）于 1883 年创立的。它的本意是倡导或实践通过指定特定的优秀遗传性状的人类之间结婚并产生后代，从而改善人类物种。优生学的目标是减少产生疾病的性状，因而使这些不好的性状从人类的种群中消失。然而一些极端的优生学支持者们认为，为了避免一些特征比如精神上的疾病、犯罪倾向、智力低下等产生，需要防止具有这些特征的人类产生后代。因此，在 20 世纪中叶，美国等国家颁布了“强制性节育”的法规政策，针对具有以上不好的特征的人实施强制性节育，使其不能拥有繁殖后代的权利，成为人类历史上黑暗的一页。

图 6.1　高尔顿

“强制性节育”的推行也体现了当时 Nature vs Nurture（先天与后天）争论的焦点，即一些复杂的人类特征，比如智商等是由先天因素决定还是由后天因素决定。这个争论从遗传学的角度来看，涉及了两个重要的问题：生物体可遗传的特征是由什么决定的，以及是怎样决定的。本章作为遗传学的开篇，通过集中讨论遗传学中的基本概念，来回答上面的问题。我们首先讨论遗传学主要关注的问题，包括遗传物质和遗传方式。然后聚焦基因型和表型，着重讨论如何通过孟德尔遗传学来解释二者之间的关系。由于很多生物体表型也受环境因素影响，在本章中我们将介绍遗传学家如何测量这些同时受遗传和环境影响的表型，并引入遗传力的概念。

6.1 遗传学所关注的问题

遗传学的研究有着悠久的历史。从古希腊时期开始，哲学家们对于遗传的关注源于对“相似性”的研究：子女和父母长得很像。性状从亲代传递到子代叫作**继承**（Inheritance 或 Heredity）。然而，子代中的兄弟姐妹又不完全是从父母直接复制而来。所以在继承的同时，子代的个体间存在**变异**（Variation）。那么子代和亲代的这种相似性，以及子代之间的差异，其背后的生物学机理是什么？这个问题直到 20 世纪随着遗传学的发展才逐渐得到解答。遗传学就是研究遗传和遗传变异的学科。在具体讨论遗传规律和遗传变异之前，我们先讨论遗传物质的特点和遗传物质从亲代到子代的继承。前者包含了遗传学所关注的所有问题，而后者则是遗传学发展的关键。

6.1.1 遗传物质的特点

古希腊时期以毕达哥拉斯学派为代表的观点认为遗传物质就像“流动的图书馆”：从父母双方汲取信息传递给子女。19 世纪孟德尔通过一系列植物杂交实验认为植物中存在“遗传因子”，通过配子形成和受精传递给后代并产生了后代的多样性。20 世纪初以摩尔根为代表的生物学家通过果蝇杂交实验获得大量数据，证实了孟德尔所谓的遗传因子在染色体上。紧接着，转化现象的发现促使科学家们从破碎细胞提取遗传物质，并且通过一系列生物化学实验证实了 DNA 才是遗传物质（见 MOOC 视频 6.1）。综合上述实验的结果，我们总结出遗传物质具有以下特点。

1. 可存储信息

遗传物质必须具备指导生物体产生性状的信息，这是遗传物质在生物体生存和发育中的具体表现。遗传物质将遗传信息传递到子代，只有在子代个体发育中控制合成特定的蛋白质，才能体现与亲代一致的生物性状。遗传信息具体体现在 DNA 的碱基序列中。遗传信息以每个基因特定的 DNA 核苷酸序列的形式传递，就像打印出来的文字信息以特定的英文字母序列的形式传递一样。同时，遗传物质存储的信息也具备了被编码和解码的特点。

2. 可传递

遗传物质必须具有可以从亲代到子代的传递能力，在被传递过程中保持稳定并且同时产生可遗传的变异。进行有性生殖的生物通过减数分裂产生配子，再经过配子结合形成受精卵，发育成新个体，在这一过程中实现了遗传物质的传递。

3. 稳定

遗传物质必须要保持一定的稳定性，这样在传宗接代的过程中才能够保证把亲代的特征忠实地传递到子代。在分子组成上，DNA 的结构保证了遗传物质的稳定性。首先，DNA 的化学组成主要是磷酸、脱氧核糖和含氮碱基，化学结构相对稳定；其次，DNA 分子形成规则的双螺旋，碱基之间遵循严格的配对方式并且配对方式保持稳定不变。此外，细胞内还有其他机制保证遗传物质的稳定性，我们将在下一章中讨论。

4. 可自我复制

遗传物质必须具有自我复制能力，可以将自身复制出一份拷贝传递给子代，使得亲代和子代间遗传物质结构保持一定，保证亲代和子代前后性状的连续性。

5. 产生变异

遗传物质的分子结构可以发生变化，引起遗传信息的改变，相应地改变性状。而变化后的分子结构又具有稳定性，可以不断地传递下去，使得变异的性状在后代连续出现。遗传物质必须能够产生这样的变异，这是生物演化的前提和基础。

6.1.2 遗传物质如何传递

父母传递给子女的遗传信息是以基因（Gene）的形式体现的。基因不仅是联系子女和父母之间的遗传桥梁，也体现了家庭成员之间的共同的特征，比如眼睛颜色、皮肤颜色等。

每个人从受精卵发育到成年的过程中，基因编码了所有的特征。基因就是特定的 DNA 序列。DNA 复制是遗传信息传递的分子基础。在动物和植物中，遗传信息从亲代传递到子代的运输工具就是生殖细胞，也叫作配子（Gamete）。在受精期间，雄性配子和雌性配子融合，把亲代的基因传递给子代。

无性生殖和有性生殖是两种常见的繁殖后代的方式。只有无性繁殖的生物才会有与自己完全相同的基因拷贝。在无性繁殖中，单个个体是唯一的亲本，并将其所有基因的拷贝传递给后代，而没有配子的融合。例如，单细胞真核生物可以通过有丝分裂进行无性繁殖，在这个过程中 DNA 被复制并均等分配到两个子细胞中。后代的基因组实际上是父母基因组的完全复制。在有性繁殖中，产生的后代具有从父母双方继承来的独特的基因组合。有性生殖的后代在基因序列上与他们的兄弟姐妹和父母均不同，不是完全的复制品。受精和减数分裂过程是植物、真菌、原生生物和动物有性生殖的标志。在有性生殖的生命周期中，受精和减数分裂交替发生，使每一物种的染色体数目从上一代到下一代保持不变（见 MOOC 视频 5.1）。

6.2　孟德尔实验和模型

6.2.1　孟德尔的实验

孟德尔（G. Mendel）在早年为生物学考试做准备的过程中，做了大量的植物杂交实验。在众多植物中，他挑选豌豆作为实验对象的主要原因是：①豌豆是自花授粉植物，而且是闭花授粉，因此不容易有外来花粉混杂。如果通过人工方式授粉，用外来花粉授粉也容易。②豌豆具有稳定的可以区分的性状。豌豆各品种间有着明显的形态差异，比如有的植株开红花，有的开白花；有的植株结黄色种子，有的结绿色种子等。③豌豆豆荚成熟后籽粒都留在豆荚中，便于各种类型籽粒的准确计数。

尽管豌豆有众多性状，但是孟德尔最终发表的文章中只记录了 7 种性状。这 7 种性状是经过反复自交得到的纯种品系，保证了这些品种在这些性状上的差异都很稳定，即真实遗传（Breeding True）。无论亲本怎样，它们的全部自交子代植株也都是这样。真实遗传的建立是孟德尔整个实验系统的基础。孟德尔的所有实验工作中贯彻了从简单到复杂的原则。他最初进行杂交实验时，所用的两个亲本都只讨论一个性状：不论其他性状的差异怎样，他都只把注意力集中在一个明确的性状差异，或者说一对相对性状上。因为任意选取 2 个植株，它们一般总会在好几个性状上有差异。所以孟德尔决定把其他性状差异暂时不管，只研究一对性状。

在这里，我们主要讨论孟德尔的其中一组实验：豌豆种子的圆皮和皱皮杂交。真实遗传的亲代叫作 P 代或者 F_0 代，它们经过杂交产生的后代叫作 F_1 代（F 来自拉丁语中的 filial，意思是“儿子”）。F_1 代所有种子的种皮呈现的是圆皮。这一结果和当时流行的“混合式遗传“的观点所预测的结果完全不同。根据混合式遗传所预测的结果，F_1 代应该呈现的种子种皮特征是介于圆皮和皱皮之间的形态。那么，当 F_1 代均为圆皮时，F_0 代中的皱皮的遗传物质在杂交过程中去了哪里？如果在杂交过程中皱皮遗传物质丢失，那么 F_2 代中所有的种子种皮将会是圆皮的。然而当孟德尔把 F_1 代植株进行自交并收集检验种子时发现，皱皮在 F_2 代中又出现了。经过大量的重复实验后，孟德尔统计出 F_2 代圆皮大致有 5474 个，皱皮大致有 1850 个，二者比例接近 3 : 1。孟德尔推断出，皱皮这种特征并没有在 F_1 代消失，而是在一定程度上隐藏起来，而只有圆皮这个特征呈现出来。在孟德尔定律的术语中，圆皮被称为显性性状（Dominant Character），皱皮被称为隐性性状（Recessive Character）。皱皮在 F_2 代的重新出现支持了这样的观点：导致皱皮的遗传物质在 F_1 代中并没有被圆皮的遗传物质稀释或者消灭，而是在圆皮的遗传物质出现的情况下隐藏起来。此外，孟德尔又在其他6种性状的杂交实验和统计中均得出了圆皮与皱皮接近3∶1的比例。下面我们将讨论孟德尔从实验结果中推导出来的模型，用于解释所观察到的杂交性状。在讨论中，我们将使用生物学专业术语（见 MOOC 视频5.2）。

6.2.2 孟德尔的模型

孟德尔建立了一个模型来解释这个统计学数据。模型的建立在生物学的研究中非常重要，可以帮助我们解释统计学数据和阐述可能的生物学原理。孟德尔的模型主要包括以下4点（见 MOOC 视频5.2）：

1）有两个不同版本的遗传因子（即我们今天所说的基因）决定了不同的可遗传的特征。决定种皮特征的基因有两种不同的版本，一个决定圆皮，另一个决定皱皮，分别用 R 和 r 表示。一个基因的不同版本叫作等位基因（Allele）。从分子生物学的角度来看，每个基因都是特定染色体上特定位置的一段核苷酸序列。这个染色体上的特定位置叫作基因座（Genetic locus）。特定基因座的 DNA 序列在不同的个体中是有差异的，这些差异会影响到相应的编码的蛋白质的结构和功能，进而影响生物体的表型。圆皮等位基因和皱皮等位基因可能由一个特定基因座上 DNA 序列的差异导致。

2）对于每个遗传特征来说，子代继承了两个等位基因，分别来自于父亲和母亲。每一个二倍体生物的体细胞都有两套染色体，一个来自父亲，一个来自母亲。因此，在一个二倍体的细胞中，一个基因座有两个拷贝，分别位于两个同源染色体的同一位置。同一基因座上的两个等位基因可以是相同的，比如真实遗传中的 F_0 代，用 RR 或 rr 表示；也可以是不同的，比如 F_1 代，用 Rr 表示。

3）如果一个基因座上的两个等位基因不同，显性的那个等位基因决定了生物体的外在特征，而隐性的那个等位基因对于生物体的外在特征的作用不显著。根据这一观点，孟德尔实验中的 F_1 代都是圆皮，是因为决定圆皮的等位基因是显性的，而决定皱皮的等位基因是隐性的。

4）在配子的形成过程中，两个决定遗传性状的等位基因彼此分离，分别进入到不同的配子中。因此，在形成配子时，一个卵子或一个精子只能得到体细胞中两个等位基因中的一个。从染色体的角度来说，这种分离机制对应了减数分裂中两个同源染色体被分配到不同的配子中。

建立模型的重要意义还在于可以帮助我们检验理论和预测可能的基因型和表型。以孟德尔的杂交模型为例，如果控制圆皮和皱皮的遗传因子是 R 和 r，那么 F_2 代中圆皮的基因型可能为 RR 或 Rr，如果让皱皮和这两种基因型的圆皮杂交，则会出现后代圆皮和皱皮的比例不同。

孟德尔遗传学提出了一个重要观点：控制性状的遗传因子（基因）是相对独立、彼此分离地遗传的。在这种模式中，父母把独立的遗传单位（保持父母各自的特征）——基因传递给子女。一个生物体中的基因更像是一堆摞起来的扑克牌，而不是一堆混合在一起的染

料。这些基因可以不断参与到新的排列组合中，而不是被中和。

达尔文在提出著名的自然选择理论后，遇到了不少学术界的质疑，其中最主要的质疑是：当时流行的混合式遗传观点无法支持自然选择理论。因为基于混合式遗传的观点，所有亲代的性状特征在产生后代的过程中被不断“稀释”，那么自然的选择压力则无法作用于某个特定的性状。而孟德尔遗传学的观点则可以很好地解释自然选择，因为一个种群的个体之间存在着可遗传的变异，这些变异之间彼此独立，并且决定各自不同的性状，因而这些性状的差异导致了个体间存活和繁殖的差异。

6.3 基因型和表型的关系

在重新发现孟德尔定律后不久，经常遇到的一个问题就是：基因是如何决定性状表达的？摩尔根的遗传学没有做出解释，或者说无能为力去解释（见 MOOC 视频 5.4，摩尔根遗传研究）。因为无论是孟德尔还是摩尔根的遗传学研究方法都属于“垂直式遗传”，即通过杂交产生后代，分析亲代与子代的关系。这种遗传方式只能告诉科学家们遗传物质在细胞内（配子中），但是无法进入到细胞“看到”甚至研究遗传物质。要研究基因的作用机制，就一定要涉及生物细胞内的代谢过程，这就是生物化学。最早涉猎这一领域的是英国一位名为加罗德（A. E. Garrod）的医生（见图 6.2）。

a)

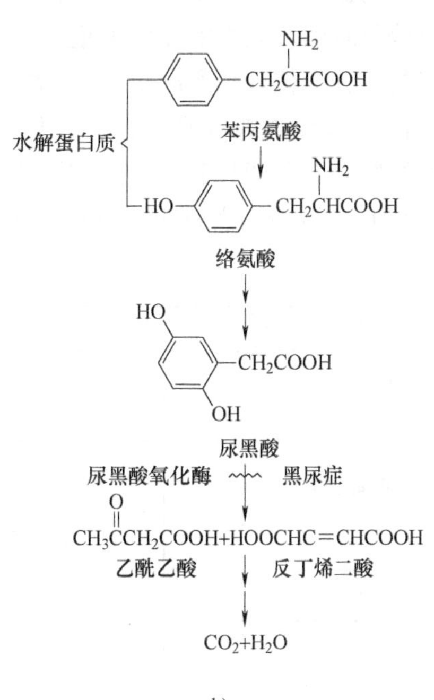

b)

图 6.2 加罗德医生及黑尿症机理
a）加罗德医生 b）黑尿症产生机理

6.3.1 基因和酶

从 1890 年起，加罗德在临床工作中陆续发现了 4 种不同的先天性代谢疾病，这些疾病的特点是病人不能彻底地代谢某些物质，那些未能完全代谢的中间产物被排到了尿液中。比如一种典型代谢失调病叫作黑尿症，这种病人的尿液中含有大量的尿黑酸。

1914 年，加罗德的一个同事在正常人的血液中分离出一种尿黑酸氧化酶，而在黑尿症病患者的血液中则找不到这种酶，由于患者体内缺少尿黑酸氧化酶，使得代谢过程被阻断，以至尿黑酸无法沿着正常的代谢途径转变为反丁烯二酸和乙酰乙酸，因而积累于血液中，最后从尿液中排出。加罗德研究了黑尿症患者的家族史，注意到这样一种现象：患者的父母虽然正常健康，但他们通常是近亲结婚，所以，加罗德认为这种疾病不是由于微生物感染引起的，也不是由于某些偶尔的功能性失调引起的，而是一种按照孟德尔隐性性状的模式遗传的代谢疾病。这一发现具有重要的意义：第一，确认了孟德尔定律不仅适用于植物，也适用于人类；第二，造成疾病的主要原因是酶的异常，而这种异常和家族的基因图谱紧密联系，从而把基因和蛋白质（酶）建立了联系。

6.3.2 从基因型到表型

我们将在后面章节中具体介绍遗传信息的传递，从基因到蛋白质的分子机理。本章中我们先介绍几个基因型和表型联系的例子。

1. ABO 血型

前面学习的孟德尔定律中的豌豆性状都是只有两个等位基因，但是大多数情况下一个基因都有多个等位基因。人类的血液类型就是一个典型的例子（见表 6.1）。人类的血型主要由一个基因的三种等位基因所决定：I^A、I^B和 i。一个人的血型可能是下列四种中的一种：A 型血、B 型血、AB 型血或者 O 型血。这些字母特指两种糖类：A 和 B，存在于红细胞表面。一个人的红细胞表面可能具有 A 型糖（A 型血），也可能具有 B 型糖（B 型血），或者二者都有（AB 型血），或者二者都没有（O 型血）。

表 6.1 ABO 血型系统中基因型和表型的关系

基因型	红细胞表面	表型（血型）
I^AI^A 或 $I^A i$		A
I^BI^B 或 $I^B i$		B
I^AI^B		AB
$i\,i$		O

2. 镰刀型细胞贫血症

前面学习的镰刀型细胞贫血症是一种隐性遗传病。主要致病原因是正常的血红蛋白多肽链中的特定位置上的谷氨酸（Glutamic Acid）被替换成缬氨酸（Valine）。血红蛋白主要在红细胞中负责运输氧气。正常的红细胞呈现圆盘状，但是在血红蛋白异常的红细胞中呈现镰刀状。异常的血红蛋白聚集，导致细胞呈现镰刀状。编码正常的血红蛋白的等位基因命名

A，编码异常的血红蛋白的等位基因命名 a。根据孟德尔定律我们知道，基因型为 AA 的红细胞内产生两个拷贝的正常的血红蛋白，所以红细胞呈现圆盘状。基因型为 aa 的红细胞内产生两个拷贝的异常的血红蛋白，所以红细胞呈现镰刀状。而对于杂合体 Aa 来讲，A 和 a 各自产生一个正常的蛋白质和一个异常的蛋白质，这个红细胞内的蛋白有一半是正常的血红蛋白，有一半是异常的血红蛋白（见图 6.3）。

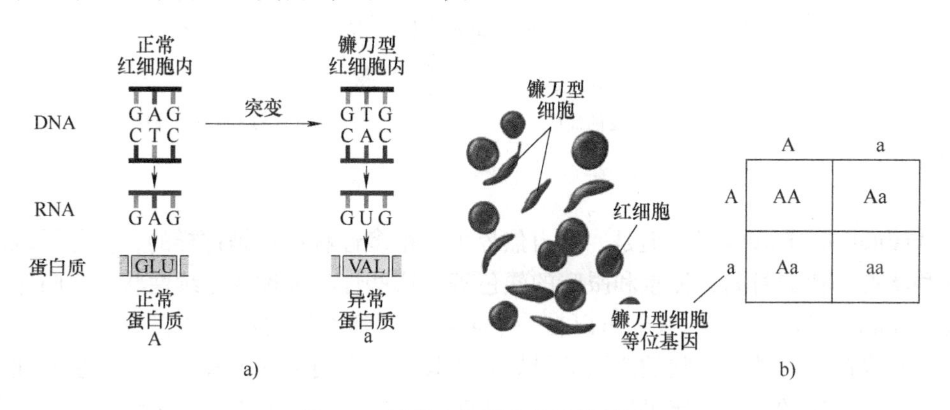

图 6.3　编码血红蛋白的等位基因

a）正常（A）和异常（a）编码血红蛋白的等位基因　b）产生的所有可能的基因型，其中 aa 导致镰刀型细胞贫血症

6.3.3　显性和表型的关系

从前面孟德尔遗传学的例子中我们得知，两个等位基因 R 和 r 组合在一起产生的杂合子呈现出来的表型是圆皮。这里涉及一个非常重要的知识就是，显性等位基因之所以被称为显性是因为它的表型可以被观察到，不是它“抑制”了隐性等位基因。等位基因只是一个基因序列的不同变化形式。当一个显性的等位基因和一个隐性的等位基因共同存在于一个杂合子中，他们之间并没有发生相互作用，而是在从基因型到表型的过程中显性和隐性发挥了作用。

为了解释显性和表型的关系，我们用孟德尔经典的豌豆实验中的圆皮和皱皮进行解释（见图 6.4）。控制圆皮这种显性性状的遗传因子 R，编码一种酶，叫作淀粉分支酶，可以帮助淀粉不断地添加分支。控制皱皮这种隐性性状的遗传因子 r，编码了失活的这种酶，即无法往淀粉上添加分支。在种子的生长发育过程中，含有隐性遗传因子 r 的细胞中含有大量的单糖，由于渗透压的作用而进入大量水分。在种子的后期发育中，当细胞周围的水量减少时，种皮变皱。在一个含有显性遗传因子 R 的细胞中，没有多余的水分进入，所以在后期水量减少时种皮也不会变皱。那么对于一个杂合子 Rr 来说，一个细胞里包含两种酶，即有活性和没有活性的。一个显性的等位基因产生的酶的数量足够保证细胞内的淀粉添加分支，所以呈现出圆皮的表型。这也是为什么显性纯合体和杂合体呈现出同样的性状。

6.4　基因和环境对表型的作用

前面讨论的孟德尔性状有一个非常明显的特征，就是一个基因决定两个“相对”性状，比如圆皮或者皱皮、植株高或者矮。这样的性状在遗传学上被称为不连续性状，也叫作质量

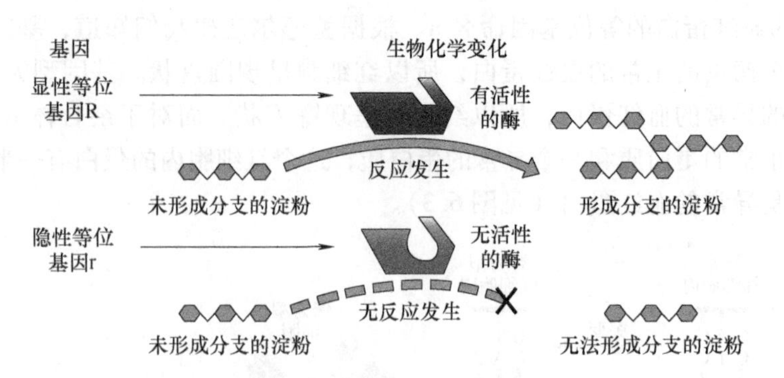

图 6.4　豌豆的圆皮和皱皮产生的主要原因

性状（Qualitative Character）。但是，在自然界中，很多性状都不是这样的，而是呈现连续分布的一种状态，比如身高、体重和眼睛的颜色等，这些性状被称为连续性状，也叫作数量性状（Quantitative Character）。我们可以在一个种群中看到大量的连续的表型，比如从非常矮的人到非常高的人。数量性状的广泛差异导致了我们在人类种群中看到的巨大多样性。数量性状在一个种群中的表型分布可以通过图表来表示。这些数据通常采用曲线的形式，称为正态分布，也叫作钟形曲线（见图 6.5）。

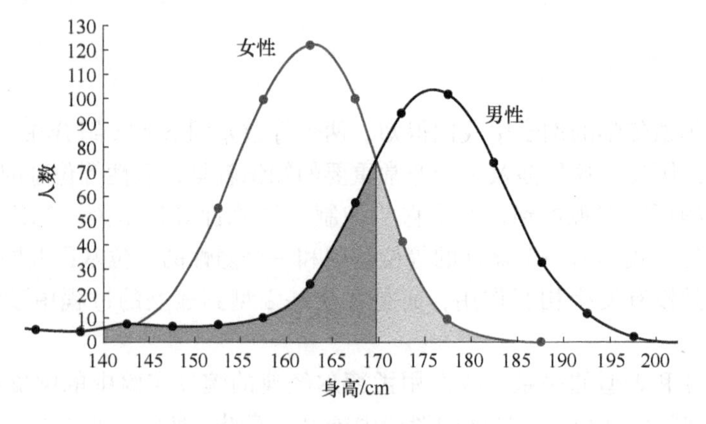

图 6.5　人类的身高呈正态曲线分布

钟形曲线包含两条重要的信息。第一个是曲线上的最高点，通常对应数据的平均值。平均值的计算方法是将种群中某一特征的所有值相加，然后除以种群中的个体数；第二个是钟形曲线的宽度，它说明了种群的可变性。可变性用一种称为方差的数学度量方法来描述，方差本质上是总体中任何一个个体离均值的平均距离。如果一个性状的低方差表明种群中有少量的变异，那么高方差表明大量的变异。

6.4.1　连续性状的产生

那么，为什么有的性状是连续的？由于在种群的个体中具有大量不同的基因型，所以可能存在一个性状的表型范围。当一种性状受到不止一个基因的影响时，就会发生这种情况。受许多基因影响的性状被称为多基因性状。正如我们在上面看到的，当一个带有两个等位基因的基因决定一个性状时，只有三种可能的基因类型出现：比如 RR、Rr 和 rr。但是，如果有多个基因（每个基因都有多个等位基因）影响一个性状，就可能有许多基因型（见 MOOC 视频 5.3）。例如，人类眼睛的颜色是一种受至少三个基因影响的多基因性状，每个基因都有一个以上的等位基因。这些基因帮助产生黑色素以及决定黑色素在虹膜上的分布。当编码眼睛颜色的基因具有不同等位基因的时候，就出现了一系列的眼睛颜色，从深棕色（大量的黑色素产生）到浅蓝色（黑色素产生很少）。这种眼睛颜色的持续变化是由几个基因引起的，每个基因都有几个等位基因，这就导致一个种群中的性状体现出了广泛的多样性（见图 6.6）。

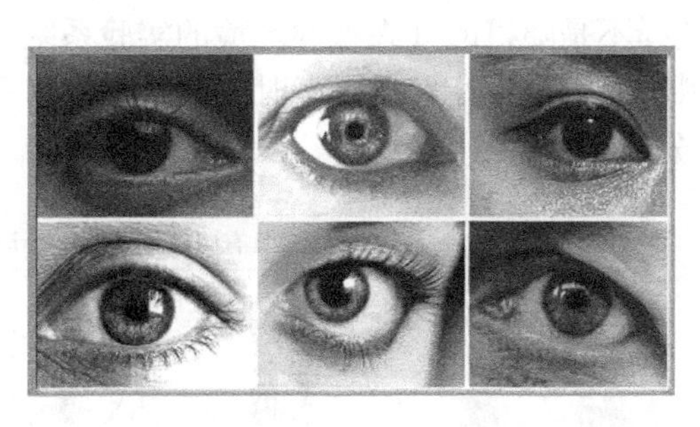

图 6.6 眼睛的颜色（扫封面二维码查看彩图）

大多数表现出广泛差异的性状同时受到基因和环境的影响。人类的肤色就是一个例子。一个人皮肤的颜色深浅取决于皮肤表面的黑色素的数量。和眼睛颜色一样，许多基因也会影响皮肤颜色的表型——这些基因会影响黑色素的产生，也会影响黑色素的分布。然而，环境，特别是夏季或一生中暴露在阳光下的程度，也会影响个体的肤色。含有黑色素的皮肤暴露在阳光下都会变黑。

6.4.2 环境影响性状的研究

自然界中大量的性状其实既受遗传因素影响，又受环境因素影响。早期人类行为的研究，主要集中在“某种行为是受遗传因素影响，还是受环境因素影响”这样的问题上。那么在研究时，如何设置实验研究系统以及系统中的自变量和因变量是至关重要的。我们以行为遗传研究的历史过程为例进行说明。

在一个实验研究系统中，一次实验测量只能有一个自变量，即把遗传因素或者环境因素作为自变量，由此对表型产生的影响作为因变量。最早用来研究遗传因素对行为的影响时采用了比较同卵双生和异卵双生行为差异的方法（见图 6.7a）。同卵双生双胞胎指一个受精卵在发育过程中一分为二，发育成两个独立的个体，两个个体基因组成 100% 相同。异卵双生双胞胎指两个精子和两个卵子分别结合形成两个受精卵，分别发育成独立的个体，两个个体的基因组成大约 50% 相同（基于统计学数据）。由于双胞胎在同一家庭长大，默认为环境相同。在这个实验中分别研究同卵双生和异卵双生的两个个体间的行为相似度和差异，然后比较行为相似度在两对双胞胎之间是否有差异。如果一个行为特征在同卵双生中更为明显，则意味着这种行为受遗传因素影响较大（环境相同）。这种研究能够帮助解释某种行为是否受遗传因素影响更大。但是这种研究有一个问题：双胞胎虽然所处同一家庭，但实际上环境并不完全相同（外貌、性格等决定了父母和周围亲友对待其态度不同），因此这个研究并没有把基因和环境分离开。

另一种研究行为的实验是领养研究（Adoption Study），主要针对双胞胎实验中无法区分遗传和环境因素的影响（见图 6.7b）。在这一实验设计中，主要研究对象是领养孩子，研究其行为特征是更接近其领养父母（环境影响）还是更接近其亲生父母（遗传因素影响）。20 世纪 60 年代，凯蒂（S. Ketty）教授采用了此种方式对精神分裂（Schizophrenia）是否受遗传因素的影响进行了长达 18 年的研究。这个研究得出一个重要的结论就是精神分裂具有遗传基础。但是在这样的研究中也很难将遗传因素与环境因素区分开来，比如领养的孩子是一出生就被领养还是和亲生父母生活了一段时间后被领养（后者情况下也无法不考虑环境因素的影响）；领养家庭的选择不是随机的（在检验环境的实验系统中无法排除遗传因素的影响）。类似的研究很多，科学家们也逐渐发现很多时候当性状同时受基因和环境影响时，没有办法把基因和环境完全分隔开来。

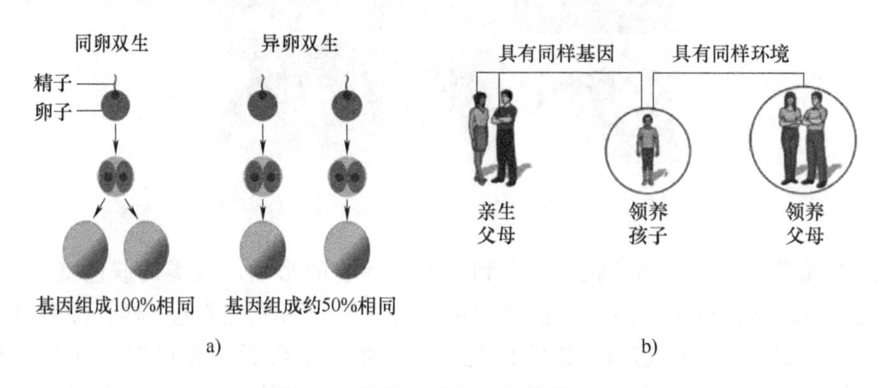

图 6.7　早期关于行为研究的方法

a）双胞胎研究法　b）领养研究

6.4.3　遗传力

那么对于这种既受基因又受环境影响的性状来说，如果要研究基因在其中的作用，该如何展开？科学家们引入了遗传力（Heritability）的概念。一个种群中数量性状在个体间的差异是由遗传差异和环境共同导致的。比如，智商（Intelligence Quotient，IQ）的高低既和大脑的结构、功能相关，也和环境因素，比如早期教育相关。人类中的遗传力是通过测量不同组之间的相关性得到的。遗传力实际上是一个种群中个体间某种性状的差异有多少是由个体间的遗传差异导致的。

在种群中为了估计数量性状的遗传力，研究者们使用个体间的遗传差异的相关性，比如图 6.8 中体现了亲代鸟的喙的宽度和子代鸟的喙的宽度的关联。中嘴地雀（Geospiza fortis）是一种生活在加拉帕戈斯群岛的以种子为食的鸟类。科学家们测量了 1976 年和 1978 年两个亲代鸟的平均喙的宽度和子代鸟的喙的宽度，发现这类鸟的喙的宽度增加了，这种变化是由自然选择导致的。1977 年的一场干旱导致了环境变化，使得生活在那里的鸟类的食物从小而软的种子逐步变成了大而硬的种子，这决定了鸟喙的宽度变化。从图 6.8 中看出，亲代鸟的喙的宽度增加，它们所产生的后代的喙的宽度也会增加。这种关联性揭示了鸟的喙的宽度具有高度的遗传力，即大多数鸟类的喙的宽度差异是来自于它们的遗传差异。

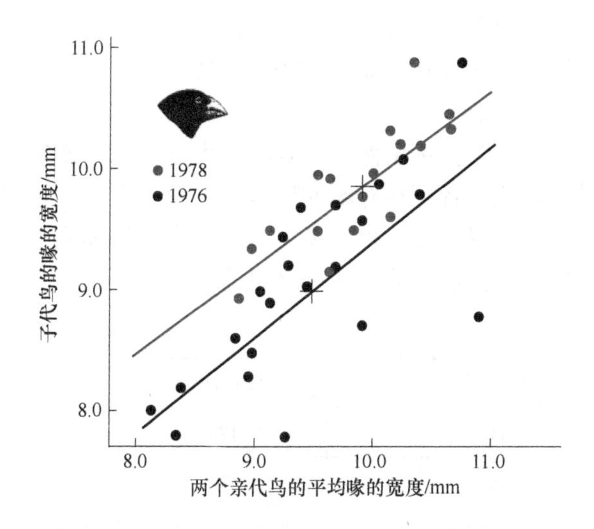

图 6.8　使用相关性来计算遗传力（扫封面二维码查看彩图）

人类的遗传力通常通过检测群体之间的相关性来衡量。这些研究计算了父母与孩子的相似程度或差异程度，或者兄弟姐妹之间在某一特定特征方面的相似程度。当对整个种群进行检验时，相关性的强度提供了遗传力的度量。遗传力是针对特定种群和种群所处的特定环境而言的。我们在使用遗传力的时候要非常谨慎。以下一些因素需要在研究问题和分析数据时考虑。

1. 组间差异可能完全是由环境导致的

我们举一个例子。实验室小鼠的体重有着很高的遗传成分，遗传力约为 90%。在一个小鼠种群中，体重有着很大差异，体型大的小鼠一般后代体型也大，体型小的产生的后代体型偏小。我们现在把这个小鼠种群随机分成两组：一组吃营养丰富的食物，另一组吃营养缺乏的食物。我们会预估到，尽管体重有着遗传因素影响，但吃得好的小鼠体型一般会大些，吃得不好的小鼠体型会小。如果我们一直维持着这样的实验条件，并且让两组小鼠分别繁殖后代。不出所料，第二代吃得好的小鼠体型会比第二代吃得不好的小鼠大。现在想象一下，如果有另一个研究者过来研究这些小鼠，而他事先不知道两组小鼠之前的饮食情况。在只知道小鼠体重是遗传力高的情况下，这位研究者可能通过逻辑推理得出两组在遗传上是有差异的错误结论。然而，我们知道事实并非如此，两组小鼠都是最开始那个种群的后代。这种情况是由于环境因素导致了不同。

把这一想法延伸到人类种群中。假如有两个人类种群，我们发现 IQ 的遗传力很高。在这种情况下，其中一组的人们生长在富裕的地区，平均 IQ 高一些。另一组的人们生长在贫困的地区，平均 IQ 低一些。那么我们又能从中得出怎样的关于遗传差异结论呢？和上边小鼠的例子一样，这个差异可能完全是由环境导致的。IQ 的高遗传力无法告诉我们在不同的社会环境中两组人的 IQ 差异是由于基因差异导致的。

2. 遗传力高的性状也受环境因素影响

IQ 的高遗传力很多时候无法告诉我们 IQ 是受到环境因素的巨大影响的。但是，从其他动物实验中我们发现 IQ 既可以是高遗传力的，又可以被环境影响。

高遗传力的性状在不同的环境中会不同，例如，大鼠是可以被训练走迷宫的。研究者们可以根据走迷宫的能力把大鼠分成迷宫走得好（聪明的大鼠）和迷宫走得不好（笨拙的大鼠）两组。走迷宫的能力在实验室条件下的遗传力很高，换句话说迷宫走得好的大鼠生下的后代也会很好地走迷宫。在实验室条件下，聪明的大鼠一般都比笨拙的大鼠走得好。但是如果两组大鼠都在枯燥的环境或者都在有趣的环境中，两组大鼠走迷宫的能力差不多。事实上，在枯燥的环境中，没有大鼠能够走得好迷宫。到了有趣的环境中，大鼠基本上都能走得很好，而且原先走得不好的大鼠进步非常显著（见表 6.2）。

表 6.2 大鼠走迷宫所犯的错误统计

表型与结果	正常环境	枯燥的环境	有趣的环境
聪明的大鼠/个	115	170	112
笨拙的大鼠/个	165	170	122
结果	笨拙的大鼠犯错比聪明的大鼠要多	两组犯错一样多	两组犯错都减少，笨拙的大鼠进步更多

上面的例子告诉我们，当环境变化时，我们无法预测一个性状的遗传力，尽管这个性状的遗传力比较高。所以，尽管 IQ 的遗传力很高，环境因素可以很大程度上影响个体的 IQ。

3. 遗传力无法说明为什么个体间有不同

一个性状的高遗传力通常意味着个体间的差异很大程度上是因为遗传差异导致的。然而，尽管在某一特定环境中，基因可以解释种群中 90%的差异，一个个体和另一个个体的差异很有可能完全是由环境导致的。比如图 6.9 中同卵双生双胞胎的例子，这对双胞胎共享 100%的基因组成，但是外表差异却非常大。她们的外表差异差不多完全是由环境导致的，左边的平时经常吸烟并且经常晒太阳，而右边的不吸烟而且晒太阳较少。目前为止，没有任何一种方法可以告诉我们一个人的学习成绩好坏是基因导致的，还是环境导致的，还是二者皆有作用。

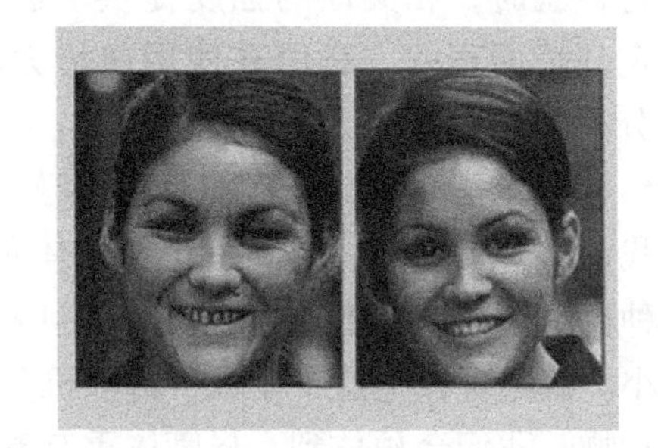

图 6.9 同卵双生双胞胎虽然遗传组成相同，但是环境差异导致表型差异

先天和后天培养都起着重要的作用。我们的细胞携带着人类所有基本特征的指令，但从胚胎到成年的过程发生在一个物理和社会环境中，均会影响这些基因的表达方式。科学家们要回答这些复杂的、相互作用的环境是如何决定我们表型的这个问题，还有很长的路要走。

参考文献

[1] 玛格纳. 生命科学史［M］. 李难，崔极谦，王水平，译. 天津：百花文艺出版社，2002.
[2] CAMPBELL N A，REECE J B. Essential Biology［M］. 影印版. 北京：高等教育出版社，2002.
[3] HARTWELL L H，et al. Genetics［M］. 5th ed. New York：McGraw Hill Education，2013.

[4] 刘祖洞，乔守怡，吴燕华，等. 遗传学 [M]. 3版. 北京：高等教育出版社，2013.

[5] BELK C，MAIER V B. Biology：Science for Life [M]. 5th ed. New York：Pearson，2016.

[6] KETY S S，et al. Genetic relationships within the schizophrenia spectrum：evidence from adoption studies [J]. Critical Issues in Psychiatric Diagnosis，1978，213-223.

[7] GRANT P R. Ecology and Evolution of Darwin's Finches [M]. New York：Princeton University Press，1986.

[8] 吴庆余. 基础生命科学 [M]. 2版. 北京：高等教育出版社，2002.

[9] MERRITT J，RHODES J S. Mouse genetic differences in voluntary wheel running，adult hippocampal neurogenesis and learning on the multi-strain-adapted plus water maze [J]. Behavioural Brain Research，2015，280，62-71.

第7章 遗传的分子基础

2016年8月，甘肃警方将白银市连环杀人案的犯罪嫌疑人逮捕归案，从而使长达30年的悬案得以侦破。警方利用了新科技手段将原有生物物证再利用作为主攻方向，最终破获本案。案中的生物物证就是犯罪嫌疑人的DNA。为什么DNA可以作为重要的物证？警方在检测时使用了罪犯什么样的DNA序列？这些问题涉及现代生物学的常用技术——DNA技术，它是基于DNA的结构和功能特点的一门技术。

为了理解这门技术，我们首先需要知道遗传物质DNA具有什么样的特点，以及是通过什么机制来维持这些特点的。遗传物质的特点我们在上一章总结过，本章就遗传物质的三个重要特点进行讨论：稳定、可复制和产生可遗传的变异。这三个特点涉及研究遗传规律的重要分子机制，也是研究DNA结构与功能关系的具体体现（见图7.1）。

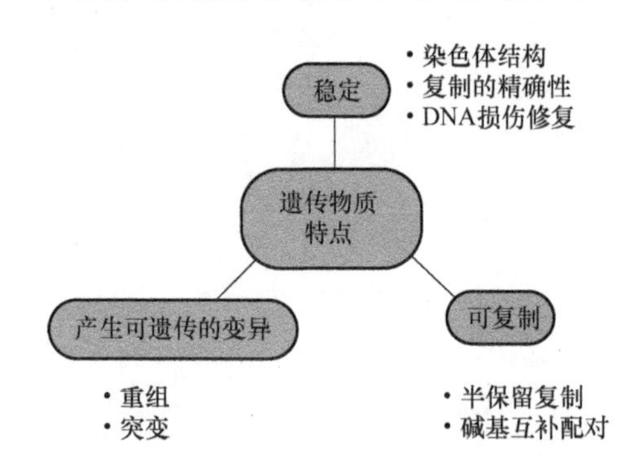

图7.1 遗传物质的特点以及维持这些特点的机制

7.1 DNA是遗传物质

现在DNA为我们广为熟知，科学家们经常在实验室里操纵DNA，以达到改变生物体遗传性状的目的。然而，在20世纪早期，鉴定遗传物质对生物学家来说是一个重大挑战。当时生物学家对遗传物质的化学结构一无所知，对于研究遗传物质无从下手，这与当时的研究方式有关。在生物界中，遗传物质通常按照垂直的方式进行遗传，也就是说，从父母到孩子，或者从母细胞到子细胞。通过分析这种遗传模式，科学家们比如孟德尔与摩尔根能够研

究遗传因子（基因）的作用。但是研究垂直遗传的难题在于，遗传物质从不会离开活的生物体与细胞。当某个细胞分裂时，它的遗传物质会在细胞内分离并且重新分配到子代细胞。在这个过程中，虽然我们知道遗传物质会进行传递，但是在细胞这个“黑箱”的遮盖下，我们很难理解遗传物质的化学结构。

而**转化现象**（Transformation）的发现让科学家们认识到遗传物质可以短暂地脱离细胞而存在，而在这一过程中可以研究其化学本质。转化现象由英国细菌学家格里菲斯（F. Griffith）发现（见 MOOC 视频 6.1）（见图 7.2），这种方式的遗传也被称为水平遗传。格里菲斯在不经意间完成的实验却成为分子生物学发展的重要里程碑：遗传物质以某种化学形式在细菌的两种菌株之间进行传递，它可以不借助任何生殖方式而在两个生物体之间传递。

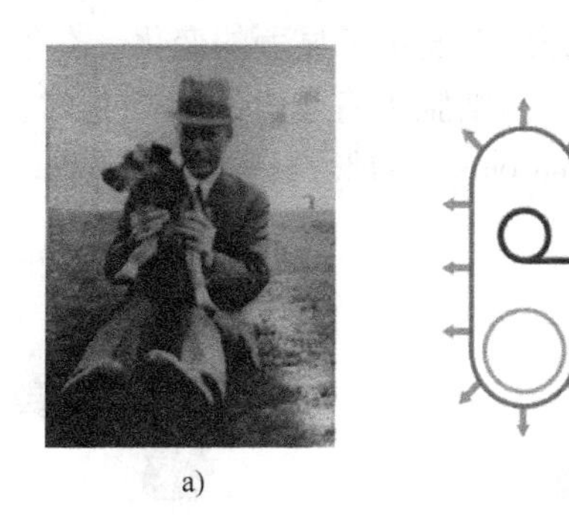

图 7.2　格里菲斯及细菌细胞之间转化模型

a）格里菲斯 ·b）细菌细胞之间的转化

格里菲斯的实验引起了科学家们对遗传物质的本质的推测。当摩尔根实验室发现遗传因子在染色体上之后，科学家们认识到组成染色体的两种分子（DNA 和蛋白质），最有可能是遗传物质。不过在 20 世纪 40 年代之前，更多人相信蛋白质是遗传物质，因为生化学家已经将蛋白质确定为一类具有高度功能特异性的大分子，并且可以产生多样性，这是遗传物质的基本要求。此外，人们对核酸所知甚少，核酸的物理和化学性质太过单一（DNA 只有 4 种碱基），这无法解释每种生物所表现出的多样的遗传特征。然而随着对噬菌体（感染细菌的病毒）研究的深入，DNA 在遗传中的作用逐渐被重视。

艾弗里（O. Avery）对格里菲斯实验中的关键结果进行了确认。与格里菲斯相同，艾弗里在观察中也发现，一旦粗糙型菌株被转化为光滑型菌株，那么其毒性就会世代相传。也就是说，遗传信息必定会以某种纯化学形式在两个生物体之间进行传递。这种化学物质到底是什么？艾弗里通过对细菌细胞中的分子进行筛选和验证，发现这种转化因子是 DNA。后来，两位生物学学家赫希（A. Hershey）和蔡斯（M. Chase）使用噬菌体作为研究对象验证了这一结论：DNA 是遗传物质（见 MOOC 视频 6.1）。

7.2　染色质结构和基因

基因这个名词我们经常听到，并且知道其经常用于生物学的研究中。上一章节讨论孟德尔实验时我们也用到了基因这个概念。那么基因和我们前面提到的遗传物质 DNA 是什么关系？二者是一样的吗？

7.2.1 DNA、染色质和染色体

在细胞中，DNA 和蛋白质结合存在。在原核生物、真核生物、甚至病毒中，都是以这种形式存在的。

在真核细胞中，DNA 与大量蛋白质结合，这个 DNA 和蛋白质的复合体被称为染色质（Chromatin）。在人体中，单个细胞内的 DNA 分子长达 2m，所以 DNA 必须经过多个数量级的压缩后才能进入到细胞核这个狭小的空间里。DNA 的压缩主要是通过 DNA 有规律地与组蛋白（Histone）结合实现的。DNA 与组蛋白结合所形成的结构称为核小体（Nucleosome）（见图 7.3）。

在细胞周期中，染色质在折叠的程度上发生了显著的变化。在细胞分裂间期，染色质通常在细胞核内呈现出一种松散的形式。当细胞为有丝分裂做准备时，染色质开始紧缩折叠，最终呈现出一个短粗的染色体（Chromosome）的形式。

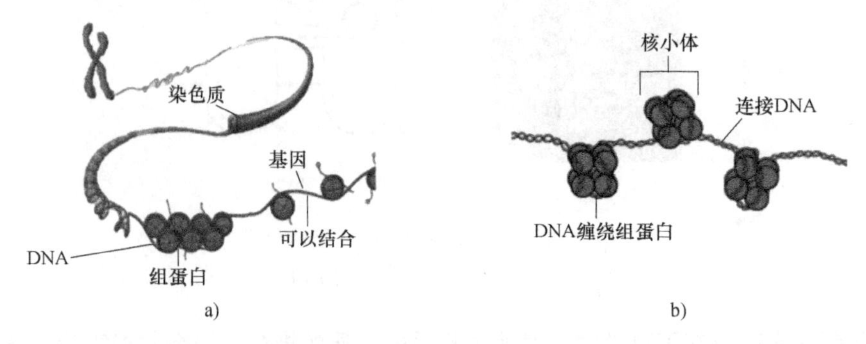

图 7.3 过程与结构图示（扫封面二维码查看彩图）
a）从 DNA 到染色质的过程 b）核小体的结构

DNA 和蛋白质的这种结合方式具有以下重要意义：①DNA 可以被压缩从而节省空间。②这种结合方式可以保护 DNA 免于损伤。完全裸露的 DNA 分子在细胞中是相当不稳定的，容易被细胞内的酶所降解，而染色质 DNA 则是相当稳定的。③只有包装成染色体的 DNA 才能在每次细胞分裂时有效地将 DNA 传递给两个子细胞，并且这种包装有助于同源染色体之间的重组，使所有生物的不同个体之间产生遗传差异。④DNA 与组蛋白或其他蛋白的结合方式创造了空间上的灵活性，影响其他分子和 DNA 之间的相互作用，进而影响 DNA 复制、修复、重组等过程。同时，DNA 缠绕组蛋白的方式也可以被调控，这也是我们后面将会介绍到的真核基因表达调控的重要机制。

绝大多数细菌的基因组的主要成分是双链环状 DNA 和少量蛋白质。如果将一个大肠杆菌细胞中的 DNA 拉直，大概有 1mm 长，大约是一个细胞长度的 500 倍。在一个细菌中，特定的蛋白质会导致染色体卷曲甚至形成超螺旋，从而被打包进细胞。和真核细胞的细胞核不同，细菌中的 DNA 密集区域被称为拟核（Nucleoid），没有膜结构包围。

7.2.2 基因

遗传物质中包含了重要的遗传信息，这些信息主要体现在：①决定生物体的表型——产生什么样的蛋白质；②在什么条件下产生蛋白质。基因主要体现了前一种信息：产生何种蛋

白质，或者说编码蛋白质。在孟德尔定律中，我们指出基因是控制性状的遗传因子，那么这些遗传因子和我们上面说的染色体又有什么关系？

20 世纪初，孟德尔定律的重新发现得益于染色体的发现。两位科学家博韦里（T. Boveri）和萨顿（W. Sutton）根据显微镜下观察到细胞分裂时的染色体行为结合孟德尔定律，提出了**染色体学说**（Chromosomal Theory）：即如果控制豌豆的圆皮和皱皮性状的两个遗传因子 R 和 r，分别处于不同的染色体上，那么随着染色体的分开，两个遗传因子也会彼此分开。这个学说初步建立了遗传因子（基因）和染色体的关系。后面摩尔根实验室关于性染色体的研究成果为这一关系的建立提供了有力的证据（见 MOOC 视频 5.4）。

我们现在知道基因在染色体上，而染色体又是由 DNA 组成的。从图 7.4 的示例可以看出，基因实际上是 DNA 的片段，代表了部分遗传信息，而这部分遗传信息决定了生物体产生何种蛋白质。

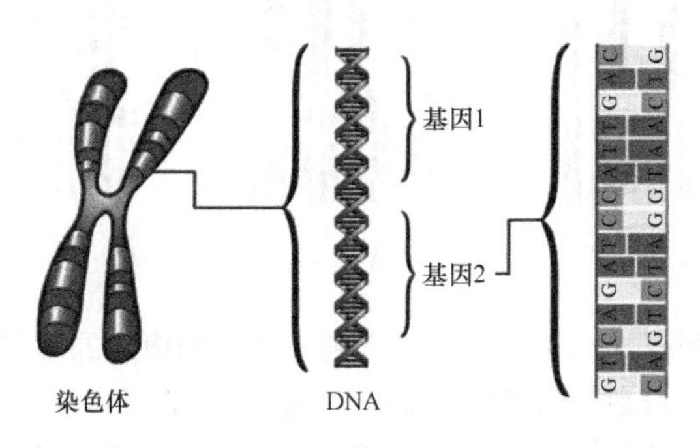

图 7.4　染色体、DNA 和基因的关系（扫封面二维码查看彩图）

DNA 作为遗传物质，在世代持续传递过程中必须保持高度的忠实性。生物体活细胞需要基因正确行使功能，如果有个别基因出现异常，比如发生突变，将会严重影响细胞和生物体的正常功能。例如，癌症就是因为调控细胞周期的基因受损，导致细胞异常分裂而产生的疾病。但是，如果遗传物质具有绝对的忠实性，将失去驱动演化所需的遗传多样性，那么新的物种，包括人类都不可能出现。因此，生命和生物多样性依赖于遗传物质保持稳定和产生多样性之间的良好平衡。我们在下面的章节中将具体讨论保持平衡的机制。

7.3　DNA 的复制

遗传物质 DNA 必须有自我复制的能力。DNA 进行复制必然是以其结构为参照来进行的。在沃森和克里克搭建双螺旋模型的过程中，他们预测到了 DNA 的双链是通过含氮碱基的配对结合成双螺旋的。同时，他们也认识到碱基配对对于指导 DNA 复制具有重要意义。在他们那篇划时代的文章结尾说道："我们同时也注意到特定的碱基配对揭示了遗传物质的复制机制。" 双螺旋模型意味着两条链是互补配对的。因此，每一条链原则上来说可以作为产生配对链的模板。那么，DNA 究竟是如何复制的？

7.3.1　DNA 的半保留复制

关于 DNA 的复制模式，当时有三种推测。第一种是沃森和克里克推测的半保留复制，即分别以两条母链为模板，各自合成一条和母链配对的子链，也就是说两条母链分别在新合成的DNA双链分子中被“保留”下来（见图7.5）。第二种是全保留复制，即在新合成的两条DNA双链分子中，其中一条是完整的原来的母链，另一条是全新的DNA双链分子（见图7.5）。第三种是发散式复制，即经过一轮复制后，DNA分子碎片化，新合成的DNA片段和母链片段出现在同一条链上（见图7.5）。

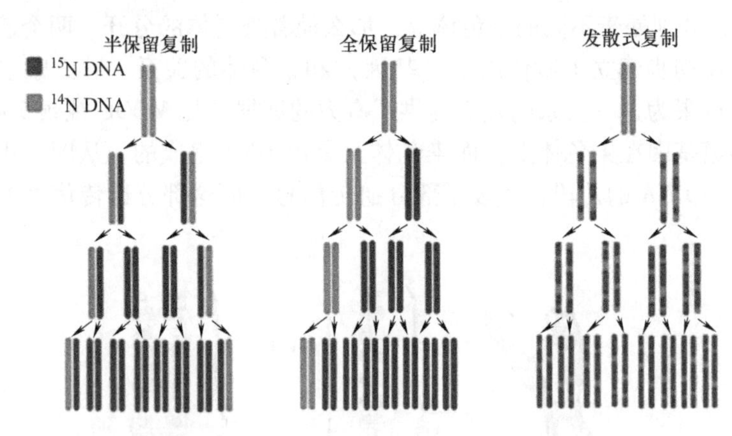

图7.5　三种可能的复制模式（扫封面二维码查看彩图）

要区分以上三种复制模式，首先需要注意到三种复制模式的不同之处：从第一轮和第二轮复制产物来看，母链（红色）和新合成的链（蓝色）在DNA分子中所占的比例不同。因此，在设计实验时能够区分母链和新合成的链是关键。由于两种链同属DNA分子，化学性质一致，故需要寻找一种非化学方式进行区分。

1958年，米西尔逊（M. Meselson）和斯塔尔（F. Stahl）用一个经典的实验很好地区分了这三种复制模式（见MOOC视频6.3）。他们使用^{15}N和^{14}N分别标记母链和新合成的链。通过把大肠杆菌*E. coli*放入含有同位素N的培养基中培养，使*E. coli*的DNA先后被标记了^{15}N和^{14}N，这使得DNA分子密度不同，即^{15}N标记的要沉一些，^{14}N标记的要轻一些，^{15}N标记被记作重链“H”，^{14}N标记被记作轻链“L”。由于不同的复制模式预测出的双链DNA分子中“H”和“L”的比重不同，导致离心结果的差异，所以在密度梯度离心中就可以被区分开来（见图7.6b）。

首先，他们通过把大肠杆菌*E. coli*放入含有^{15}N的培养基中培养，使*E. coli*的DNA被标记了^{15}N。然后，他们把细菌细胞转移到含有^{14}N的培养基中进行培养，在不同的时间段取样监测，最后把DNA放入氯化铯（CsCl）梯度离心中来检验DNA的密度。经过第一轮复制以后，三种复制模式会体现出不同的结果。如果复制是全保留式的，那么两条重的母链DNA分子会结合在一起，另两条新链结合在一起。由于两条新链是在^{14}N的培养基中合成的，都是轻链，那么离心的结果就应该是两条重链（H/H）和两条轻链（L/L）分开（见图7.7）。如果复制是半保留式，两条重的母链会被分开，分别和两条新的轻的链配对形成两条双链DNA分子。那么重链和轻链的杂合体（H/L）经过离心后的带应该在两条重链（H/H）和两条轻链（L/L）之间。如果是发散式复制，那么离心后的结果和第一轮半保留复制的结果是一样的。从第一轮复制我们可以排除全保留复制模式。经过第二轮复制后，发散式的复制会产生含有1/4的^{15}N和3/4的^{14}N，离心的结果还是一条带，只不过比第一轮复制的离心产

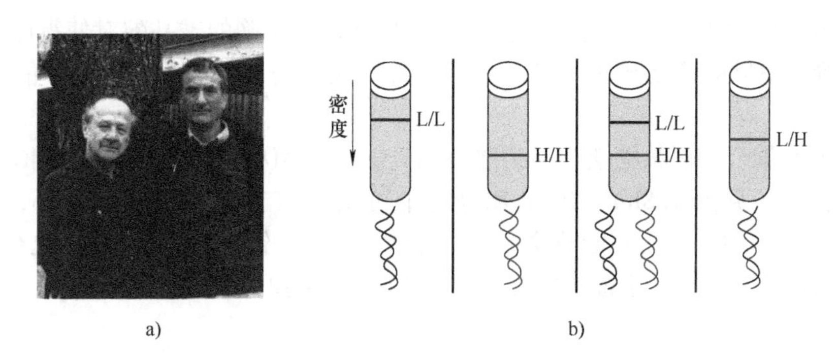

图 7.6　科学家米西尔逊和斯塔尔及设计的实验

a）米西尔逊和斯塔尔合影　b）检验 DNA 的复制模式原理图示

物轻一些。而半保留复制经过第二轮复制后，会产生一半的 H/L 杂合体和一半的 L/L 的 DNA。离心产物应当是两条带，一条是 L/L，另一条是 H/L。而实验结果显示与半保留复制吻合。因此，科学家们得出结论：DNA 复制是半保留复制的模式。

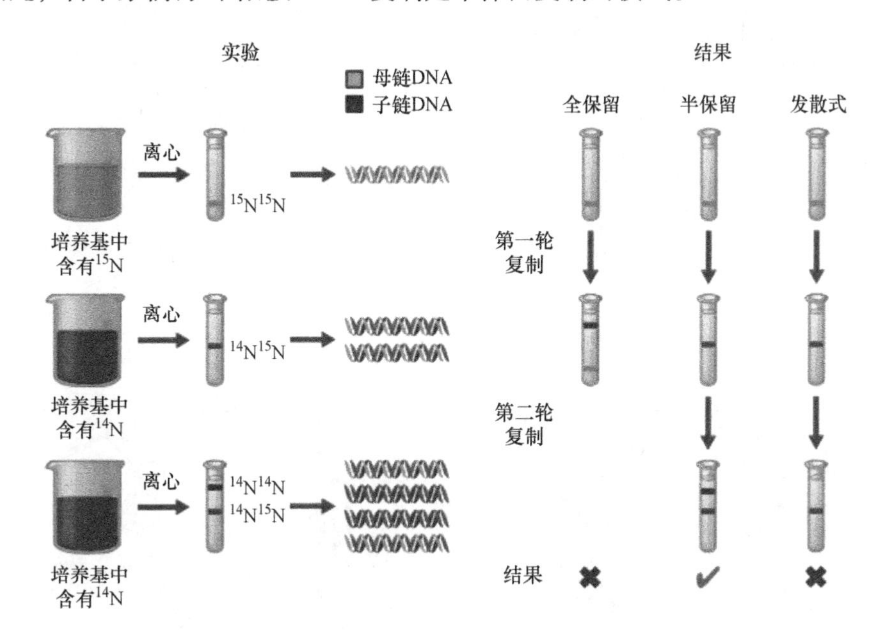

图 7.7　三种复制模式预测的离心结果和实际的离心结果（扫封面二维码查看彩图）

7.3.2　DNA 聚合酶

DNA 能够精确地复制，除了碱基配对原则，很大程度上得益于 DNA 聚合酶的作用。DNA 聚合酶主要有 2 个功能：①催化磷酸二酯键的形成；②校正功能。DNA 复制的过程请参考 MOOC 中的视频（见 MOOC 视频 6.3）。DNA 聚合酶保证 DNA 复制过程的精确性，主要体现在：

首先，DNA 聚合酶负责监控要参与 DNA 合成的碱基配对是否正确（见图 7.8a）。只有当碱基配对正确了，核苷三磷酸中的 α-磷酸才能处于最佳的催化位置上，这样催化反应才能发生（参考前面章节中关于酶的催化反应）。反之，不正确的碱基配对使得底物处于不利于催化的位置，使反应速率显著降低。只有正确的底物进入活性位点，酶才能有效地催化反应。

其次，DNA 聚合酶对核糖核苷三磷酸（rNTP）与脱氧核糖核苷三磷酸（dNTP）显示出很好的区分能力（见图 7.8b）。DNA 聚合酶中可结合核苷酸的空间非常小，而 rNTP 比 dNTP 多了一个 2′-OH，因而不能被这个空间容纳。另外，错误进入的 rNTP 也会导致 3′-OH 无法与引入的核苷三磷酸处于最佳的催化位置，因而影响催化反应的发生。

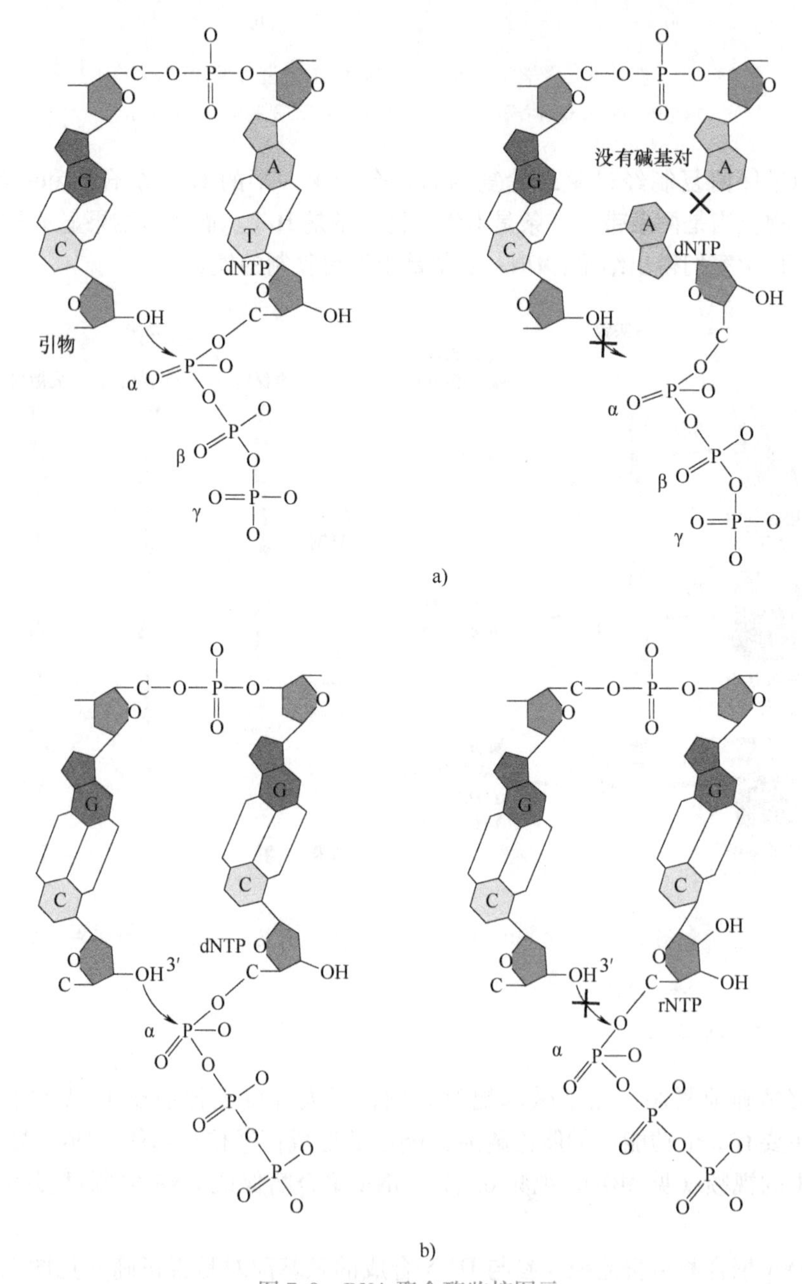

图 7.8　DNA 聚合酶监控图示

a）DNA 聚合酶监控碱基配对是否正确　b）DNA 聚合酶监控是否有 RNA 核苷酸进入

7.3.3　复制末端 DNA

对于线性 DNA 而言，比如真核染色体 DNA，通常的复制机制无法完成 5′末端的 DNA 子链的合成，这是因为 DNA 聚合酶只能向已经存在的核苷酸 3′末端添加核苷酸。即使是从一个末端的 RNA 引物合成的冈崎片段，在引物移除之后，它不能被 DNA 所替代，因为已经没有 3′末端可供添加的核苷酸了。所以，经过多轮复制之后，DNA 分子中的后随链会越来越短。当然，在真核生物中有一种机制可以防止 DNA 链的变短。真核染色体 DNA 分子的末端含有一段特殊的核苷酸序列，叫作端粒。端粒不包含基因，由重复序列组成（见图 7.9b）。比如，在人类端粒中，一段 6 个碱基对长的序列 TTAGGG 被重复了 100 到 1000 次。

端粒有两个保护作用：①特异性的蛋白会和端粒 DNA 结合，防止合成的新链的末端激活 DNA 损伤修复机制（新链两条 DNA 链长度不一，通常是双链断裂的结果，容易引发细胞周期停止或者细胞死亡）；②端粒 DNA 作为一个缓冲区域保护生物体的基因逐渐变少。然而，对于染色体末端的基因来说，端粒无法防止基因的变短，只能推迟。

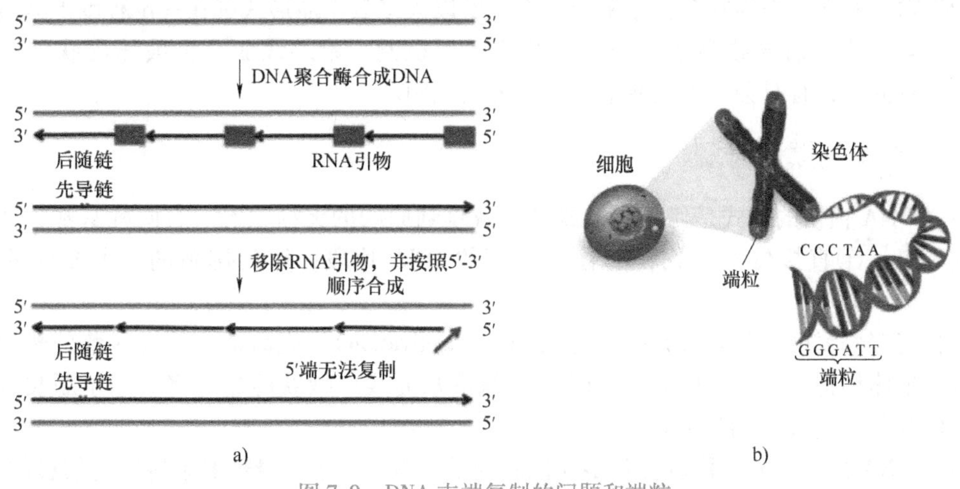

图 7.9　DNA 末端复制的问题和端粒

a）线性 DNA 末端复制问题　b）端粒的位置和序列

在每一轮复制完成后，端粒会变短。如果生殖细胞的染色体在每个细胞周期中变短，那么重要的基因最终会从它们产生的配子中消失。然而，这种情况并没有发生，一种叫作端粒酶（Telomerase）的酶催化了真核生殖细胞端粒的延长，从而恢复它们原有的长度，弥补 DNA 复制过程中端粒的缩短。端粒酶在大多数人体细胞中不活跃，但其活性因组织而异。端粒酶活性在癌细胞中异常高，这表明端粒酶稳定端粒长度的能力可能会使癌细胞持续存在。多年来，研究人员一直在研究抑制端粒酶活性作为一种可能的癌症治疗方法。

7.4　DNA 的损伤和修复

生物体的变异依赖于遗传物质产生变化和修复变化的良好平衡。一方面遗传物质通过 DNA 复制机制保证传宗接代过程中的忠实性，另一方面突变等因素保证生物体能够产生足够的变异。突变的两个重要来源是 DNA 复制的不准确性和遗传物质的化学损伤。突变的机理我们将在下一章具体讨论。本章我们将讨论 DNA 的损伤和修复，这是维持遗传物质产生变化和修复变化平衡的一种机制。

7.4.1 DNA 损伤

DNA 会以多种不同的方式受损，如果不修复，这种损伤会导致突变：DNA 碱基序列的改变。需要注意的是，DNA 损伤与突变不同。DNA 损伤只是 DNA 的化学变化，很多时候可以被识别和修复，而突变是碱基对的永久变化，无法被识别和修复。

日常造成 DNA 损伤的因素很多，比如 DNA 复制时造成的错误，化学因素比如诱变剂的影响，物理因素比如紫外线的辐射，细胞内代谢等都会造成一定程度的 DNA 损伤。我们这里以紫外线的辐射为例进行说明。紫外线辐射造成同一多聚核苷酸长链相邻位置上的两个嘧啶之间发生光化学聚合，形成嘧啶二聚体（见图 7.10）。这些聚合的碱基不能再进行碱基配对，并导致复制过程中 DNA 聚合酶催化反应的终止。有时复制会继续进行，结果是影响插入碱基配对的正确性。如果这些碱基配对错误没有被纠正，就会产生突变。紫外线辐射具有重要的生物学意义，因为它存在于阳光之中，所以大多数生命形式都在一定程度上暴露在紫外光下。紫外线辐射导致突变解释了皮肤癌产生机制：紫外线成分会破坏皮肤细胞中的 DNA，导致突变，有时会导致这些细胞分裂失去控制。

7.4.2 DNA 的损伤修复

应对 DNA 损伤的方式是修复它，或将其恢复到原始的无损状态。有两种基本方法可以做到这一点：①直接修复损伤；②移除损坏的 DNA 片段，然后用新的、未损坏的 DNA 填充。

一种直接修复损伤的方式是光激活（Photoreactivation）。光激活直接逆转紫外辐射造成的嘧啶二聚体结构。光激活反应中，DNA 光解酶从光线中捕获能量并将其用于断裂连接嘧啶二聚体的共价键（见图 7.10a）。

由于 DNA 是一种兼具稳定性和多样性的分子，这种分子本身需要维持遗传信息的完整，因此每个细胞都自始至终地监控和修复自己的遗传物质。正是因为修复受损 DNA 对于生物体的生存如此重要，所以参与 DNA 修复中的酶也不断地在演化。目前为止，大肠杆菌中发现了 100 种 DNA 修复相关的酶，人体内发现了 130 种相关的酶。大多数细胞系统对 DNA 损伤，特别是错配碱基对造成的 DNA 损伤，都采用一种核苷酸切除修复机制（图 7.10b）。这种机制利用了 DNA 结构中的碱基互补配对原则。受损 DNA 的区域被一种核酸酶进行切除，切除后产生的缺口通过新合成的核苷酸进行填补。填补的机制是利用未受损的互补 DNA 链作为模板合成新的核苷酸。在填充缺口过程中起作用的酶是 DNA 聚合酶和 DNA 连接酶（见 MOOC 视频 6.4）。

7.5 DNA 的重组

通过前面的学习，我们了解到 DNA 的复制和修复过程都保持了遗传物质的稳定。同时，产生变异也是遗传物质的一个重要特点，是生物演化的动力。其中，DNA 序列的重组（DNA Recombination）是一种主要机制。

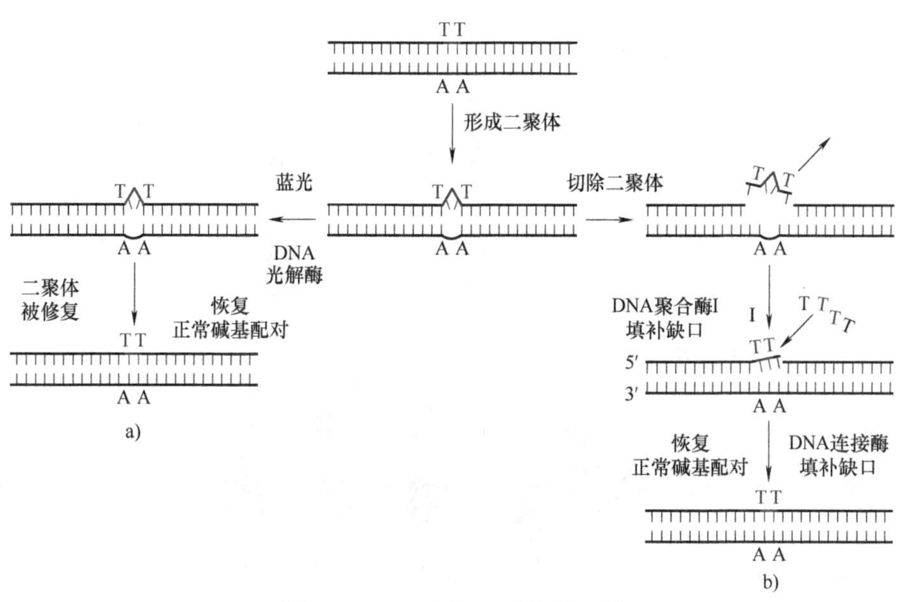

图 7.10　DNA 损伤以及修复机制
a）光激活修复　b）切除修复

7.5.1　重组现象的发现

早在 20 世纪初，贝特森（W. Bateson）和庞尼特（R. Punnett）发现了孟德尔遗传学的一个例外。根据孟德尔的分离和自由组合定律，小猫毛发颜色和尾巴长度这两个性状是独立的。但是，他们发现这些基因决定的性状是一同被遗传的，也就是**遗传连锁**（Genetic Linkage）。下面，我们以摩尔根实验室的果蝇杂交进行说明。

果蝇的身体颜色和翅膀的尺寸是两个不同的性状。野生型果蝇有着灰色的身体（b^+）和正常尺寸的翅膀（vg^+）。通过一系列的杂交实验，摩尔根得到了双突变体：残翅（翅膀比正常的小得多）（vg）和黑体（b），双突变体相对于野生型来说是隐性的，而且突变的等位基因不在性染色体上。摩尔根实验室做了如下的杂交实验，如图 7.11 所示。首先将野生型（灰体正常翅 $b^+ b^+ vg^+ vg^+$）与双突变体（黑体残翅 b b vg vg）进行杂交，子一代均为灰体正常翅（$b^+ b^+ vg^+ vg^+$）。然后，将 F_1 代雌性和隐性纯合体雄性（黑体残翅 b b vg vg）进行杂交。根据图中展示的精子和卵子的基因型，我们可以对这个测交的后代的基因型和表型进行预测。如果依照孟德尔定律来预测，决定身体颜色和翅膀形状的基因处于不同的染色体上，后代将会有 4 种不同的表型：野生型（$b^+ b\ vg^+ vg$）、黑体残翅（b b vg vg）、灰体残翅（$b^+ b$ vg vg）和黑体正常翅（b b $vg^+ vg$），而且四种后代的比例为 1∶1∶1∶1。如果决定身体颜色和翅膀形状的两个基因处于同一染色体上并且总是一起遗传，那么将只有野生型和黑体残翅两种后代。然而，摩尔根实验室实际上观察到的结果是以上四种后代均有，但是数量分别为 965、944、206 和 185，并不符合孟德尔定律。如果两个基因彼此分离，而后代果蝇所具有的和亲本一致的两个基因的组合（亲本表型）的比例远远高于预期。摩尔根因此得出结论：身体颜色和翅膀形状的基因通常在特定（亲本）的组合中一起遗传，因为这些基因在同一染色体上彼此接近。

然而，在摩尔根的实验中后代也产生了亲代中没有出现的两种性状的组合（非亲本表

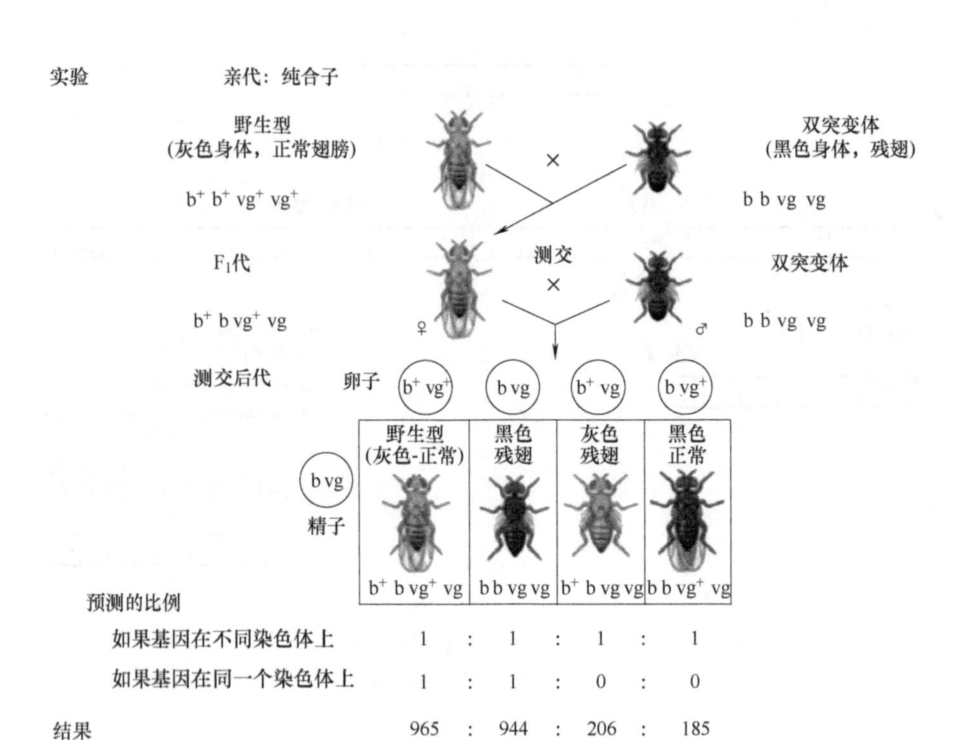

图 7.11　摩尔根的果蝇杂交实验

型)，意味着身体颜色和翅膀大小的基因并不总是具有遗传连锁。为了理解这一结论，我们需要进一步探索基因重组，即产生具有不同于亲本性状组合的后代。我们将从孟德尔的实验开始讨论。

孟德尔从他研究的两个性状的杂交中发现，有些后代具有与父母任何一方都不相同的性状组合。例如，考虑双杂合体豌豆，其种子为黄色圆形，种子颜色和形状均为杂合（YyRr）与纯合双隐性等位基因的植物（具有绿色皱皮种子，yyrr）进行测交。从图 7.12 配子的组合中可以预测，有一半的后代继承了与亲本表型一致的性状，同时在后代中也发现了两种非亲本表型。由于这些后代具有新的种子形状和颜色的组合，它们被称为重组型，或称为重组体。在这个例子中，当所有后代的 50%是重新组合时，从遗传学上来讲说有 50%的重组频率。后代间预测的表型比例与孟德尔杂交实验中实际发现的相似。在这种杂交实验中，任何两个位于不同染色体上的基因的重组频率为 50%，因此不能被连锁。

下面让我们对前面的果蝇测交的结果进行分析。回想一下，通过身体颜色和翅膀大小的杂交测试，大多数后代体现出亲本表型说明这两个基因在同一条染色体上，因为亲本表型出现的频率超过 50%，表明基因是连锁的。然而，大约有 17%的后代是重组体（(206+185)/(965+944+206+185)×100%＝17%）。通过这些结果，摩尔根提出：一定有一些机制偶尔打破同一染色体上特定等位基因间的物理联系。他的这一设想和汉森斯的假设不谋而合。在 1909 年，汉森斯（F. Janssens）通过观察两栖类和直翅目昆虫的减数分裂，提出了交叉型假设，即在减数分裂前期，配对中的染色体不是简单地平行，而是在某些点上显出交叉缠结，交叉点是同源染色体间对应片段发生交换的地方（见 MOOC 视频 6.5）。这个交换片段的过程称为**交叉互换**（Crossing Over），解释了为什么相关基因可以发生重组（见图 7.13）。在减

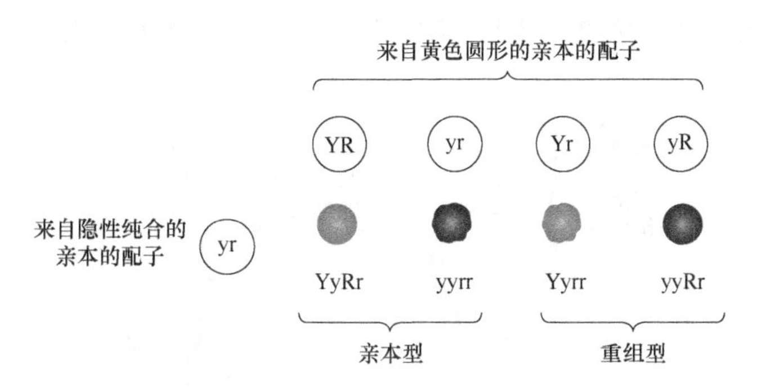

图 7.12　孟德尔实验中配子的分布（扫封面二维码查看彩图）

数分裂前期，当复制的同源染色体配对时发生交叉互换，一条来自母亲的染色单体和一条来自父亲的染色体单体的相应片段发生了交换。

7.5.2　同源重组

同源重组对于真核生物的细胞分裂非常重要。在有丝分裂进行过程中，同源重组可以修复双链 DNA 的断裂。如果没有及时修复，这些双链断裂会导致大规模的体细胞染色体重组，甚至导致癌症。同时，同源重组对于减数分裂过程中产生遗传多样性起着重要作用。在减数分裂过程中，同源重组导致同源染色体的部分互换，这样有可能产生新的等位基因，很有可能给予后代在演化上的优势（见图 7.13）。重组过程需要 DNA 分子断裂和再结合（见 MOOC 视频 6.5）。

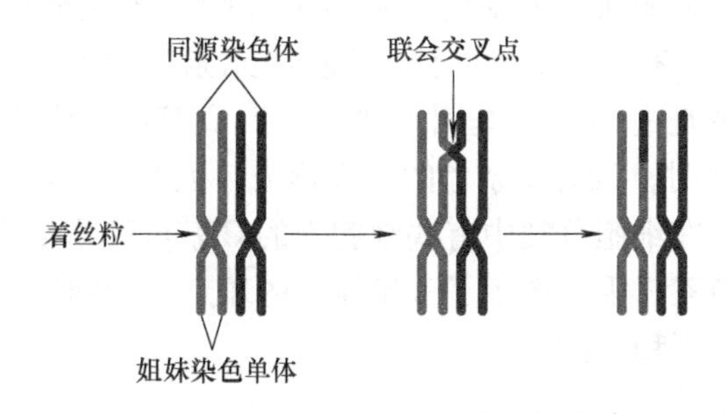

图 7.13　同源重组

7.5.3　保守的位点特异性重组

和同源重组不同的是，保守的位点特异性重组的发生并不需要两段 DNA 序列有大面积的相似，只需要有部分片段相似即可。在这一重组过程中，必须有蛋白重组酶（Recombinase）的帮助。重组酶能够识别 DNA 分子上要发生重组的特定序列，然后把这些特定序列集合在一起，形成一个蛋白质-DNA 的复合体（见 MOOC 视频 6.5）。在这种复合体中，重组酶催化 DNA 分子的断裂和重新连接，造成 DNA 片段的倒位或位移。位点特异性重组现象最初是在 λ 噬菌体感染细菌细胞中发现的（见图 7.14）。当 λ 噬菌体整合时，重组总是精确地发生在位于两个重组位点之间的一段高度相似序列上，这两个重组位点一个在噬菌体 DNA 上，另一个在细菌 DNA 上。重组位点含有重组酶的结合序列。保守的位点特异性重组是基因工程技术的基础，我们可以设计重组序列从而实现在生物体基因组中插入外源 DNA 序列。

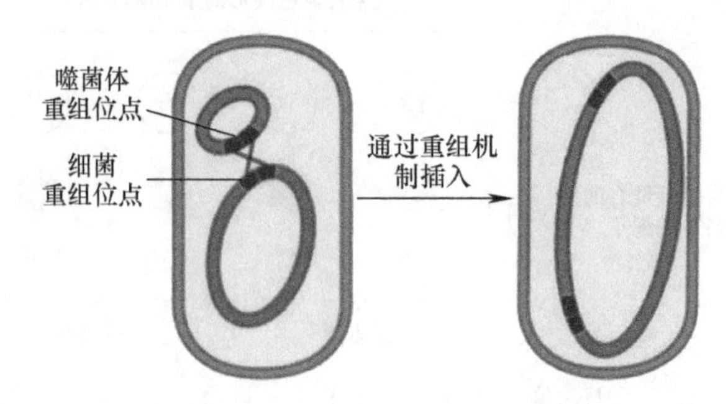

图 7.14 保守的位点特异性重组

7.5.4 转座

转座（Transposition）和前面讨论的重组现象不同，它是将特定的遗传因子从 DNA 上的一个位置移位到另一个位置。这些可以移动的遗传因子叫作转座因子（Transposable Element）或转座子（Transposon）。转座因子有时被称为“跳跃基因”，但实际上它们从未完全脱离细胞的 DNA。相反，酶和其他能弯曲 DNA 的蛋白质将原有的和新的 DNA 位点紧密地结合在一起。

最早关于转座的证据来自于美国遗传学家麦克林托克（B. McClintock）在 20 世纪 40 年代和 50 年代对印第安玉米（Maize）进行的杂交试验。在此之前就有人发现这种玉米的玉米粒颜色由于一种不稳定的突变而发生变化（见图 7.15b）。麦克林托克对玉米植株进行了好几代的跟踪研究，发现玉米粒颜色的变化和遗传元素在基因组中能够移动位置有关。图 7.15b 中的玉米粒颜色是由一个 C 基因导致的。当 C 基因正常表达时，玉米粒呈现蓝紫色。而当 C 基因发生突变时，没有蓝紫色的色素形成，因此玉米粒的颜色基本上是白色的。带有斑点的玉米粒是由于在细胞分裂中有些细胞中的 C 基因又恢复正常了，C 基因恢复正常的细胞又可以重新产生色素，因此产生了玉米粒上的斑点。特别显著的是一颗玉米粒上有很多斑点，这也说明突变是不稳定的。

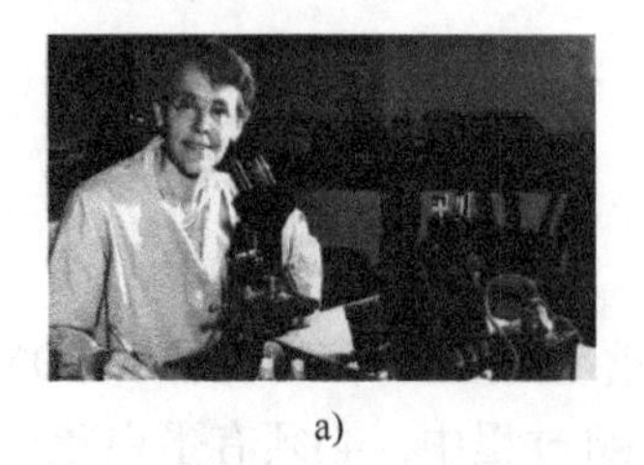

a)

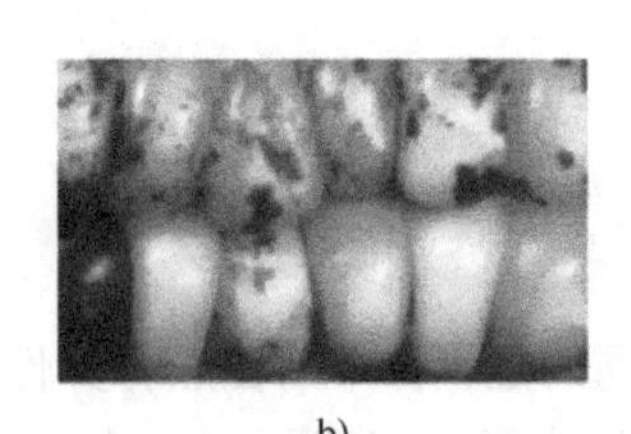

b)

图 7.15 科学家麦克林托克和玉米杂交实验

a）麦克林托克 b）玉米粒的颜色

在这种情况下，麦克林托克发现了最开始的突变源于一个转座因子的插入，这个转座因子叫作 Ds（Dissociation）（见图 7.16）。此外，还有一个转座因子，叫作 Ac（Activator），可以诱导 Ds 跳出 C 基因，导致突变的反转。简而言之，Ds 只有在 Ac 的协助下才可以进行转座。Ac 其实是一个自动的转座因子，它可以自己进行转座，使得其他基因失活。麦克林托

克的发现在当时受到了极大的怀疑。直到当转座子在细菌中被发现时，她的工作和想法终于在许多年后得到了验证。1983 年，81 岁的麦克林托克因其开创性的研究获得了诺贝尔奖。

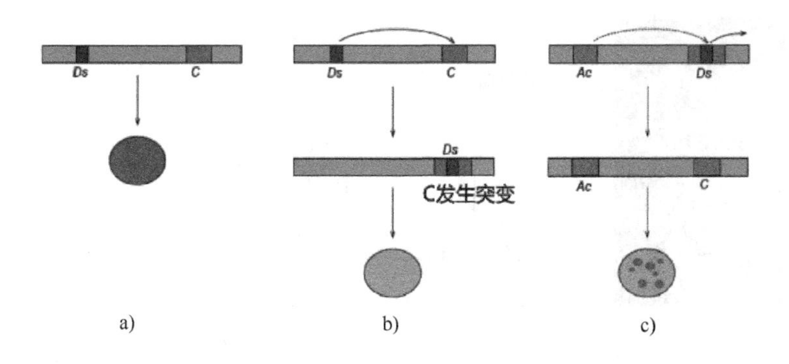

图 7.16　转座子的机制（扫封面二维码查看彩图）
a）C 基因编码玉米粒的颜色　b）转座子 Ds 插入 C 基因中，导致其失活，进而导致玉米粒颜色发生变化
c）另一个转座子 Ac 可以诱导 Ds

7.6　DNA 技术

DNA 结构的发现，为更多的 DNA 技术打开了大门。这些 DNA 技术的核心就是**核酸杂交**（Hybridization），即一条核苷酸链和另外一条互补的核苷酸链进行碱基配对。本节中我们讨论的几种技术均基于这一原理。

7.6.1　PCR

PCR 是一项非常有效率的体外扩增技术。PCR 全称是 Polymerase Chain Reaction，即聚合酶链式反应。这项技术是由美国生物化学家穆利斯（K. Mullis）在 1983 年发明的，他因此获得了 1993 年诺贝尔化学奖（见图 7.17）。PCR 这项技术可以对特定的 DNA 区域（比如目的基因）通过多次循环反应，进行大规模扩增（见 MOOC 视频 8.2）。

在每次循环中，DNA 是怎么被复制的？我们可以通过高温加热的方式使 **DNA 变性**（DNA Denaturation），即联系两条双链的氢键断裂，导致双链的分开，这是每个循环中的第一步。因为我们要扩增特定区域内的 DNA 片段，还需要一段引物和模板结合，这样 DNA 聚合酶才能够从 3′端添加核苷酸，所以我们需要人工设计并添加引物，确定扩增的区域。当温度降低时，引物会和 DNA 长链结合，这是每个循环中的第二步，叫作**退火**（Annealing）。然后，DNA 聚合酶就可以结合上来添加核苷酸，实现新链的合成。这是每个循环中的第三步，叫作**延伸**（Extension）。

PCR 的优点是快速和灵敏。它不仅可以广泛应用在科研中，而且也经常被应用在核酸检测过程中。例如，PCR 可以被用于 HIV 感染窗口期的检测。HIV 感染窗口期是指人类免疫缺陷病毒（HIV）进入人体后，一直到人体内产生相应的 HIV 抗体前的这段时间。如图 7.17b 所示，红色曲线代表 HIV 进入人体后，在遇到免疫应答产生抗体之前，HIV 的量还是比较高的。绿色曲线代表针对 HIV 的抗体。橙色曲线代表辅助型 T 细胞。对于处于窗口期感染的病人，使用抗体的方法无法检测出是否携带 HIV，但是可通过 PCR，即扩增病毒基因，就可以检测出来。与此同理，2019 年的新型冠状病毒也可以通过核酸检测法进行检测。

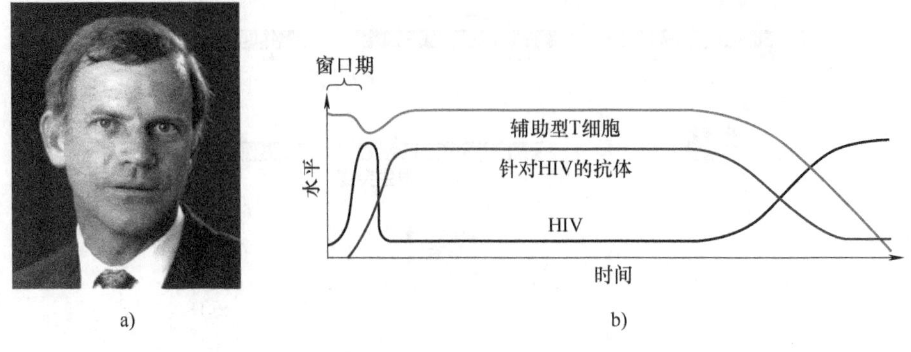

图 7.17　PCR 技术的应用（扫封面二维码查看彩图）
a）穆利斯发明了 PCR 技术　b）HIV 感染的窗口期

7.6.2　测序技术

利用碱基互补配对原则可以知道一段完整的 DNA 的核苷酸序列。测序技术是确定 DNA 分子中特定的核苷酸排列顺序，也就是 ATCG 四种碱基的排列顺序（见 MOOC 视频 8.2）。我们前面学习到，DNA 在复制时，DNA 聚合酶把新的核苷酸添加到 3′OH 端，新的核苷酸的 5′磷酸和 3′OH 形成磷酸二酯键。如果我们加入这样一种分子（见图 7.18a），和 DNA 中的核苷酸差不多，但第三位的碳原子上没有氧原子，这种分子叫作双脱氧核苷酸。如果这样的核苷酸被添加到正在复制的 DNA 链中，由于 3′端没有氧原子，就无法和下一个核苷酸形成磷酸二酯键，DNA 的合成终止。测序技术就是利用双脱氧核苷酸随机导入正在合成的 DNA 中的任何位置，终止 DNA 合成反应，然后将所得片段通过电泳进行分离鉴定。

上述测序技术是由英国化学家桑格（F. Sanger）在 20 世纪 70 年代发明的，他因此获得了诺贝尔化学奖。20 世纪末完成的人类基因组计划中，科学家们在此基础上采用了一种叫作“霰弹枪”测序法（Shot-Gun Sequencing）。这种方法将人类基因组 DNA 破碎成无数小片段，分别对这些小片段进行测序，然后通过电脑程序分析出重叠序列，最后得到正确的基因序列。以图 7.18c 为例进行说明，我们用“structure”这个单词代表一个基因的序列，在“霰弹枪”测序法中，这个基因被破碎成多个小片段，通过测序和电脑处理我们将会得到左边的一系列序列，这些序列间具有重叠序列，电脑的任务就是识别出这些重叠序列，并且拼凑出完整的基因序列——structure。

7.6.3　DNA 指纹鉴定

我们再回到本章开头的白银案。法医通过 DNA 检测可以锁定犯罪嫌疑人，这里检测的 DNA 叫作遗传标记（Genetic Marker），就是染色体上用来鉴别个体或物种的特定基因或 DNA 序列。这些序列在不同的个体中有差异，有的是一个核苷酸的差异，有的是长度的差异。我们这里介绍的是一种叫作可变的串联重复序列（见图 7.19）。可变的串联重复序列（Variable Number of Tandem Repeat）是一段短序列的核苷酸片段，在染色体上出现多次重复，并且这些重复片段都紧紧相邻，如图 7.19 所示。

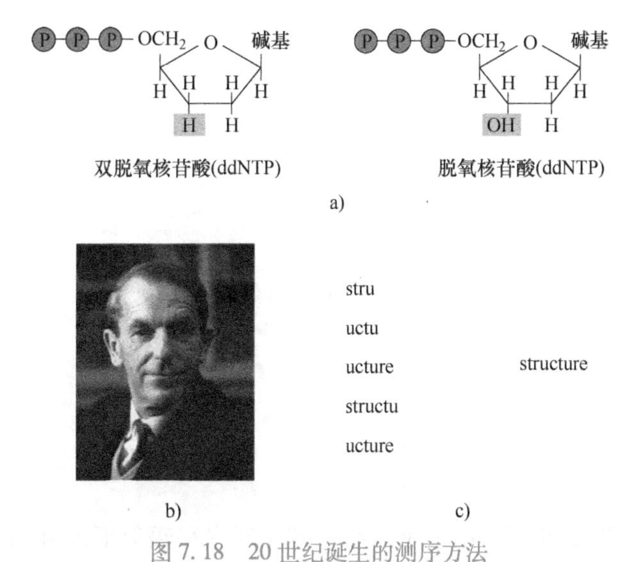

图 7.18 20 世纪诞生的测序方法

a）双脱氧核苷酸 b）桑格发明测序方法 c）“霰弹枪”测序原理

这些重复片段被重复的次数在不同个体中是有差异的。我们可以使用限制性内切酶酶切，然后使用 PCR 特异性扩增重复片段，最后进行电泳检测（见 MOOC 视频 8.2）。从片段的总长度来推算特定序列被重复了多少次。这样，在法医鉴定中，我们就可以把犯罪嫌疑人和受害者身上的 DNA 进行比对，从而确定或排除罪犯（见 MOOC 视频 8.5）。使用这个遗传标记同样可以对具有亲缘关系的人进行鉴定。

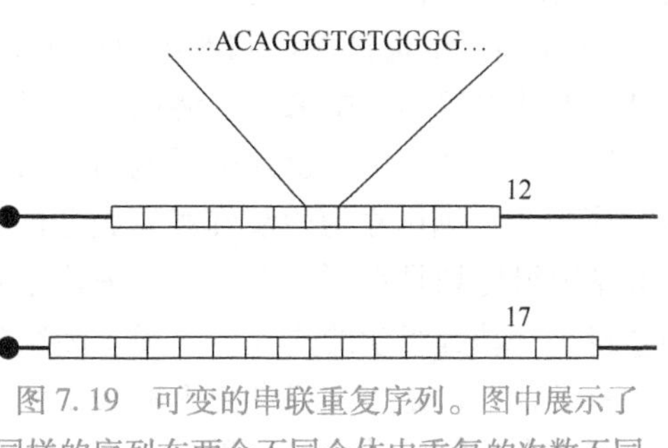

图 7.19 可变的串联重复序列。图中展示了同样的序列在两个不同个体中重复的次数不同：一个重复了 12 次，另一个重复了 17 次

这次白银案的侦破也是运用了同样的道理。首先犯罪嫌疑人的一位远房亲戚被抓，警方获取了 DNA，并将其录入犯罪人的 DNA 数据库中。随后，警察又经过比对，发现犯下连环杀人案的凶手与被抓的人有亲戚血缘关系。这样，帮助警方大大缩小了排查范围，从而最终锁定罪犯。

参考文献

[1] WATSON J, et al. Molecular Biology of the Gene [M]. New York: Pearson, 2013.
[2] WEAVER R. Molecular Biology [M]. 5th ed. New York: McGraw Hill, 2011.
[3] CLICK B R, et al. Molecular Biotechnology [M]. 4th ed. New York: ASM Press, 2009.
[4] REECE J B, et al. Campbell Biology [M]. 10th ed. New York: Pearson, 2013.
[5] MCCLINTOCK B. The origin and behavior of mutable loci in maize [J]. Proc Natl Acad Sci, 1950, 36 (6): 344-355.
[6] BAIRD M L. Use of DNA identification for forensic and paternity analysis [J]. J Clin Lab Anal, 1996, 10 (6): 350-8.

第8章

基因的表达

1984年，美国政府资助了一项关于检测暴露在低水平辐射下人群的DNA损伤问题的研究。但是为了检测人类基因组的变化，科学家们首先需要知道其正常序列。1986年，几位获得诺贝尔奖的科学家们包括沃森（J. Watson）和杜尔贝科（R. Dulbecco），认为掌握人类的DNA序列可以促进癌症和遗传学疾病的研究。他们进行科学界全员动员，鼓励大家都参与到人类基因组测序中来。最终这个项目变成了公众资助的全球合作项目。在20世纪90年代中期，一个私营企业也开始了他们自己的测序努力。到2000年夏天，人类基因组的“草图”序列在美国国立卫生院和私营企业的共同努力下准备就绪，最终的序列在2003年完成。人类基因组计划是在研究人类过程中建立起来的策略、思想与技术，促成了生命科学领域新的学科——基因组学的建立。人类基因组计划与曼哈顿原子弹计划和阿波罗登月计划并称为三大科学计划，是人类科学史上的一个伟大工程。两个团队分别在《自然》和《科学》上发表了各自的测序结果（见图8.1）。

图8.1 《自然》和《科学》杂志封面

掌握人类基因组序列有助于我们掌握每个基因和某种疾病的联系，比如遗传学疾病、癌症和精神性疾病等。这里体现出来的基因和表型的对应关系，也是本章内容的核心：基因是如何决定表型的。我们首先讨论历史上科学家们如何建立基因和表型的关系；然后将具体讨论从基因到表型的分子机制——基因的表达，包括中心法则和遗传密码等；最后我们将讨论基因表达的具体例子：癌症相关基因如何导致癌症。

8.1 基因是如何决定性状的

从前面章节中我们知道，生物体中遗传的 DNA 决定了蛋白质的合成，从而导致特定的表型。换句话说，蛋白质是基因型和表型之间的纽带。基因表达（Gene Expression）是从 DNA 到蛋白质合成的过程。

8.1.1 基因和蛋白质的对应关系

在讨论基因如何指导蛋白质合成的细节之前，让我们先回顾一下基因和蛋白质之间的基本关系是如何被发现的。前面章节中我们介绍了英国医生伽罗德（A. Garrod）是第一个提出基因通过酶来决定表型的，几十年后的研究支持了他的发现，后来被命名为“一个基因一个酶”假说。生物化学家积累了大量证据，证明细胞通过代谢途径合成和降解大多数有机分子，其中每个化学反应都是由一种特定的酶催化的。20 世纪 30 年代，美国生物化学家比德尔（G. Beadle）和塔特姆（E. Tatum）研究一种叫“*Neurospora crassa*”的面包霉菌，在证明基因和酶之间的关系方面取得了突破。

他们先用 X 射线照射霉菌以引起基因改变，从中寻找与野生型有不同营养需求的突变体。野生型面包霉菌对食物的需求量不高，它们可以在实验室里的基本培养基（Minimal Medium）中生长。这种培养基主要由无机盐、葡萄糖和维生素组成。在这个基本培养基中，霉菌细胞利用自身的代谢途径来产生它们需要的所有分子。比德尔和塔特姆筛选出一些不能在基本培养基上生存的突变体，主要是因为它们不能从最少的成分中合成某些必需的分子。为了保证这些营养突变体能够存活，比德尔和塔特姆让它们在一个完全培养基（Complete Medium）上生长，该培养基由基本培养基加上所有的 20 种氨基酸组成。完全培养基可以支持所有的在合成营养物质上有缺陷的突变体。

如何鉴定这些有代谢缺陷的突变体？比德尔和塔特姆将完全培养基上的突变体分别培养到不同的试管培养基中。每个试管培养基里含有基本培养基和一种额外的氨基酸。这种补充氨基酸能够促进生长的方式表明了突变体的代谢缺陷。例如图 8.2 所示，如果所有的试管培养基中，只有添加了精氨酸的培养基能够支持突变体的生长，那么意味着突变体在合成精氨酸的生化途径中存在缺陷。

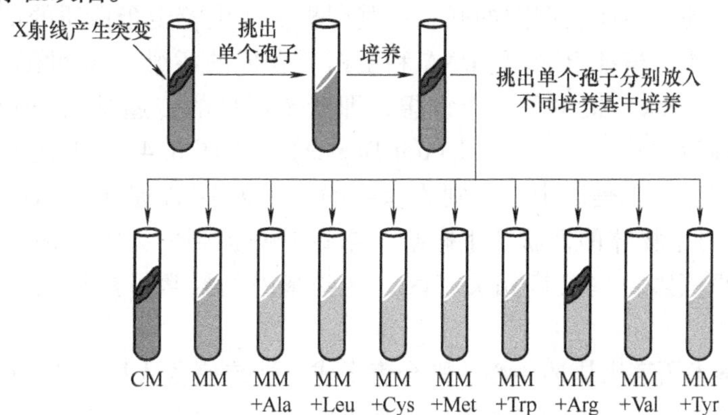

图 8.2　比德尔和塔特姆通过基本培养基和外加一种氨基酸确定突变体的类型
CM：完全培养基　MM：基本培养基

后来，斯尔布（Adrian M. Srb）和霍洛威茨（N. Horowitz）通过其他实验更具体地确定了每个突变体的缺陷。精氨酸合成途径有三个步骤，每个步骤都有特定的酶进行催化。经过鉴定，每一类突变体在不同的合成步骤被阻断，主要由于该步骤中缺乏相应的酶（见图 8.3）。这个结果为比德尔和塔特姆早些时候提出的假说提供了强有力的支持，他们称之为“一个基因一个酶假说”，认为基因的功能是决定一种特定酶的产生。随着研究人员对蛋白质了解得更多，他们修正了这一假说。首先，并不是所有的蛋白质都是酶。其次，虽然不是所有的蛋白质都是酶，但它们都是基因产物，因此分子生物学家开始从“一个基因一个蛋白质”的角度来研究。

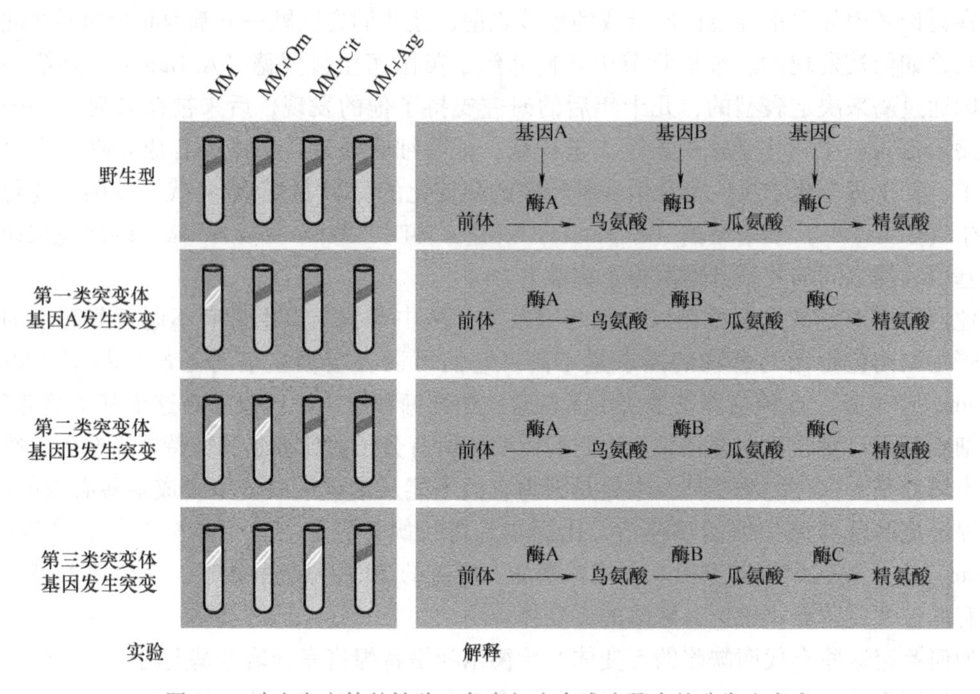

图 8.3　确定突变体的缺陷：负责相应合成步骤中的酶发生突变

8.1.2　遗传信息的传递

蛋白质建立了基因型和表型间的联系。基因提供产生特定蛋白质的信息。但是基因并不能直接生成蛋白质。核酸 RNA 是 DNA 和蛋白质合成的桥梁。20 世纪 70 年代，分子生物学家克里克（F. Crick）提出了一个设想，即遗传信息的传递是从 DNA 到 RNA 到蛋白质，这一设想被称为“**中心法则**”（Central Dogma）（见图 8.4）。现代大量的分子生物学技术，比如基因工程，就是以中心法则为指导的，因为 DNA 是蛋白质的模板，因此可以通过改变 DNA 来对生物体的性状产生影响。本章开头提到的人类基因组计划的初衷，也是由于科学家们想探索一些疾病相关基因，这些基因的异常可能导致疾病，从而寻求治疗的策略。

很多时候用学术语言来描述中心法则会表示成：遗传信息从基因到蛋白质的流动/传递。这是因为核酸和蛋白质都是由特定的单体序列组成的聚合物来传递信息，就像用特定的文字序列来传递信息一样。基因通常有数百或数千个核苷酸长，每个基因有一个特定的核苷酸序

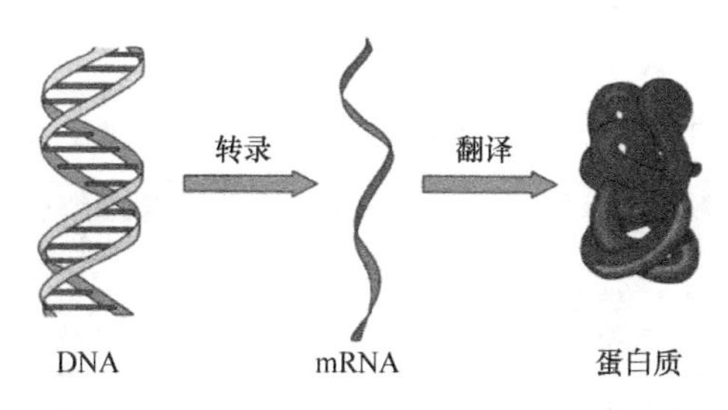

图8.4　中心法则

列。蛋白质的每个多肽也有按特定的线性顺序排列的单体序列（蛋白质的一级结构），不同的是它的单体是氨基酸。因此，核酸和蛋白质包含着用两种不同的化学语言书写的信息。从DNA到蛋白质需要两个主要阶段：转录和翻译。

8.2　基因表达的过程

对于真核基因而言，基因表达的过程包括转录、RNA剪接和翻译。从DNA到蛋白质的遗传信息的传递遵循中心法则。

8.2.1　转录

转录就是DNA指导的RNA合成。在此过程中，信息被简单地从DNA转录为RNA。正如DNA链在DNA复制过程中为形成新的互补链提供模板一样，它也可以作为合成RNA核苷酸互补序列的模板。对于编码蛋白质的基因来说，生成的RNA分子指导该基因的蛋白质生成。这种类型的RNA分子被称为信使RNA（mRNA），因为它携带着从DNA到蛋白质合成机制的遗传信息。转录这一过程是由**RNA聚合酶**（RNA Polymerase）催化的。和DNA聚合酶在DNA复制中一样，RNA聚合酶只能从5′到3′的方向合成多聚核苷酸链。和DNA聚合酶不同的是，RNA聚合酶可以不需要引物自行合成新的RNA多聚核苷酸链。

转录是基因表达的开始，也是基因表达调控的关键。

1. 基因的结构

介绍转录之前，我们首先需要说明一下基因的结构，即组成基因的核苷酸序列的特点。一般基因主要由以下几部分组成：启动子序列、RNA编码序列和终止子序列。**启动子**（Promoter）序列是RNA聚合酶结合并且引发转录起始的关键DNA序列。产生蛋白质的序列也叫作RNA编码序列，主要决定产生特定的蛋白质。分子生物学家一般把转录的方向叫作**下游**（Downstream），把其他方向叫作**上游**（Upstream）。这两个词语也用来描述DNA或者RNA内的核苷酸序列的位置。启动子序列下游并且被转录成RNA的DNA部分叫作**转录单元**（Transcription Unit）（见图8.5和图8.6）。

2. 转录起始

一个基因的启动子包含了**转录起始位点**（Transcription Start Point），也就是RNA合成真正开始的第一个核苷酸。启动子还包括了转录起始位点上游的部分核苷酸序列。RNA聚合酶结合在启动子的特定位置并且在启动子上定位，因此可以决定转录从哪里开始和双链DNA的哪一条链作为转录模板。

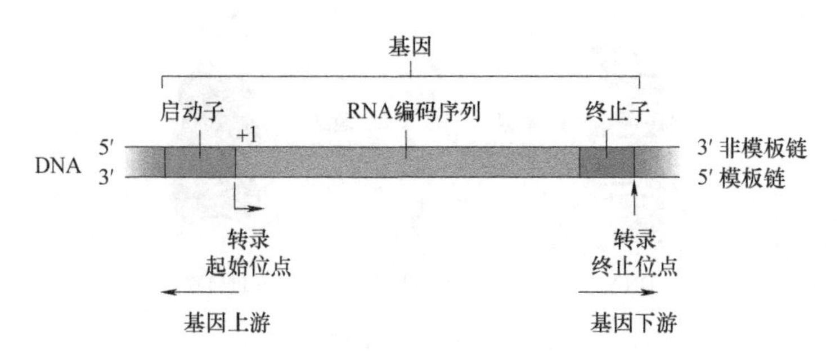

图 8.5 基因的结构

启动子的特定部分对于 RNA 聚合酶的结合非常重要。在细菌中，RNA 聚合酶特异性识别并结合到启动子上。在真核生物中，一组叫作**转录因子**（Transcription Factor）的蛋白介导 RNA 聚合酶的结合和转录的起始。只有当转录因子结合到启动子上，RNA 聚合酶Ⅱ才会和启动子结合。转录因子和 RNA 聚合酶Ⅱ结合到启动子上组成的复合体叫作**转录起始复合体**（Transcription Initiation Complex）。

对于调控真核生物的转录来说，蛋白质之间的相互作用非常重要。真核生物的 RNA 聚合酶Ⅱ和转录因子的相互作用就是一个例子，一旦合适的转录因子紧密结合到启动子 DNA 上，RNA 聚合酶就会准确定位到启动子上，然后解开 DNA 双螺旋开始从起始位点转录（见图 8.6）。

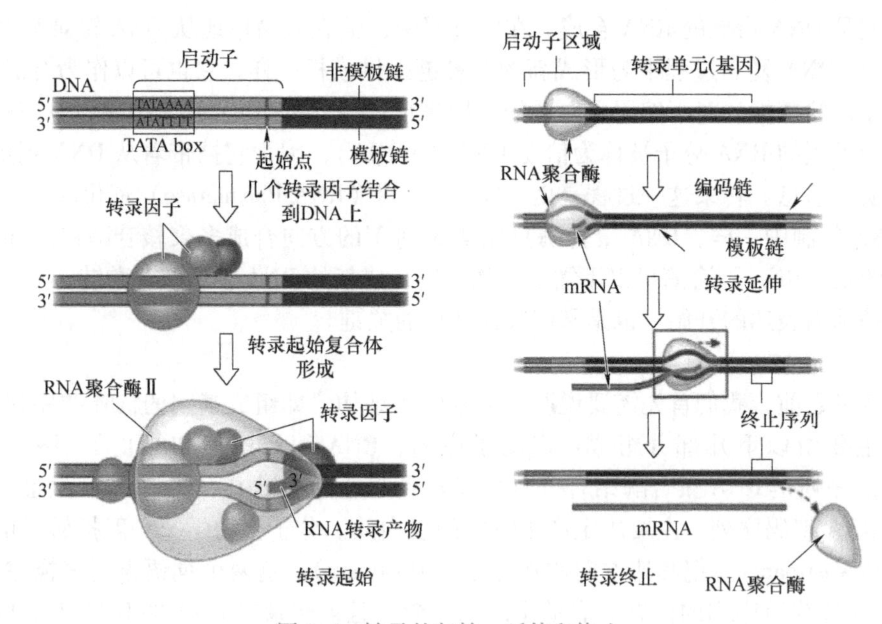

图 8.6 转录的起始、延伸和终止

3. 转录的延伸和终止

当 RNA 聚合酶沿着 DNA 移动时，它不断地解开 DNA 双螺旋。RNA 聚合酶在新合成的 RNA 链的 3′末端添加新的 RNA 核苷酸。注意在合成过程中，新的 RNA 分子从 DNA 模板上剥离下来，DNA 分子重新形成双螺旋。一个基因可以被几个 RNA 聚合酶同时转录。

细菌和真核生物的转录终止机制不同。在细菌中，转录要通过一个终止子序列。终止子序列起着终止信号的功能，示意 RNA 聚合酶从 DNA 上解离下来并且释放**转录产物**（Transcript）。需要注意的是，细菌的转录产物在翻译之前不需要任何修饰了。对于真核生物来说，RNA 聚合酶Ⅱ转录出一段叫作“PolyA”的信号序列。这段序列被称为信号是因为一旦这段 6 个 RNA 核苷酸序列出现，它马上就会和细胞核内很多蛋白结合。这段序列的下游 10~35个核苷酸处，这些蛋白会把其切割，释放出前体 mRNA。这个前体 mRNA 然后经过加工，被运输到细胞质中。

8.2.2 RNA 剪接

在真核生物细胞核里，RNA 加工过程中一个重要的步骤就是移除大量前期合成的部分 RNA。这个剪掉-拼接的工作叫作 **RNA 剪接**（RNA Splicing）。对于人类 DNA 分子来说，平均一个转录单元的长度大约为 27000 个核苷酸。但是，人类平均一个蛋白质大约为 400 个氨基酸长，仅需要 1200 个核苷酸的 RNA 编码。这就意味着大多数真核基因和它们的 RNA 转录产物有相当一部分都是不被翻译的。而且，这些大多数非编码区域镶嵌在基因的编码区域中。如图 8.7 所示，DNA 序列中的编码区域不连续，被分隔成几个部分。介于编码区域间的非编码区域叫作**内含子**（Intron），编码区域叫作**外显子**（Exon），因为这部分最终被表达，通常被翻译成氨基酸序列。

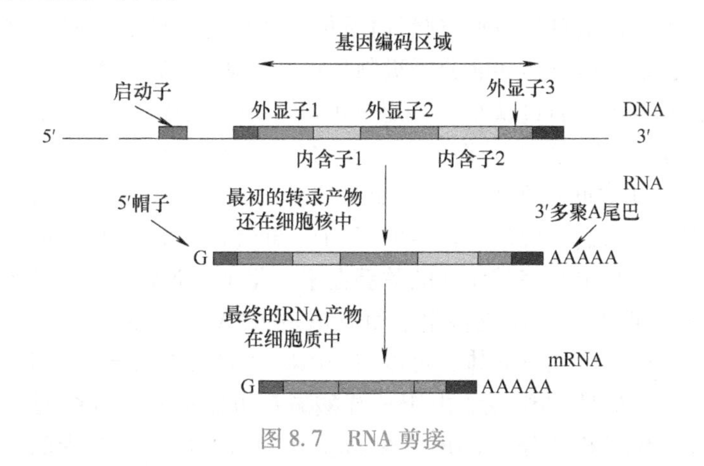

图 8.7 RNA 剪接

RNA 聚合酶Ⅱ把一个基因的内含子和外显子转录成初级转录产物，而 mRNA 分子进入细胞质中是删减版的。内含子被剪掉，外显子被拼接在一起，形成了一个 mRNA 分子的连续编码序列。这就是 RNA 的剪接过程。内含子被剪掉是通过一个叫作**剪接体**（Spliceosome）的蛋白质和小 RNA 组成的复合物实现的。剪接体结合内含子的短核苷酸序列，然后切除内含子。被切除的内含子迅速降解，剪接体然后把内含子两端的外显子结合起来。

内含子在演化上的意义是什么？基因中内含子存在的一个重要影响是一个基因可以编码多种多肽。已知许多基因会产生两种或两种以上不同的多肽，这取决于在 RNA 处理过程中哪些片段被视为外显子，这被称为选择性 RNA 剪接（见图 8.8）。这在一定程度上也可以帮助解释为什么人类基因的数量没有那么多但是可以产生丰富的多样性。由于选择性剪接，一个生物体产生的不同蛋白质的数量可以比它的基因数量多得多。

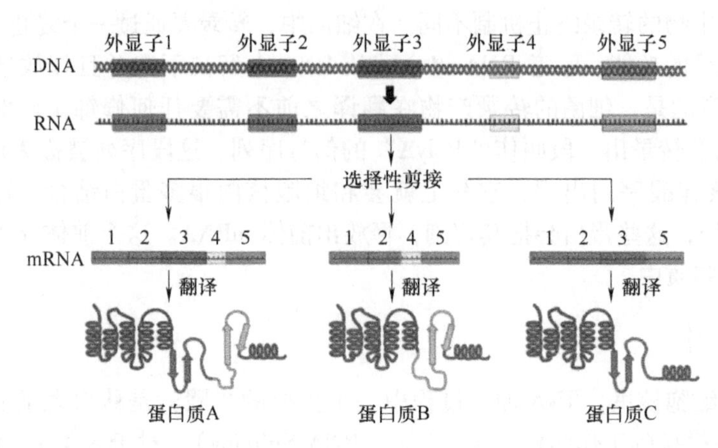

图 8.8 选择性 RNA 剪接（扫封面二维码查看彩图）

8.2.3 翻译

在翻译过程中，细胞读取遗传信息并相应地合成多肽链。这个过程有几个非常重要的分子：核糖体、mRNA、tRNA 和氨基酸。

1. tRNA

当克里克提出了遗传信息从 DNA 到蛋白质传递的中心法则后，科学家们需要把这一设想进一步地具体化：遗传信息传递的分子机制是什么？从 DNA 到 RNA 的信息转换比较容易理解，二者都是核酸分子，通过碱基互补配对可以实现。然而，从 RNA 到氨基酸分子的信息传递就比较困惑了。克里克当时提出了一个"适配器"（Adaptor）分子的构想，即在 RNA 分子和氨基酸分子之间存在着一个适配器分子，进行信息的转换（见图 8.9a）。这个适配器分子后来被科学家们发现是一种 RNA 分子，即转运 RNA（Transfer RNA，tRNA）。

将遗传信息翻译成特定氨基酸序列的关键在于，每个 tRNA 分子都能将给定的 mRNA 密码子（一个核苷酸三联体）翻译成特定的氨基酸。tRNA 的一端可以结合一个特定的氨基酸，而在另一端是一个核苷酸三联体，可以与 mRNA 上的互补核苷酸三联体进行碱基配对。一个 tRNA 分子由一条 RNA 链组成。由于核苷酸碱基可以彼此互补配对，这条单链可以自我折叠，形成一个三维结构的分子。tRNA 实际上扭曲折叠成一个紧凑的三维结构，大致呈 L 形（见图 8.9b）。从 L 末端延伸的环包括反义密码子，这是一个特定的核苷酸三联体。L 型 tRNA 分子的另一端是一个氨基酸的附着位点。例如，mRNA 密码子 5′-GGC-3′翻译为甘氨酸。通过氢键与该密码子碱基配对的 tRNA 有 3′-CCG-5′作为其反义密码子，在其另一端携带甘氨酸。当 mRNA 分子在核糖体进行翻译时，每当出现密码子 GGC，甘氨酸就会被添加到多肽链上。通过密码子，遗传信息被转译为氨基酸。核糖体将氨基酸连接成一条链。

像 mRNA 和其他类型的细胞 RNA 一样，tRNA 分子从 DNA 模板转录。在真核细胞中，tRNA 在细胞核中生成，然后从细胞核运输到细胞质，在细胞质中参与翻译过程。在细菌和真核细胞中，每个 tRNA 分子都被反复使用，在细胞质中连接指定的氨基酸，并将其运载到核糖体的多肽链上，然后离开核糖体，准备获取另一个相同的氨基酸。

2. 核糖体

在蛋白质合成过程中，核糖体（Ribosome）协助 tRNA 的反密码子和 mRNA 的密码子结

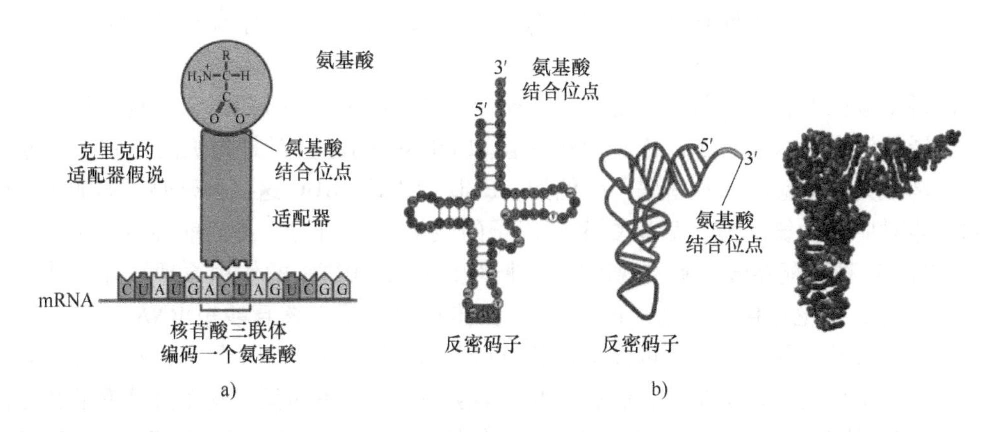

图 8.9 tRNA

a）tRNA 是适配器分子 b）tRNA 的三维结构

合。一个核糖体主要由一个大亚基和一个小亚基组成，每个亚基都是由蛋白质和**核糖体 RNA**（Ribosomal RNA）组成。在细菌和真核生物中一样，大小亚基只有结合了 mRNA 以后才组合成一个功能性的核糖体。尽管细菌和真核生物的核糖体在结构和功能上相似，它们之间的分子组成还是有差异的。这种分子差异在医学上具有重要意义。因为一些抗生素的工作原理就是抑制细菌核糖体工作而对真核生物核糖体没有影响，比如四环素和链霉素。核糖体除了具有 mRNA 的结合位点外，还有三个 tRNA 的结合位点（见图 8.10）。P 位点是肽酰基-tRNA 的结合位点，负责承载连接着延伸肽链的 tRNA。A 位点是氨酰基-tRNA 的结合位点，负责承载连接着下一个到达核糖体氨基酸的 tRNA。E 位点是出口处，卸载的 tRNA 从此处离开核糖体（见 MOOC 视频 7.2）。

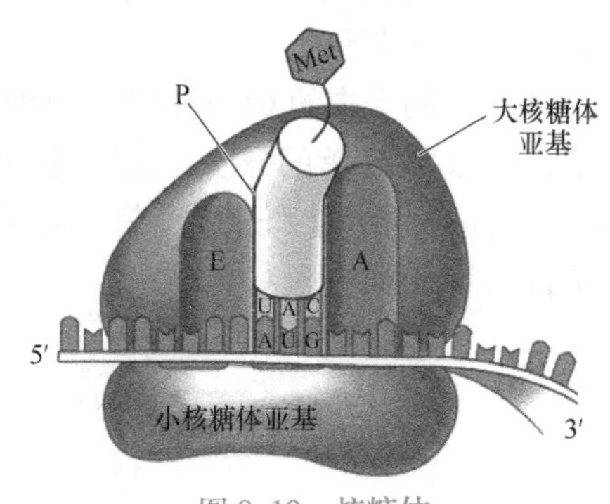

图 8.10 核糖体

8.2.4 遗传密码

从上面 tRNA 的例子我们知道，核酸和氨基酸在遗传信息的传递过程中存在一种对应关系。这种对应关系我们称其为**遗传密码**（Genetic Code）。遗传信息从基因到蛋白质的流动是基于三个核苷酸碱基对应一个氨基酸这样的**三联体密码**（Triplet Code）：DNA 中的遗传信息以不重叠的、三核苷酸的形式体现在多肽链中。所以基因中的一系列信息被转录成 mRNA 序列中互补的、不重叠的三核苷酸信息，然后又被翻译成一串氨基酸序列。mRNA 中的核苷酸三联体叫作**密码子**（Codon），并且按照从 5′到 3′的顺序书写（见 MOOC 视频 7.2）。

从 20 世纪 60 年代开始，分子生物学家们设计了一系列实验来破译遗传密码。第一个遗传密码是是由尼伦伯格（M. Nirenberg）和马太（J. H. Matthaei）发现的。他们首先合成了一串只含有尿嘧啶的 mRNA，所以不论这段信息到哪里开始到哪里结束，它只含有一种密码子：UUU。尼伦伯格把这段 Poly-U 加入到一个混合了氨基酸、核糖体和其他蛋白质合成所需物质的管子里。这种体外翻译系统把 Poly-U 翻译成一长串只含有苯丙氨酸的多肽链（见 MOOC 视频 7.1）。

其他科学家根据这一思路也先后破译了密码子 AAA、GGG 和 CCC。但是，其他形式的密码子破译就没有这么容易了。因为核糖体读取 mRNA 的碱基对是随机的，原来的方法很难找到氨基酸具体对应哪一种密码子。例如，UCU、CUU、UUC 这三种密码子的随机出现很难找到具体对应哪种氨基酸。后来更多密码子的破解还要归功于我们前面说的 tRNA 的发现。当 tRNA 这种适配器分子被发现以后，科学家们利用 tRNA 的作用原理来寻找其他的密码子。1964 年，尼伦伯格和利德（P. Leder）在体外合成了三核苷酸短 RNA 序列。这些序列被设计得足够长，使得核糖体可以结合已经和密码子结合的 tRNA 分子，并且可以被检测出来。他们每次标记一种氨基酸，然后把混合物从一个过滤网过滤。这个过滤网的孔径设计使得 RNA 三联体碱基和负载的 tRNA 通过，但是核糖体无法通过。特定的 tRNA 的反义密码子将会和核糖体结合，导致负载的 tRNA 结合到过滤网上（见图 8.11）。在设计的实验中，如果 tRNA 被放射性同位素标记，那么就可以找到相对应的密码子了。后面所有的密码子都是被这种方法破译的。

64 个密码子中的 61 个编码氨基酸。三个不编码氨基酸的密码子是信号终止，或终止密码子，标志着翻译的结束。需要注意 AUG 密码子具有两个意义：编码氨基酸蛋氨酸（Met），同时也作为“开始”信号或起始密码子。遗传信息通常以 mRNA 密码子 AUG 开始，它是合成蛋白质的开始。

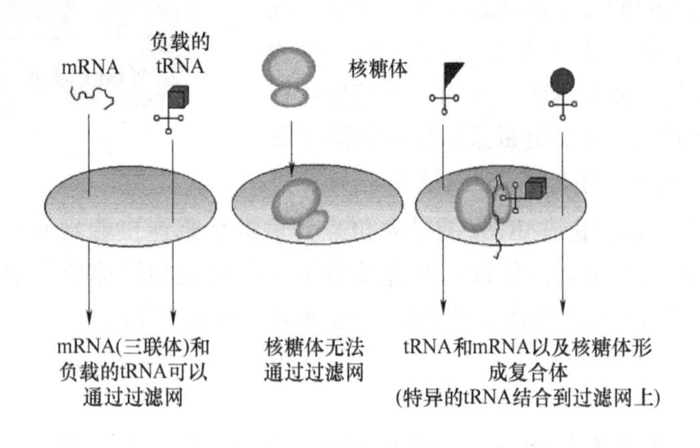

图 8.11　尼伦伯格和利德的实验-寻找遗传密码

8.3 突变

细胞遗传信息的变化被称为突变。突变是新基因的来源。在本小节中，我们将主要讨论两大类突变：大规模突变和小规模突变。

8.3.1 大规模突变

大规模突变一般指染色体的变化。大规模的染色体变化也会影响生物体的表型。物

理和化学的干扰，以及减数分裂过程中的错误，可以损害一个细胞中染色体或改变其数量。

1. 染色体数目异常

正常减数分裂的情况下，染色体会被平均分配到子细胞中。但偶尔也会出现染色体不分离的情况，比如一对同源染色体在减数分裂Ⅰ期时不能正常分离，或者姐妹染色单体在减数分裂Ⅱ期时不能分离。在没有分离的状态下，一个配子接收到两个相同类型的染色体，而另一个配子不接收到拷贝。而其他染色体通常是正常分布的（见图8.12）。

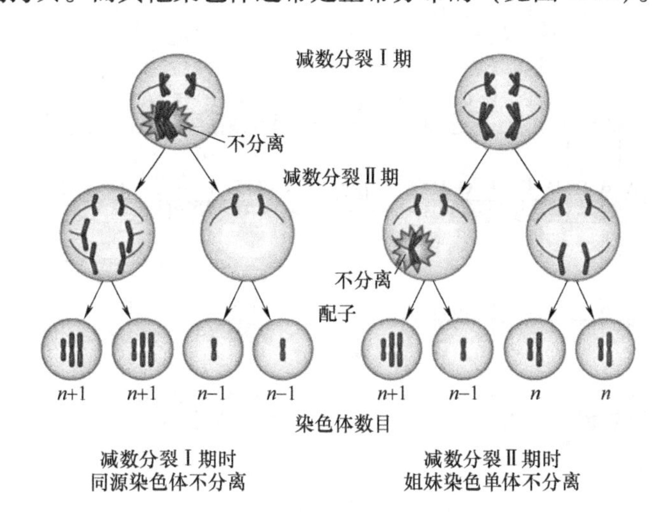

图8.12　染色体数目的改变

如果其中一个异常配子与一个正常配子在受精时结合，受精卵也会有一个异常数量的特定染色体，这种情况称为非整倍性。当缺少一条染色体的异常配子和正常配子受精时，将导致受精卵中缺失一条染色体，因此细胞有$2n$-1条染色体。如果一条染色体在受精卵中存在三个拷贝，那么该细胞有$2n$+1条染色体。有丝分裂随后将异常传递给所有胚胎细胞。以上情况都是流产的主要原因。存活下来的生物体，因为多余或缺失的染色体相关的基因的数量异常，通常有特别的性状。唐氏综合征（Down Syndrome）就是人类三体征的一个例子。

有丝分裂时也会发生染色体不分离。如果这种错误发生在胚胎发育的早期，那么非整倍体的特征就会通过有丝分裂传递给大量的细胞，并可能对生物体产生重大影响。有些生物体的所有体细胞中有两组以上的完整染色体。这种染色体改变被称为多倍体（Polyploid）。三倍体（$3n$）和四倍体（$4n$）分别表示三组或四组染色体。多倍体在植物界相当普遍。我们吃的很多物种都是多倍体：香蕉是三倍体，小麦是六倍体，草莓是八倍体。

2. 染色体结构的改变

减数分裂错误或辐射等破坏性因素可导致染色体断裂，导致染色体结构发生四种类型的变化（见图8.13）。当染色体片段丢失时就会发生缺失，受影响的染色体就会丢失某些基因，这种改变被称为缺失（Deletion）。被删除的片段可以作为一个额外的片段附着在姐妹染色单体上，产生重复（Duplication）。染色体片段也可能以相反的方向重新附着到原始染色体上，产生倒置（Inversion）。染色体断裂的第四个可能的结果是片段连接到一个非同源染色体，这种重排称为移位（Translocation）。减数分裂期间特别容易发生缺失和重复。在交叉过程中，非姐妹染色单体有时会交换不同大小的DNA片段，因此其中一方放弃的基因比它接收到的要多。这种不均等交叉的产物是一个缺失染色体和一个重复染色体。大片段的缺失通常会导致一些重要的基因的缺失，这种情况通常是致命的。复制和移位也通常是有害的。移位和倒置也可以改变表型。

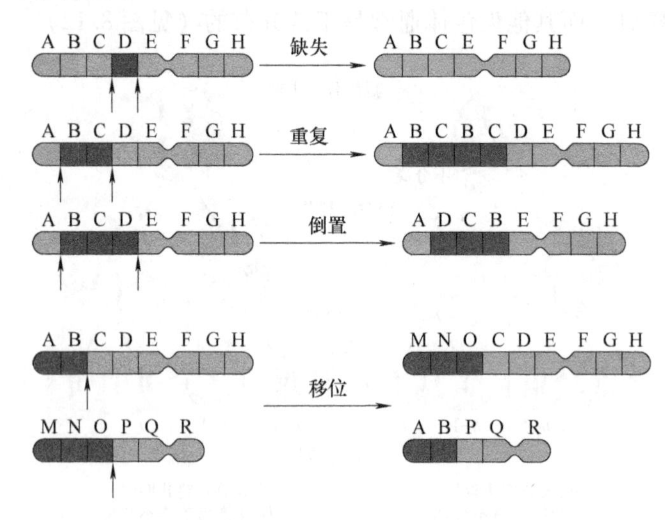

图 8.13 染色体结构的改变

8.3.2 小规模突变

小规模突变是指一个或几个核苷酸对的变化。比如点突变（Point Mutation），是一个核苷酸对的改变。

如果一个点突变发生在配子或产生配子的细胞中，它可能会传递给后代。如果突变对一个人的表型有不利影响，则称为遗传性疾病。例如，镰刀型细胞贫血症的遗传基础是编码血红蛋白β球蛋白多肽的基因发生了单个核苷酸碱基对的突变。DNA模板链中单个核苷酸的改变会导致异常蛋白的产生（见图8.14）。在突变的等位基因纯合子的个体中，血红蛋白改变引发红细胞呈现镰刀状。

基因内的点突变可以分为两大类：①单核苷酸对置换；②核苷酸对插入或缺失。插入和缺失可以涉及一个或多个核苷酸对。

核苷酸对置换是将一个核苷酸及其配对碱基替换为另一对核苷酸。由于遗传密码的冗余性，某些置换对编码的蛋白质没有影响。例如，如果模板链上的3′-CCG-5′突变为3′-CCA-5′，原本为GGC的mRNA密码子将变为GGU，但仍会在蛋白质的适当位置插入甘氨酸。也就是说，一个核苷酸对的变化可以将一个密码子转化为另一个密码子，并翻译成相同的氨基酸。这种变化叫作无义突变（Nonsense Mutation），它对表型没有影响。将一种氨基酸转变为另一种氨基酸的置换称为错义突变（Missense Mutation）。这种突变有时候对蛋白质的影响不大，因为新的氨基酸可能具有与突变前氨基酸相似的特性，或者这个氨基酸可能位于蛋白质的某个对于功能影响并不大的区域。但错义突变

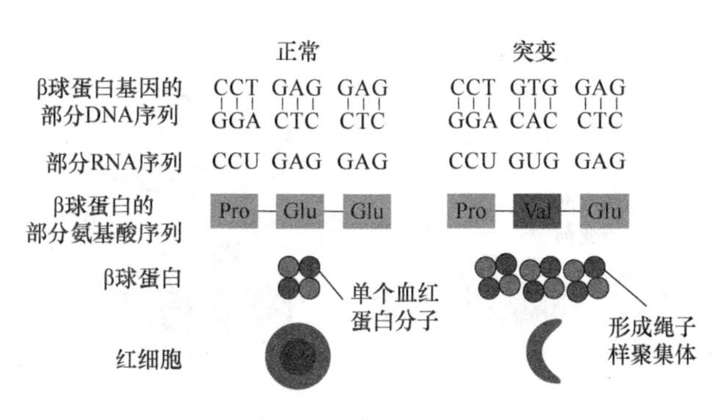

图 8.14　镰刀型贫血症的分子机理

有时候会引起很大问题，比如图 8.14 中所示，血红蛋白 β 球蛋白亚基的部分发生的突变（见 MOOC 视频 7.3）。

插入和缺失是基因中核苷酸对的增加或丢失。与替换相比，这些突变对生成的蛋白质有更严重的影响。核苷酸的插入或丢失可以改变基因信息的**阅读框架**（Reading Frame），即 mRNA 上核苷酸的三联体组合，在翻译过程中被阅读。这种突变称为**移码突变**（Frameshift Mutation），每当插入或删除的核苷酸数量不是 3 的倍数时就会产生。所有缺失或插入下游的核苷酸会导致产生错误的密码子，进而产生没有功能的蛋白质。

8.3.3　诱变剂

许多物理和化学试剂被称为**诱变剂**（Mutagen）。它们与 DNA 相互作用导致突变。在 20 世纪 20 年代，穆勒（H. Muller）发现 X 射线引起了果蝇的基因变化。但他也意识到他的发现带来的危险：X 射线和其他形式的高能辐射对人类和实验室生物的遗传物质构成危害。诱变辐射是一种物理诱变剂，包括紫外线（UV），它可以在 DNA 中引起破坏性胸腺嘧啶二聚体。

化学诱变剂可分为几类。核苷酸类似物是一种类似于常见核苷酸的化学物质，但在 DNA 复制过程中这种化学物质会影响碱基正常配对。化学诱变剂通过将自己插入到 DNA 中来干扰正确的 DNA 复制，并扭曲双螺旋，比如分子生物学实验中使用的溴化乙锭。还有一些诱变剂改变碱基的化学性质，进而改变它们的配对性质。研究人员已开发出多种方法来测试化学物质的诱变活性。这些实验的目的是对可能致癌的化学物质进行初步筛选。大多数诱变剂是致癌的。

埃姆斯测试（The Ames Test）是确定一种化学物质是否是诱变剂的实验，以其开发者埃姆斯（B. Ames）命名。这个测试基于这样一种假设：任何对实验中的细菌具有诱变作用的物质也可能是致癌物。测试中使用的细菌是一种伤寒沙门氏菌 *Salmonella typhimurium*，它携带了一个突变的基因，使其无法从培养基中的成分合成氨基酸组氨酸。然而，这个突变是可以被逆转的，使基因恢复其功能。含有被逆转的突变的细菌可以在缺乏组氨酸的培养基上生长。图 8.15 展示了埃姆斯测试实验。将无法合成组氨酸的伤寒沙门氏菌和大鼠肝脏提取物的混合物在缺乏组氨酸的琼脂中培养，琼脂中加入一种已知的致癌物质，这种化学物质的诱变效应使许多细菌细胞发生突变，自行合成氨基酸，发育成肉眼可见的菌落。

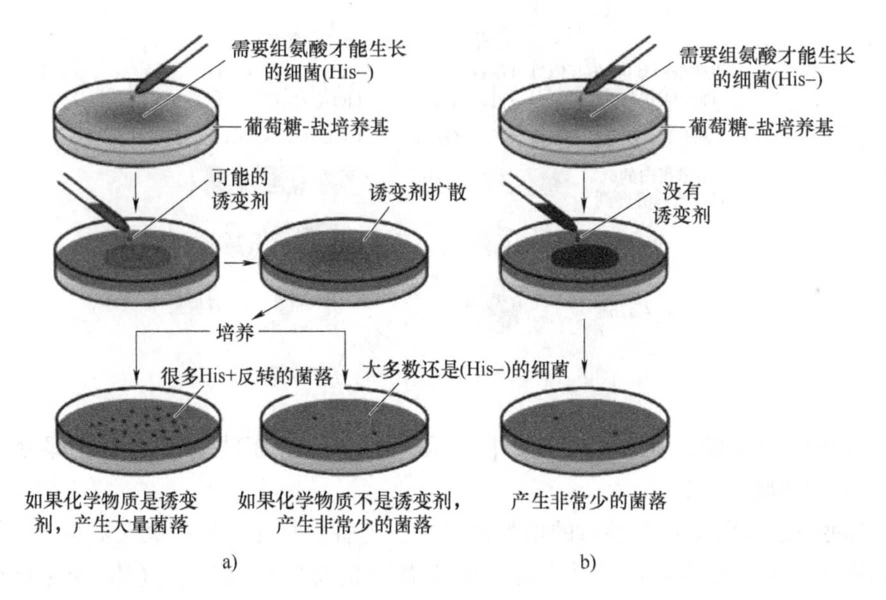

图 8.15 埃姆斯测试

a）实验组 b）对照组

8.4 基因表达和癌症

在细胞和癌症一章中，我们知道癌症是一种细胞生长不受限制机制的疾病。本章我们学习了基因表达的过程以及突变的概念，下面将从分子机制的角度更详细地理解癌症。在本小节中，我们将首先介绍致癌基因、原癌基因和抑癌基因，然后具体介绍这三类基因发生突变时在细胞周期中的影响。

8.4.1 癌症相关基因

在细胞周期中，正常调节细胞生长和分裂的基因包括生长因子基因、生长因子受体基因和信号通路的细胞内分子。体细胞中任何这些基因的突变都可能导致癌症。这些变化的诱因可能是随机的自发突变。然而，许多致癌突变也可能是环境影响的结果，如化学致癌物、X射线和其他辐射，以及一些病毒。

1. 致癌基因

致癌基因（Oncogene）源自希腊语“onco（肿瘤）”。这种基因的发现源自于对于致癌病毒的研究。1911 年，劳斯（P. Rous）发现肿瘤提取物可以导致鸡之间传染肿瘤，进而发现了一种导致鸡肿瘤的病毒 RSV（Rous Sarcoma Virus），从而开创了肿瘤病毒学。RSV 是逆转录病毒的一种，其遗传物质是 RNA。这种 RNA 可以被病毒中一种独特的酶，即逆转录酶转录成 DNA。这种酶的活性被巴尔的摩（D. Baltimore）、杜尔贝科（R. Dulbecco）和特明（H. Temin）所发现。之后的很多年中，科学家们试图在人类中寻找致癌的逆转录病毒，但是一直没有找到。

特明认为，RSV 可以通过向细胞中插入病毒基因来引发癌症，这证明了基因改变可以

引发癌症。但是基因的改变未必源于病毒，病毒只不过是把信息带到细胞里，是一种信使。为了理解癌症的起源，需要鉴定出来的是导致癌症的信息，而不是信使。这引发了科学家们新的思考：导致细胞内异常有丝分裂的病毒基因是什么？以及该基因和细胞内部突变有怎样的联系？

20 世纪 70 年代，一些实验室开始将目标转向这种基因。沃格特（P. Vogt）等人培养出了 RSV 的突变体，可以正常复制但是不再形成肿瘤，这表明引发肿瘤的基因已经被破坏。通过分析这些突变病毒中发生改变的基因，科学家们最终准确地发现 RSV 的致癌能力来自于病毒中的一个基因，被称为“*src*”，是恶性肿瘤“sarcoma”的缩写。因此，*src* 基因就是 RSV 携带的致癌信息。科学家们通过删除基因的方法，发现缺乏正常功能的 *src*，既不会诱导细胞增殖，也不会引发转录。因此他们推断，*src* 是 RSV 在演化过程中获得的某种异常基因，被引入到正常细胞中，它被称为致癌基因，一种能导致癌症的基因。

src 编码激酶，可以催化信号传递的级联反应。由病毒 *src* 基因产生的蛋白质非常活跃，会磷酸化周围的许多物质，包括细胞里许多至关重要的蛋白。Src 不加选择地进行磷酸化，打开了大量的分子开关。在 Src 的作用下，激活的一系列蛋白质进而影响了那些控制细胞分裂的蛋白质，诱导了有丝分裂的加速，进而导致癌症。RSV 引发鸡的癌症，是因为 *src* 基因进入细胞，编码出极度活跃的激酶。这种激酶开启了一连串的细胞信号，促使细胞不停地分裂。

2. 原癌基因

那么 *src* 的演化起源是什么？一种病毒如何获得如此强力的干扰性基因？Src 激酶是有问题的病毒激酶，还是病毒利用少量的其他基因合成的激酶？演化可以从旧基因中产生新的基因，但 RSV 从哪里找到了一种必要的基因成分，从而使鸡细胞癌变呢？毕晓普（M. Bishop）和瓦尔默斯（H. Varmus）在 1975 年发现了致癌基因的真正起源。他们使用了一种含有致癌基因的 RSV 变体和另一种没有这种基因的变体。利用这些病毒，他们成功地构建了一种核酸探针（DNA 杂交原理），可以选择性地识别致癌基因。该探针用于从不同细胞的 DNA 中寻找相应的遗传物质。然后他们发现在动物的很多物种中都可以检测到癌基因样物质。此外，还发现该基因在某一物种的染色体上有固定的位置，当该基因构成细胞遗传物质的一部分时，被分割为片段（见图 8.16）。随后，在人类和其他动物的基因组中发现了与病毒致癌基因相似的基因。

存在于正常细胞中的 *src* 基因和病毒的 *src* 基因是不相同的。病毒 Src 是一种功能被扰乱而过度活跃的激酶，从而为细胞分裂提供一种持久的开启信号。正常细胞的 Src 蛋白具有同样的激酶活性，但远没这么活跃，在细胞分裂过程中严格地遵守开启和关闭。正常的 *src* 基因是致癌基因的前体，也被称为原癌基因（Proto-oncogene）。

那么原癌基因是如何成为一个致癌基因的？一般来说，致癌基因产生于遗传学上的变化，这些遗传学变化导致原癌基因蛋白质产物增加，或者蛋白质分子活性增加。经常发现癌细胞中含有断裂和错误重组的染色体，碎片从一条染色体易位到另一条染色体。比如一个原癌基因发生移位突变，使其成为一个致癌基因，这是一种遗传学变化导致的致癌基因。第二种遗传变化是基因扩增，它通过基因重复复制从而增加细胞中原癌基因的拷贝数。第三种可能是启动子发生点突变，导致其表达的增加。这些机制可以导致不正常的刺激细胞周期，并使细胞向着恶性转化的方向发展。

图 8.16 展示了病毒的致癌基因和细胞内的致癌基因的区别：在导致肿瘤的逆转录病毒中有一段核酸序列，细胞中的基因序列是断裂的，而病毒中的致癌基因是连续的。

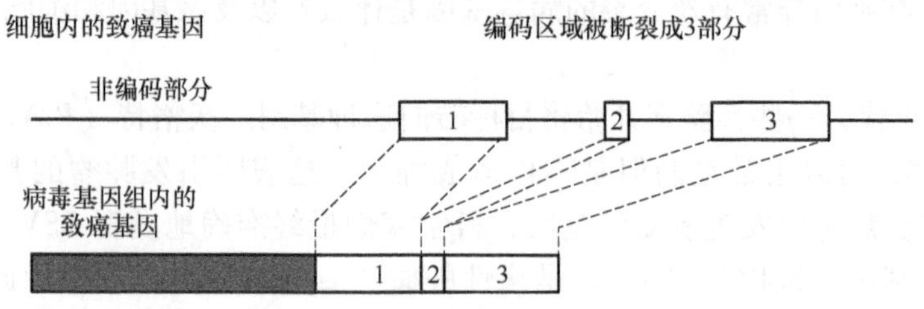

图 8.16　病毒的致癌基因和细胞内的致癌基因的区别

3. 抑癌基因（肿瘤抑制基因）

除了促进细胞分裂的基因外，细胞中还存在抑制细胞分裂的基因。这些基因被称为**肿瘤抑制基因**（Tumor Suppressor Gene），因为它们编码的蛋白质有助于防止不受控制的细胞生长。

第一个肿瘤抑制基因是通过对视网膜母细胞瘤（一种罕见的儿童眼部肿瘤）的研究确定的。早期的遗传学研究发现导致这种肿瘤的原因是一种叫作 *Rb* 的基因发生突变。抑癌基因的蛋白产物具有多种功能。一些肿瘤抑制蛋白修复受损的 DNA，这是一种阻止细胞积累致癌突变的功能。还有一些肿瘤抑制蛋白是抑制细胞周期的细胞信号通路的组成部分。

8.4.2　干扰细胞信号通路

许多原癌基因和抑癌基因编码的蛋白质是细胞信号通路的组成部分。我们以 *ras* 原癌基因和 *p53* 抑癌基因这两个关键基因的产物为例，看看这些蛋白质是如何在正常细胞中发挥作用的，以及它们在癌细胞中的功能出了什么问题。大约 30%的人类癌症发生 *ras* 基因突变，超过 50%的癌症发生 *p53* 基因突变。Ras 蛋白由 *ras* 基因编码，是一种 G 蛋白，将来自质膜上生长因子受体的信号传递到蛋白激酶级联反应，最终刺激细胞周期的蛋白质的合成（见图 8.17）。正常情况下，这种途径只有在适当的生长因子触发下才会起作用。但某些 *ras* 基因发生突变后，导致 Ras 蛋白过度活跃，因此在没有生长因子的情况下，不断引发激酶级联反应，导致细胞持续分裂。

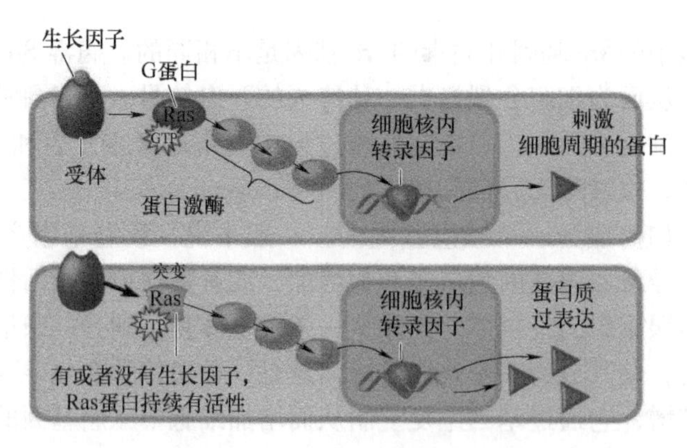

图 8.17　正常和突变的 *ras* 基因激活细胞周期信号通路

图 8.18 显示了细胞内信号抑制细胞周期蛋白质合成的途径。在这种情况下，信号是细胞内 DNA 的损伤，该信号通路会阻断细胞周期，直到损伤被修复。否则，这种损害可能会导致突变或染色体异常，从而促进肿瘤的形成。因此，通路中抑制细胞周期的基因是抑癌基因。*p53* 基因是一种抑癌基因，它所编码的蛋白质是一种转录因子，促进细胞周期抑制蛋白的合成。这就是为什么 *p53* 基因缺失的突变，会导致细胞过度生长和癌症。

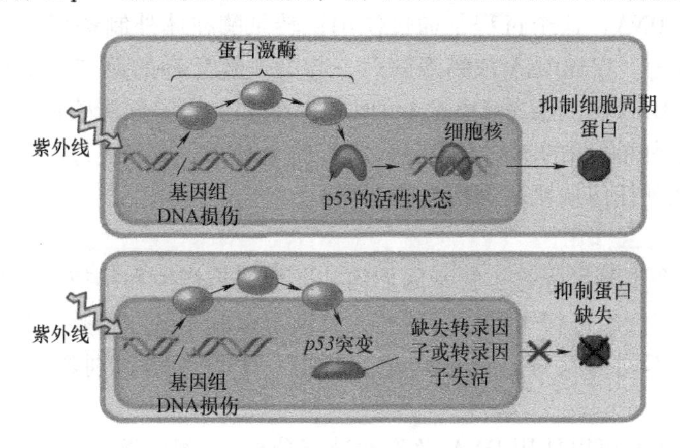

图 8.18　正常和突变的抑制细胞周期信号通路

p53 基因一旦被激活（比如 DNA 损伤），p53 蛋白就会作为其他几个基因的激活因子。通常它会激活一种叫作 *p21* 的基因，而 *p21* 的产物通过与周期蛋白依赖激酶（CDK）结合来终止细胞周期，从而给细胞修复 DNA 留出时间。此外，p53 蛋白可以激活直接参与 DNA 修复的基因。最后，当 DNA 损伤无法修复时，p53 激活“自杀”基因，其蛋白质产物导致细胞程序性死亡。因此，p53 以多种方式阻止细胞因 DNA 损伤而导致突变。如果抑癌基因 *p53* 有缺陷或缺失，癌症就可能发生。

8.5　研究基因表达和基因功能的技术

为了了解一个生物系统是如何工作的，科学家们试图了解系统各组成部分的功能。对一个或一组基因何时何地表达的分析可以提供关于它们功能的重要线索。

8.5.1　研究基因表达

生物学家要了解癌细胞或发育中的胚胎组织的各种细胞类型，首先需要知道所感兴趣的细胞表达哪些基因。我们常用的最直接的方法是检测正在产生的 mRNA。

1. 研究单个基因的表达

假设研究一个在果蝇胚胎发育中起重要作用的基因。我们想知道哪个胚胎细胞表达这种基因，可以通过与互补序列的分子进行核酸杂交来检测 mRNA。这种互补分子是一种短的、单链的核酸，可以是 RNA，也可以是 DNA，称为**核酸探针**（Nucleic Acid Probe）。用目的基因作为模板，我们可以合成一个探针和 mRNA 互补。例如，如果 mRNA 上的部分序列是 5′CUCAUCACCGGC 3′，我们就可以合成这种单链 DNA 探针：3′GAGTAGTGGCCG 5′。在合成过程中，每个探针分子都有荧光标记，这样我们就可以跟踪它。比如我们可以把探针加入果蝇的胚胎中，允许探针与胚胎细胞中该基因的转录产物 mRNA 上的任何互补序列进行杂交。因为这种技术允许我们在完整的生物体中检测到 mRNA，所以被称为**原位杂交**（*In situ* Hybridization）。

如果需要比较不同的细胞类型或不同发育阶段的胚胎的 mRNA 的量，我们可以使用一种叫作**逆转录聚合酶链式反应**（RT-PCR）。在 RT-PCR 中，首先将样本的 mRNA 转化成具有相应序列的双链 DNA。这个过程是通过使用逆转录酶在体外制备每个 mRNA 分子的单链 DNA 逆转录本实现的。在 mRNA 被酶降解后，与第一链互补的第二链 DNA 被 DNA 聚合酶合成，产生的双链 DNA 称为**互补 DNA**（cDNA）。例如，为了分析感兴趣的果蝇基因的表达时间，我们首先从果蝇胚胎的不同阶段分离所有的 mRNA，并产生每个阶段的 cDNA。然后，我们使用 PCR 来找到任何从靶基因衍生的 cDNA。

2. 研究基因间相互作用

生物学家的一个主要目标是了解基因如何共同作用来产生和维持一个功能有机体。既然已经对许多物种的基因组进行了测序，研究人员就可以利用已知的整个基因组来研究哪些基因在不同的组织或不同的发育阶段被转录。其中一个目标是识别整个基因组的基因表达网络。

全基因组表达研究可以使用 DNA 微阵列进行分析。**DNA 微阵列**（DNA Microarray）由代表不同基因的大量单链 DNA 片段组成，这些片段被固定在一个紧密间隔的阵列或网格中。微阵列也被称为 DNA 芯片，类似于计算机芯片。理想情况下，这些片段代表了生物体的所有基因。这种研究的基本策略是分离目标细胞中的 mRNA，并利用这些分子作为模板，通过逆转录合成相应的 cDNA。在微阵列检测中，这些 cDNA 被荧光分子标记，然后允许与 DNA 微阵列杂交。大多数情况下，cDNA 来自不同的组织，用发出不同颜色的分子进行标记，并在相同的微阵列上进行测试（见图 8.19）。

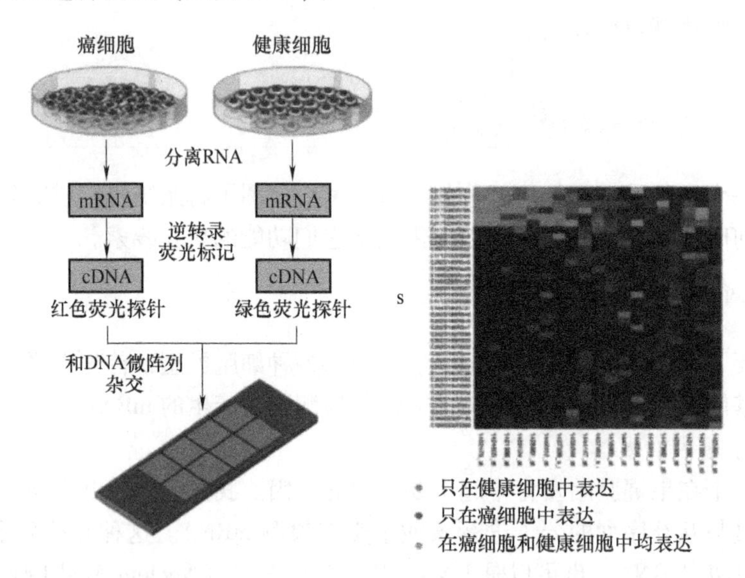

图 8.19　DNA 芯片技术比较正常细胞和癌细胞中的基因表达差异（扫封面二维码查看彩图）

另外，随着快速、廉价的 DNA 测序方法的出现，研究人员现在可以简单地对来自不同组织或不同胚胎阶段的 cDNA 样本进行测序，以发现哪些基因被表达。这种简单的方法被称

为 RNA 测序或 RNA-seq，尽管实际测序的是 cDNA。随着 DNA 测序价格的大幅下降，这种方法在许多实践中得到了越来越广泛的应用。

8.5.2　研究基因功能

当科学家们确定了一个感兴趣的基因后，接下来就要研究其功能。我们可以把这个基因的序列与其他物种的相关序列进行比较。如果在一个已知物种中有相似的基因，那么这个我们感兴趣的基因很有可能具有相似的功能。目前有几种思路和方法可以帮助我们研究基因功能。一种方法是使基因失效，然后观察这种失效在细胞或生物体中产生的后果。以体外诱变（*In vitro* Mutagenesis）技术为例，我们首先在体外产生目的基因的突变，然后把这个突变的基因导入细胞或生物体中，以破坏细胞中正常基因的功能。如果引入的突变改变或破坏了基因产物的功能，突变细胞的表型可能有助于揭示功能异常蛋白。

出于伦理考虑，我们在人类中禁止敲除基因来研究其功能，所以很多时候通过分析大量具有某种表型（比如疾病）的人的基因组，找出他们与没有这种表型的人的不同点。假如这些差异可能与一个或多个异常基因有关，在某种意义上就是自然发生的基因敲除。这种被称为全基因组关联研究（Genome-wide Association Study）的大规模分析，不需要对两组的所有基因组进行完全测序。相反，研究人员测试的是遗传标记（Genetic Marker），即群体中不同的 DNA 序列。就像基因的编码序列一样，染色体上某个特定位点上的非编码 DNA 在个体之间可能会表现出微小的核苷酸差异。一个群体中编码或非编码 DNA 序列的变化被称为多态性（Polymorphism）。

在追踪导致疾病的基因方面，最有用的遗传标记之一是人类基因组中的单碱基对变异。在至少 1%的人群中发现变异的单个碱基对位点被称为单核苷酸多态性（Single-nucleotide Polymorphism，简称 SNP）。在人类基因组中有几百万个 SNP，大约每 100~300 个编码和非编码 DNA 序列的碱基对中有一个。我们可以使用 DNA 芯片或 PCR 进行检测（见图 8.20）。

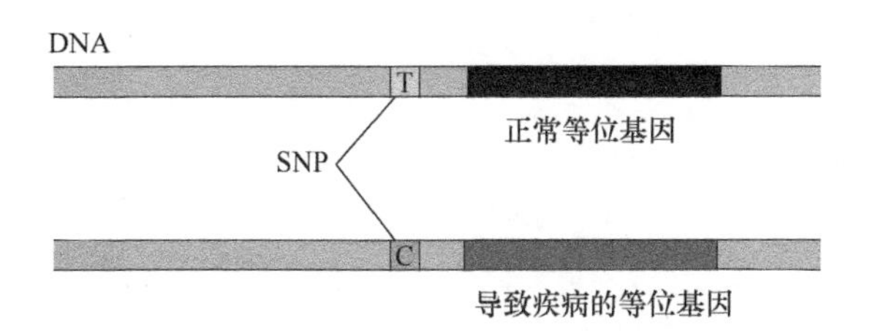

图 8.20　比较正常和导致疾病的等位基因的 SNP

一旦在所有受感染人群中发现了一个 SNP，研究人员就会专注于该区域并对其进行测序。在绝大多数情况下，SNP 本身不会通过改变编码的蛋白质直接导致疾病。事实上，大多数 SNP 都位于非编码区。如果 SNP 和致病等位基因足够接近，科学家可以利用这样一个事实：即在配子形成过程中，遗传标记和基因之间不太可能发生交叉互换。因此，即使遗传标记不是基因的一部分，它和基因几乎总是一起遗传的。我们已经发现 SNP 与糖尿病、心脏病和几种癌症有关，目前正在寻找可能与之有关的基因。

参考文献

[1] CLICK B R, et al. Molecular Biotechnology [M]. 4th ed. New York: ASM Press, 2009.
[2] 吴庆余. 基础生命科学 [M]. 2 版. 北京: 高等教育出版社, 2002.
[3] WEAVER R. Molecular Biology [M]. 5th ed. New York: McGraw Hill, 2011.
[4] LEWIN B, et al. Lewin's Genes X [M]. New York: Jones & Bartlett Learning, 2011.
[5] HARTWELL L H, et al. Genetics [M]. 5th ed. New York: McGraw Hill Education, 2013.
[6] CAMPBELL N A, REECE J B. Essential Biology [M]. 影印版. 北京: 高等教育出版社, 2002.
[7] RUBIN H. The early history of tumor virology: Rous, RIF, and RAV [J]. Proc Natl Acad Sci, 2011, 108 (35): 14389-96.
[8] MILLER G, STEBBING J. Thirty years of Oncogene [J]. Oncogene, 2018, 37, 553-554.

第9章

基因表达的调控

人类基因组计划的结果给科学家们带来了新的问题。测序之前科学家们对人类基因数量的预测在10~15万，主要是基于两个认识：①生物体复杂程度和基因数量成正比（通过比较酵母和细菌基因数量）；②人类相较很多生物来说更加复杂、更加高等。然而实际的测序结果显示人类的基因数量实际上只有2万个左右，比很多我们熟悉的生物要少（见图9.1a）。这就引出了新的问题：生物体的复杂程度和基因数量并不是成正比的，除了基因之外，还有什么因素决定生物体的性状呢？

影响生物体表型多样性的因素还有非基因层面的。图9.1b是2005年针对不同年龄的同卵双生双胞胎的研究。这项研究发现每对双胞胎的基因相同，但是产生的蛋白质有差异。年龄最小的双胞胎（3岁）蛋白种类和水平相差不大，但是随着年龄增长，每对双胞胎间蛋白质的差异越来越大。

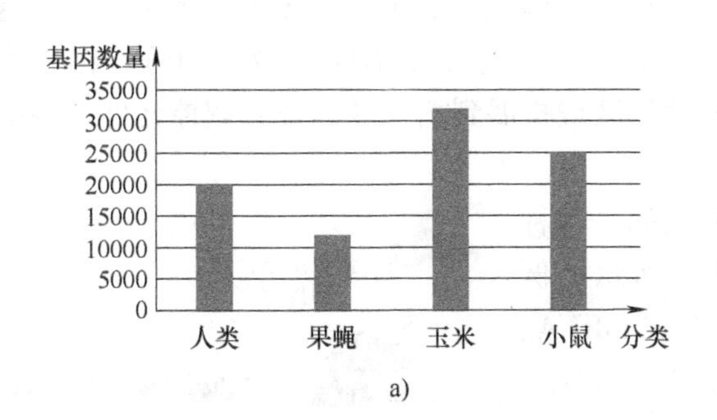

a)

b)

图9.1　人类基因研究

a）人类基因数量和其他物种基因数量对比　b）40对同卵双生双胞胎基因表达研究

生物体的性状是由蛋白质决定的，上面的研究结果意味着人体内的基因数量和蛋白质数量并不是一一对应的。事实上选择性剪接就是一个很好的例证。生物体很多时候可以对其产生的蛋白质进行调控。无论是细菌还是真核生物，都是通过调控基因的表达来应对环境条件的变化或维持不同的细胞类型的。此外，我们还将讨论前面章节中涉及的环境如何影响性状的分子机理，从而引出表观遗传的概念。通过这些机理和概念的介绍，希望大家对生物体的遗传多样性有一个更全面的认识。

9.1 基因表达调控的基本概念

基因表达调控（Gene Expression Regulation）就是细胞有选择性地产生某种蛋白质。在介绍具体机理之前，我们首先介绍一些相关的基本概念。

9.1.1 基因表达过程中每步均可调控

基因表达过程中从基因到其产物的每一步都受到调控，但最主要的调控发生在转录的起始。这主要有两个原因：①调控发生在转录起始阶段是最节能的，在第一步决定一个基因是否能够被表达，无疑确保了不浪费更多的能量和资源；②调控发生在起始阶段更容易实现。在一个单倍体基因组中，每个基因只有一个拷贝，所以通常一个 DNA 分子上只调节一个启动子来控制一个给定基因的表达。相反，如果在翻译阶段调节该基因表达，则需要调控多个 mRNA 分子。

那为什么不是所有的调控都集中在转录起始阶段呢？在转录后面阶段进行调控具有两个优势：①这种机制允许有更多的调控信号输入。如果一个基因在表达过程中的许多步骤可以被调控，意味着更多的输入信号可以对其进行调控，或者同一个信号可以进行更有效地调控；②在转录后进行调控可以减少响应时间，比如在翻译阶段进行调控，如果一个信号解除了对这一步骤的抑制，基因编码的蛋白质则在收到该信号后立即产生。

9.1.2 顺式和反式

顺式和反式是基因表达调控中常用的概念。定义基因的一个关键是它所有部分必须存在于一个连续的 DNA 链上。在遗传学术语中，位于同一 DNA 上的位点被称为顺式（*cis*），位于两个不同 DNA 分子上的位点被称为反式（*trans*）。因此，对于二倍体生物来说，一个特定基因有两个突变，可能是顺式（在同一 DNA 上）或反式（在不同的 DNA 上）。在本小节中，我们将顺式和反式的区别从定义基因的编码区域扩展到描述基因及其调控元件之间的相互作用。

假设一个基因的表达是由一种蛋白质控制的，这种蛋白质与编码区附近的 DNA 结合。在图 9.2 所示的例子中，只有当蛋白质与 DNA 结合时，才能合成 mRNA。现在假设与这种蛋白质结合的 DNA 序列发生了突变，因此蛋白质不能再识别 DNA，使其不能再被表达。所以导致基因失活有两种方式：调控位点的突变或编码区域的突变，如图 9.2 所示，调控位点和编码区域产生的突变都会影响这个基因产物。这两种突变不能从遗传上区分开来，因为它们都只作用于它们所在的单个等位基因的 DNA 序列上。

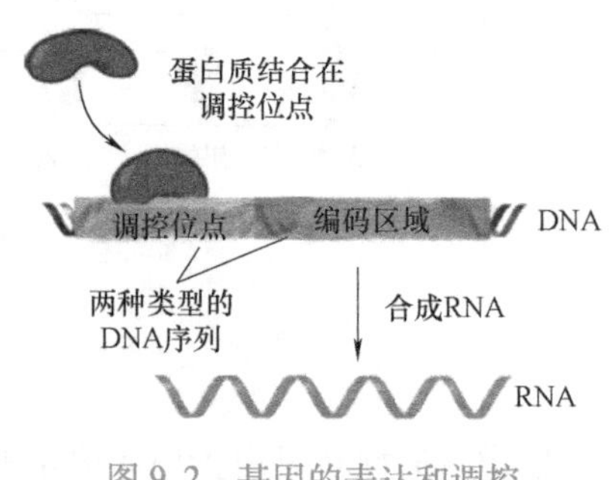

图 9.2 基因的表达和调控

图 9.3 显示，调控位点的突变只影响其所连接的编码区域，但是这并不影响其他等位基因的表达。这种突变只影响其邻近的 DNA 序列的性质，称为顺式作用序列（*cis*-acting sequence）。值得注意的是，在许多真核生物中，控制区域可以在一定距离内影响 DNA 的表

达，但是控制区域与编码序列必须位于相同的 DNA 分子中。我们可以将图 9.3 中顺式作用的突变与调节蛋白编码基因的突变结果进行对比。如图 9.3 显示，如果没有调控蛋白，这两个等位基因就无法表达。这种突变被称为**反式作用序列**（trans-acting sequence）。反过来说，如果一个突变是反式的，我们知道它的影响必须通过一些扩散产物（蛋白质或 RNA）来施加，作用于细胞内的多个目标。如果一个突变是顺式的，那么它必须通过直接影响相邻 DNA 的性质来发挥作用，这意味着它不是以 RNA 或蛋白质的形式表达的。调控位点的 DNA 突变只影响邻近 DNA，而调控蛋白失活会影响和其结合的所有 DNA。

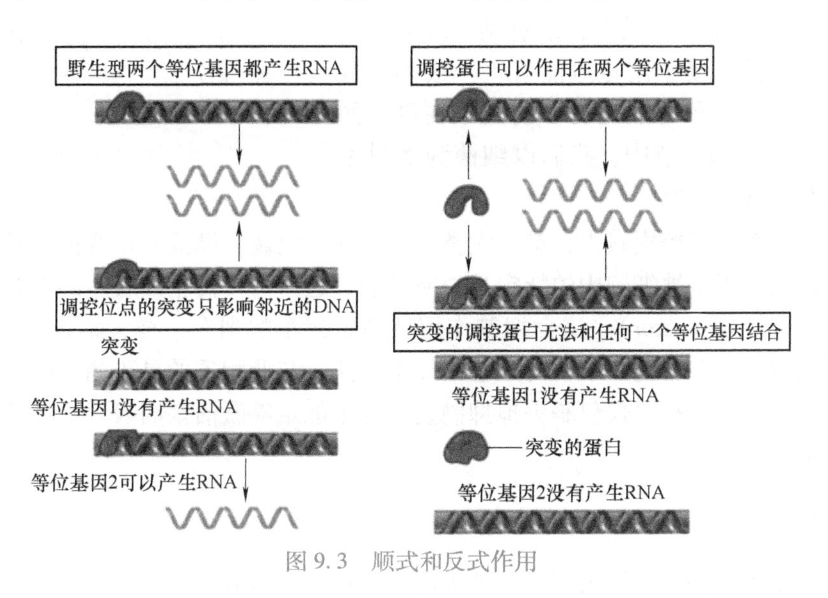

图 9.3　顺式和反式作用

9.2　原核生物的基因表达调控

能高效利用资源和能量的细菌是具有选择优势的。在演化过程中，自然选择会倾向于保留那些适应环境好的细菌。比如说，生活在人体结肠内的大肠杆菌 *E. coli* 的生活环境是不稳定的。因为它们的营养来源依赖于宿主的饮食。当环境中缺乏细菌生存所需的色氨酸时，细胞为了应对这一情况，会激活色氨酸代谢通路，从其他物质中合成色氨酸。如果后来人类宿主吃了含有不少色氨酸的食物后，细菌细胞就会停止自己产生色氨酸，以避免不必要的浪费，用以产生适应周围环境的物质。

9.2.1　正调控和负调控

为了区分调控回路的组成部分和它们所调控的基因，我们有时会使用结构基因和调控基因这两个术语。**结构基因**（Structural Gene）就是编码蛋白质（或 RNA）产物的任何基因。结构基因编码具有各种各样的结构和功能的蛋白质，包括具有催化活性的结构蛋白、酶和调控蛋白。结构基因中的一种是**调控基因**（Regulatory Gene），它描述一种编码蛋白质或 RNA 的基因，参与调控其他基因的表达（见图 9.4）。

调控模型的最简单形式如图 9.4 所示，一个调控基因编码一种蛋白质，该蛋白质通过与 DNA 上的特定位点结合来控制转录。这种相互作用可以通过上调的方式（开启基因表达）

或下调的方式（关闭基因表达）来调控目标基因。DNA 上的调控位点通常位于靶基因的上游。

我们前面介绍的转录单元中的启动子和终止子都是顺式作用的元件。启动子负责启动在同一条 DNA 链上与之物理连接的基因的转录。同样的，终止子只能终止其前面基因的转录。启动子和终止子都是顺式作用元件，可以被相同的反式作用物识别，比如 RNA 聚合酶。除了启动子，还有额外的顺式调控位点。一个细菌启动子附近可能有一个或多个这样的位点。真核启动子可能有更多的分布在更远的距离上的位点。在本章节中，我们以细菌为例讨论原核生物的基因表达调控。

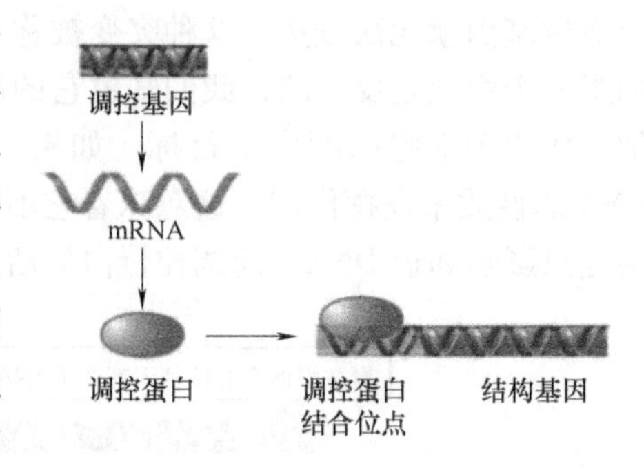

图 9.4　结构基因和调控基因

在原核基因表达调控模式中，有两大类调控方式：负调控模式和正调控模式。负调控模式是指基因的表达可以被细胞中的特定蛋白所抑制，这些蛋白是基因表达的抑制物，这些蛋白被称为**抑制子**（Repressor）。这个抑制作用就像踩汽车的刹车一样，防止特定基因表达。只有在抑制蛋白不存在的情况下，特定基因才会表达。与此相反的是正调控模式，即促进基因表达和蛋白质产生。有时仅仅是去掉抑制蛋白并不能足够激活基因表达，还需要一个**激活子**（Activator）。

9.2.2　操纵子的概念

细菌基因组中的很多基因的表达会被关闭或开启，来适应细胞代谢状态的变化。细菌中一个非常基本的基因调控机制就是**操纵子模式**（Operon Model）。

1. 乳糖代谢

当把细菌培养在同时放有葡萄糖和乳糖的培养基中时，我们会观察到两段指数增长的曲线（见图 9.5）。第一段指数增长曲线代表葡萄糖被细菌吸收利用，当葡萄糖用尽时（两段指数曲线中间的平缓曲线），细菌开始利用乳糖作为碳源进行代谢。这样的生长曲线叫作**二次生长曲线**（Diauxic Growth Curve）。这个生长曲线有趣的点在于当环境中有葡萄糖时，细菌不会代谢乳糖；只有当葡萄糖耗尽时，细菌才会开始合成和乳糖代谢相关的蛋白质。

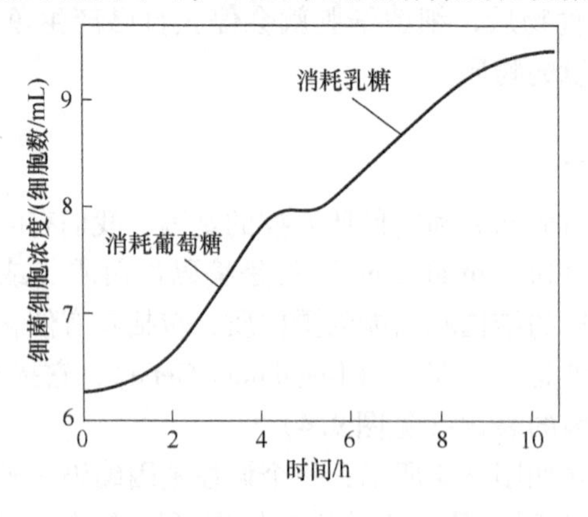

图 9.5　二次生长曲线

乳糖被水解产生葡萄糖和半乳糖，这一反应是被β-半乳糖苷酶（β-galactosidase）催化的。在没有乳糖存在的情况下，*E. coli* 细胞里β-半乳糖苷酶的分子非常少。如果培养环境中加入乳糖，15 分钟内，细胞内的β-半乳糖苷酶的分子数量会增加上千倍。乳糖需要进入细菌细胞被代谢，运输乳糖的酶叫作半乳糖苷转移酶（Galactoside Permease），是一种膜结合蛋白（见图 9.6）。

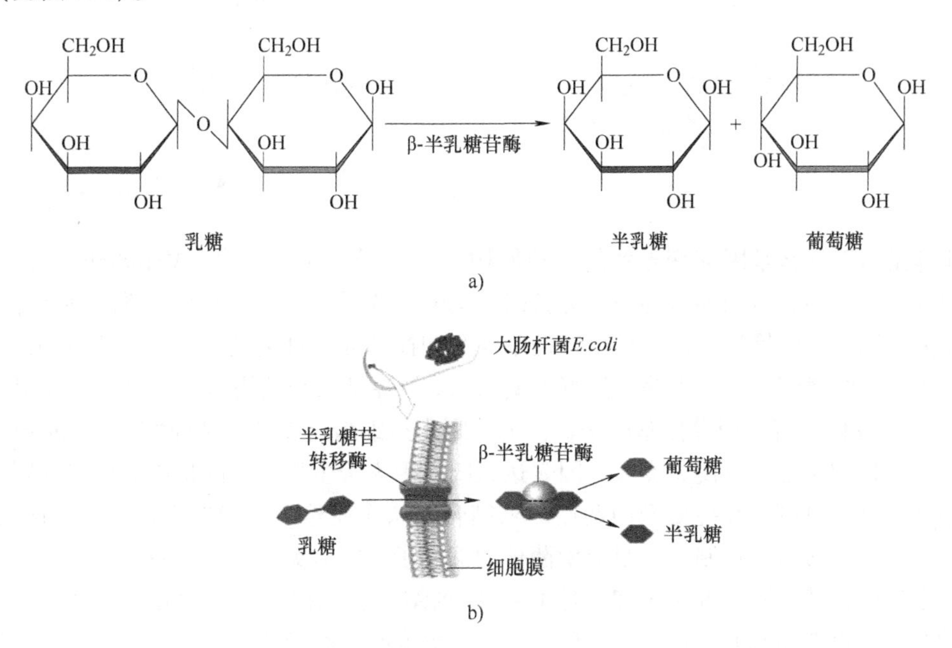

图 9.6　大肠杆菌消耗乳糖过程图示

a）β-半乳糖苷酶负责把乳糖分解为葡萄糖和半乳糖　b）培养环境中加入乳糖后，细菌通过几种酶的作用来消耗乳糖

编码β-半乳糖苷酶的基因叫作 *LacZ*，编码半乳糖苷转移酶的基因叫作 *LacY*。此外还有一个和乳糖利用有关的基因 *LacA*。这三个基因都聚集在细菌的染色体上，并且都是由一个启动子所调控。这三个基因和一个启动子构成了一个大的转录单元（见图 9.7）。因此，这也就意味着转录会产生一条长的 mRNA 分子，这个分子产生 3 条多肽链，分别编码乳糖利用过程中的酶。把一些功能上相关的基因归结在一个转录单元的一大优势就是：一个“on/off”的开关就可以调控整个功能相关的基因表达，也就是协同调控。这个调控开关我们把它叫作操纵序列（Operator）。从图上来看，这个操纵序列和启动子部分重叠，因此调控 RNA 聚合酶和启动子的结合以及相互作用。这几个功能相关的基因（*LacZ*，*LacY*，*LacA*），加上启动子以及操纵序列，就构成了操纵子（Operon）。

调控基因 *LacI*，在操纵子外面，编码了一个异构调控蛋白，这个蛋白可以通过和操纵子序列结合而关掉乳糖操纵子，因此也被称为乳糖抑制子。乳糖抑制子本身是有活性的（见图 9.7）。

2. 乳糖操纵子的发现

乳糖操纵子是由两位科学家雅各布（F. Jacob）和莫诺（J. Monod）通过一系列遗传学和生物化学的方法发现的。他们分离出很多乳糖代谢的突变体，这些突变体要么阻止细胞利用乳糖，或者在需要或不需要的情况下都允许细胞合成代谢乳糖的酶。为了更好地区分这些

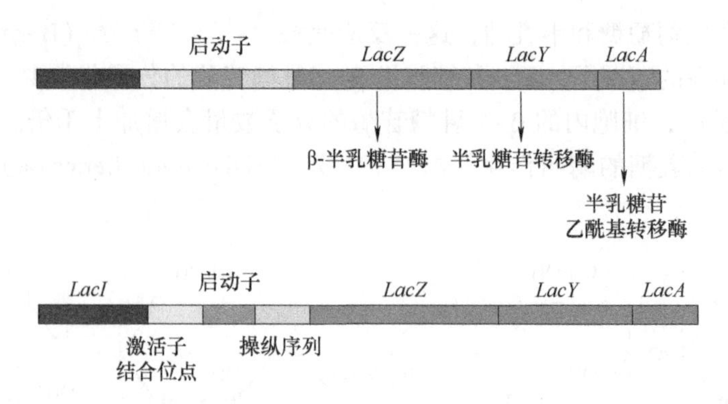

图 9.7 乳糖操纵子

突变体都是由于什么基因突变导致的，他们构建了一个局部二倍体（Merodiploid），即在细菌细胞内有野生型和后来导入的 *Lac* 功能相关基因。这样，在一个细菌细胞内就有各种 *Lac* 功能相关基因的两份拷贝，可以产生结构基因和调控基因的野生型和突变型的各种组合。如图 9.8 所示，细菌细胞中一个拷贝是野生型的 *Lac* 调控基因和结构基因，另一个拷贝中有一个 *LacI* 的突变体。野生型等位基因是显性的，野生型细胞可以产生某种物质让 *Lac* 基因的表达关闭。这种物质也可以使突变型基因表达关闭，因为野生型产生的物质既可以和野生型的调控序列结合，也可以和突变型的调控序列结合，从而使整个细胞的 *Lac* 基因表达被抑制。这种物质后来被命名为抑制子。组成型菌株的抑制子基因有突变，即 $LacI^-$。

科学家们继续推测，抑制子和某种 DNA 序列结合。这种结合是特异的，基因突变会影响这种结合。例如图 9.8 所示，当这种序列发生突变时，突变型的调控序列无法和抑制子结合，从而不断产生 *Lac* 基因产物。而这种突变不会影响野生型的调控序列，因此野生型的 *Lac* 基因被抑制。结合前面顺式和反式作用的例子，我们知道第一种突变发生在编码抑制子的基因，其产物可以通过扩散作用到野生型和突变型的调控序列。而第二种突变的产生发生在调控序列，只能作用在同属一个 DNA 分子上，而无法作用于野生型调控序列。经过遗传学的研究，科学家们鉴定出抑制子和其结合序列——操纵序列。

9.2.3 操纵子的负调控模式

1. 诱导型操纵子

我们已经知道 *Lac* 基因整个转录单元都是在一个操纵序列和一个启动子的控制下。调控基因 *LacI*，编码了一个抑制子。这种情况下，小分子诱导子（Inducer）使得抑制子失活（见 MOOC 视频 7.5）。

对于乳糖操纵子来说，诱导子是乳糖合成的乳糖异构体，叫作异乳糖，并且可以进入细胞。在没有乳糖的情况下，乳糖抑制子处于它的活性构型，乳糖操纵子内的基因都不被表达。如果周围环境中出现了乳糖，异乳糖和乳糖抑制子结合并改变其构型，使抑制子失去和操纵序列结合的能力。没有抑制子的结合，乳糖操纵子开始转录乳糖代谢相关的酶。

2. 抑制型操纵子

色氨酸操纵子是 *E. coli* 基因组中众多操纵子的一个。在一般情况下，这个操纵子是开着

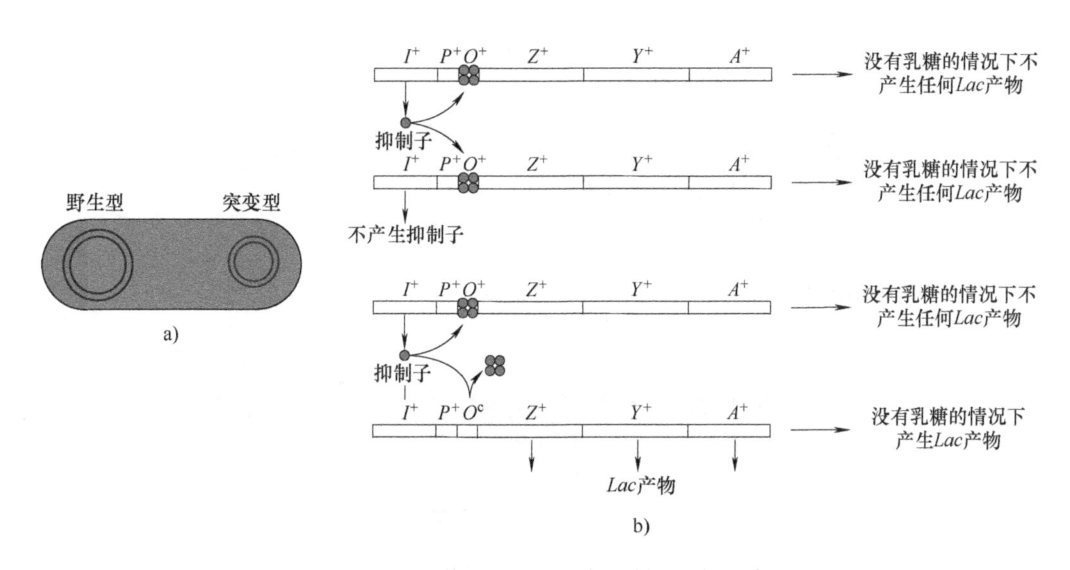

图 9.8　通过遗传学的方法研究抑制子和操纵序列

a）局部二倍体　b）通过产生不同的 *LacI* 突变体和结合序列突变体来确定抑制子和操纵序列

的，也就是说，RNA 聚合酶可以和启动子结合并且开始转录操纵子内部的基因。这个操纵子可以被一个叫作**色氨酸抑制子**（*trp* Repressor）的蛋白所抑制。抑制子和操纵序列结合，阻止了 RNA 聚合酶和启动子结合，因此阻碍基因的转录。每个抑制子对于特定的操纵子来说都是特异的。色氨酸抑制子位于距离色氨酸操纵子一定距离的地方，并有自己的启动子。

为什么色氨酸操纵子没有永久关闭呢？首先，抑制子与操纵序列的结合是可逆的。操纵序列在两种状态之间交替：一种是抑制子结合的状态，另一种是抑制子不结合的状态。当有更活跃的抑制分子存在时，抑制子结合状态的相对持续时间增加。其次，色氨酸抑制子，像大多数调控蛋白一样，是一种变构蛋白，有两种形态可供选择：一种是活性的，另一种是无活性的。色氨酸抑制子以非活性形式合成，与色氨酸操纵序列没有亲和力。只有当色氨酸分子在变构位点与色氨酸抑制子结合时，抑制子蛋白才会改变形状成为活性形式，附着在操纵序列上，从而关闭操纵子（见图 9.9）。

色氨酸在这个系统中作为辅助抑制因子发挥作用：它与抑制因子蛋白协同作用，关闭操纵子。随着色氨酸的积累，更多的色氨酸分子与色氨酸抑制子结合，这些抑制子与色氨酸操纵序列结合，从而停止色氨酸合成途径相应的酶的产生。如果细胞的色氨酸水平下降，操纵子基因的转录就会恢复。色氨酸操纵子是基因表达调控对细胞内外环境的变化做出应答的一个例子。

9.2.4　操纵子的正调控模式

当环境中同时存在葡萄糖和乳糖时，大肠杆菌会优先利用葡萄糖。糖酵解过程中葡萄糖分解的酶持续存在。只有当乳糖存在且葡萄糖短缺时，大肠杆菌才会将乳糖作为一种能量来源，也只有在那时，它才会合成相当数量的酶来分解乳糖。

大肠杆菌细胞是如何感知葡萄糖浓度并将信息传递给乳糖操纵子的呢？其机制依赖于变

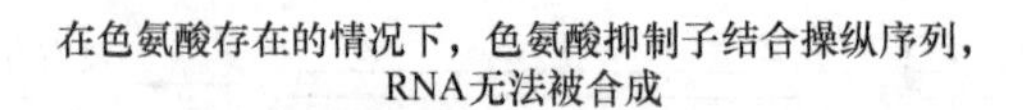

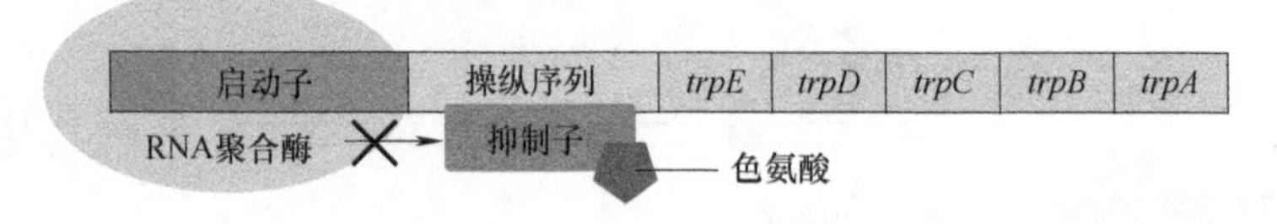

在没有色氨酸的情况下，色氨酸抑制子从操纵序列
解离下来，RNA开始被合成

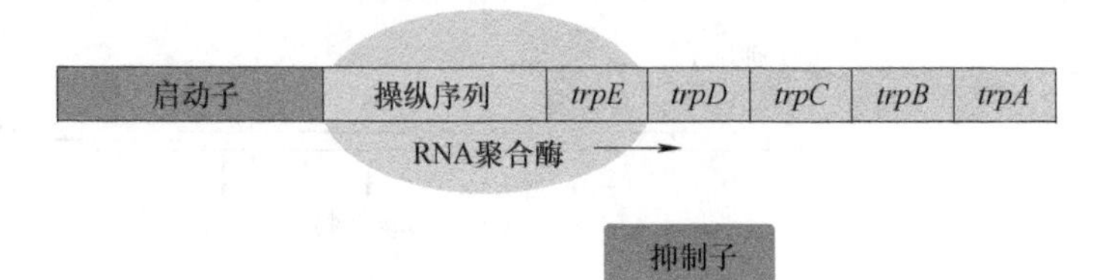

图 9.9　色氨酸操纵子

构调控蛋白与小的有机分子的相互作用，这种小的有机分子是 cAMP，cAMP 在葡萄糖缺乏时积累。这种变构调控蛋白被称为分解代谢物激活蛋白（CAP），它与 DNA 结合并刺激基因转录。当 cAMP 与 CAP 结合时，CAP 呈活性状态，并能附着在 *Lac* 启动子上游端的一个特定位点。这种结合提升了 RNA 聚合酶对启动子的亲和力，因而促进转录（见图 9.10）。因此，这一机制被称为正调控（见 MOOC 视频 7.5）。

如果细胞中葡萄糖的含量增加，cAMP 的浓度就会下降，如果没有 cAMP，CAP 就会脱离操纵子。由于 CAP 是无活性的，RNA 聚合酶与启动子的结合效率较低，即使在乳糖存在的情况下，乳糖操纵子的转录也只能在较低水平进行。因此，乳糖操纵子处于双重控制之下：负调控由乳糖抑制子控制，正调控由 CAP 控制。乳糖抑制子的状态（是否结合异乳糖）决定了乳糖操纵子基因的转录是否发生。如果操纵子是非抑制的，CAP 的状态（有无结合 cAMP）控制着转录速率。

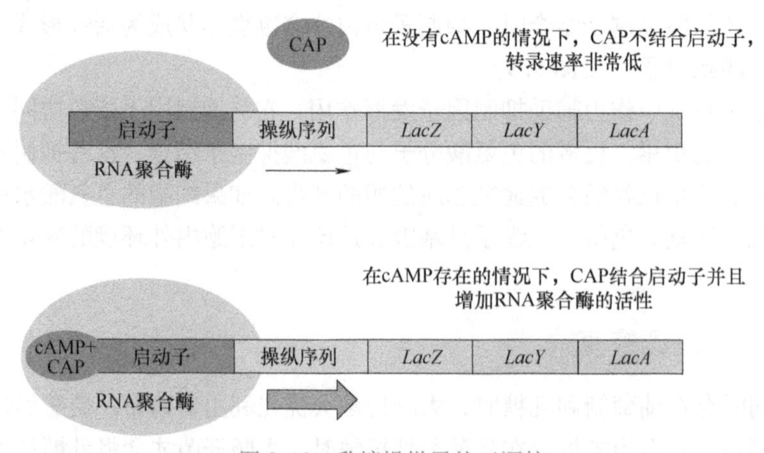

图 9.10　乳糖操纵子的正调控

9.3 真核生物的基因表达调控

基因表达的调控对于多细胞生物的细胞特异性至关重要，因为这是维持细胞类型多样的重要基础。为了保证每种细胞的特有的功能，每种细胞必须要维持一定的基因表达模式：某些基因被表达，某些基因不被表达。

9.3.1 差异性的基因表达

在一个多细胞生物体内，几乎所有细胞的基因组都是一样的。然而，每种细胞的基因表达模式是独一无二的，这样细胞才能行使其特有的功能。所以细胞之间的差异不是因为所含有的基因不同，而是因为差异性的基因表达（Differential Gene Expression），即含有相同的基因组的细胞表达不同的基因。

任何细胞的功能，都是由这个细胞内基因的表达的情况所决定的。一个细胞内的转录因子必须在正确的时间准确地结合在特定的基因序列。图 9.11 中总结了一个真核细胞内基因表达的过程。这个过程中的每一步都是潜在的调控基因表达的位点，即开启或关闭、加速或减速基因的表达。基因的表达可以被调控，也间接说明了克里克的中心法则中关于 DNA 的说法并不准确：DNA 序列不是基因表达的起始，或者 DNA 决定一切，DNA 是受其他因素调控的。

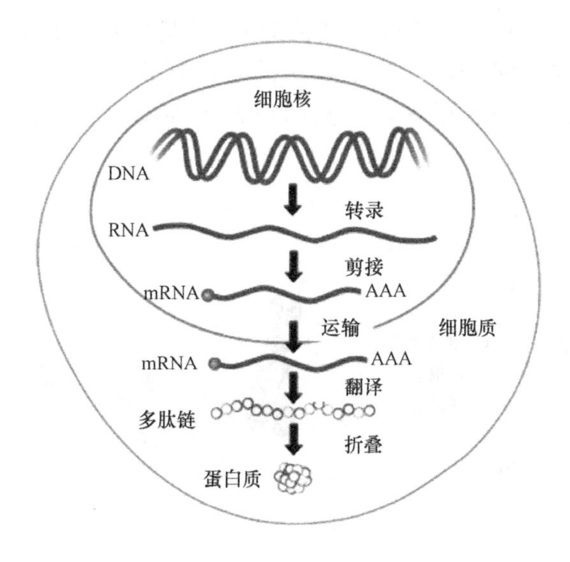

图 9.11　基因表达的过程（扫封面二维码查看彩图）

9.3.2 染色质结构的调控

真核细胞内的 DNA 都是和一些蛋白质组装成染色质，基本单位是核小体。这种染色质的结构对于基因表达的调控有着重要作用：①一个基因的启动子的位置，和它在核小体的相对位置，都会影响一个基因是否表达；②紧密压缩的染色质，如异染色质中的基因，因为高度密集，所以通常不表达；③组蛋白和染色质 DNA 的化学修饰都会影响染色质的结构和基因表达。

如图 9.12 所示，染色质结构的改变是否影响基因的表达就在于基因中的关键序列是否能和转录因子结合。图中红色的部分代表某一个蛋白质编码基因，当这一部分在染色质结构中被覆盖时，那么转录因子就无法有效地结合调控元件，因此也就无法进行转录。如果这一部分没有被覆盖，则基因被表达的机会就大大增加。

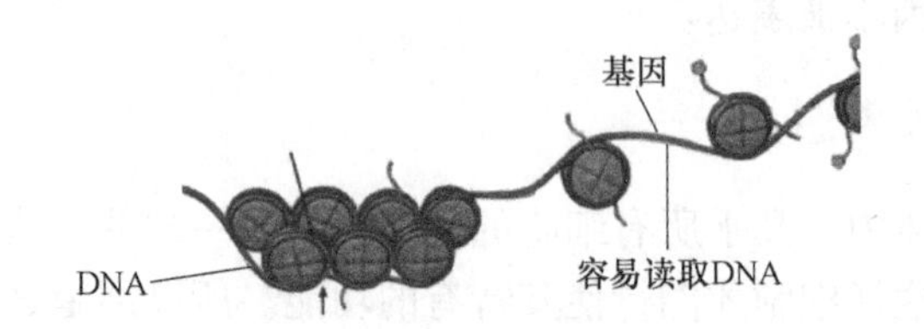

图 9.12　基因是否表达受染色质结构影响图示（扫封面二维码查看彩图）

大量证据表明，组蛋白（DNA 包裹在核小体内的蛋白质）的化学修饰在基因转录调控中起着直接作用。一个核小体中每个组蛋白分子的 N 端向外突出。这些组蛋白的尾巴可以接触到各种修饰酶，这些修饰酶催化特定化学基团的添加或去除，比如乙酰基（—COCH）、甲基和磷酸基。通常，组蛋白乙酰化通过松开染色质结构来促进转录，而甲基基团的加入会导致染色质紧缩，转录减少（见图 9.12）。

有些酶会使组蛋白的尾部甲基化，另一些酶可以使 DNA 本身的某些碱基甲基化，这些碱基通常是胞嘧啶（见图 9.13）。这种 DNA 甲基化发生在大多数植物、动物和真菌中。在更小的范围内，细胞内一些不表达的基因通常是高度甲基化的。去除多余的甲基可以激活这些基因。一旦甲基化，基因通常会在特定个体的连续细胞分裂中保持这种状态。

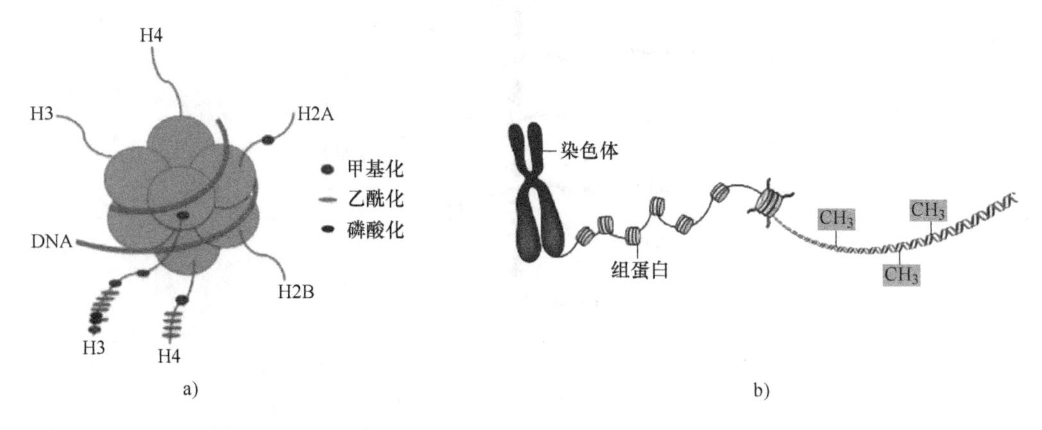

图 9.13　DNA 甲基化和组蛋白修饰（扫封面二维码查看彩图）
a）组蛋白的化学修饰　b）DNA 本身的甲基化

9.3.3　转录起始的调控

我们前面所说的染色质结构的改变为调控基因表达提供了一个很重要的先决条件：使得一段 DNA 区域变得更容易接近还是不容易接近转录相关的分子。一旦染色质上的基因变得容易接近，下一步基因表达的调控就是转录起始调控了。在细菌和在真核生物中，转录起始调控都包括蛋白质和相应的 DNA 区域结合，然后导致 RNA 聚合酶是否结合。在这里，我们主要介绍真核生物的基因表达调控。

1. 真核基因的组织

如图 9.14 所示，一个真核基因的组成和它的调控部分比较复杂。转录起始复合体在基因上游的启动子序列募集。复合体中的一种蛋白，RNA 聚合酶 Ⅱ，负责转录基因，合成前体 mRNA。绝大多数真核基因都会有一部分非编码 DNA 序列，叫作**调控元件**（Control Element），负责结合叫作**转录因子**（Transcription Factor）的蛋白。而这些转录因子会调控转录。所以，调控元件和转录因子对于精准的基因表达调控至关重要。

2. 转录因子的作用

为了使转录开始，RNA 聚合酶需要转录因子的帮助。有些转录因子对于所有的蛋白质编码基因都非常重要，这类转录因子也被称作基本转录因子。一些转录因子与 DNA 序列结合，如启动子内的 TATA box，但大多数与蛋白质结合，包括其他转录因子和 RNA 聚合酶 Ⅱ。蛋白质与蛋白质的相互作用是真核转录起始的关键。只有当完整的起始复合物组装好后，聚合酶才能开始沿着 DNA 模板链移动，产生互补的 RNA 链。

如图 9.14 所示，一些控制元件位于启动子附近，称为近端控制元件。距离启动子更远的被称为远端控制元件，其中部分序列被称为**增强子**（Enhancer）。一个给定的基因可能有多个增强子，每个增强子在生物体中不同时间、不同位置或不同的细胞类型活跃。然而，每一个增强子通常只与该基因相关，而与其他基因无关。在真核生物中，特定的转录因子（比如激活子或抑制子）与增强子的控制元件结合，可以显著提高或降低基因的表达。图 9.14显示了激活子通过与远离启动子的增强子结合来影响转录的模型。蛋白质介导的 DNA 弯曲使结合 DNA 的激活子与一组中介蛋白接触，而中介蛋白反过来又与启动子上的蛋白质相互作用。这些蛋白质间的相互作用有助于启动子上转录起始复合体的组装和定位。

除了直接影响转录外，一些激活子和抑制子通过影响染色质间接发挥作用。酵母和哺乳动物细胞的研究表明，一些激活子能够促使特定基因启动子附近的组蛋白发生乙酰基化，从而促进转录。类似地，一些抑制子帮助从组蛋白中去除乙酰基，导致转录减少，这种现象被称为**沉默**（Silencing）。

9.3.4　非编码 RNA 在基因表达调控中的作用

人类基因组计划发现，在人类基因组中，蛋白质编码的 DNA 仅占整个基因组的 1.5%。而且，很多真核生物的基因组都是如此。很长一段时间以来，科学家们都认为不编码蛋白质的 DNA 没有实际意义。然而，越来越多的证据显示出：任何一个细胞内，大约有 75%的基因组在任一时间点都在转录中。内含子在这些转录中只占据一小部分。这些结果说明了相当一部分的基因组被转录成了非蛋白质编码的 RNA，即**非编码 RNA**（Noncoding RNA），包括了各种各样的 RNA。

生物学家们发现：大量的 RNA 分子在调控基因表达中起着非常重要的作用。一类小分子量 RNA 叫作**小干扰 RNA**（Small Interfering RNA，siRNA）。小干扰 RNA 是从一个更长的 RNA 前体而来，这个 RNA 前体经过一种细胞内的酶剪切后形成了小干扰 RNA。小干扰 RNA 可以和一种或一种以上的蛋白质结合形成复合体。这个复合体和任何互补的 mRNA 结合，

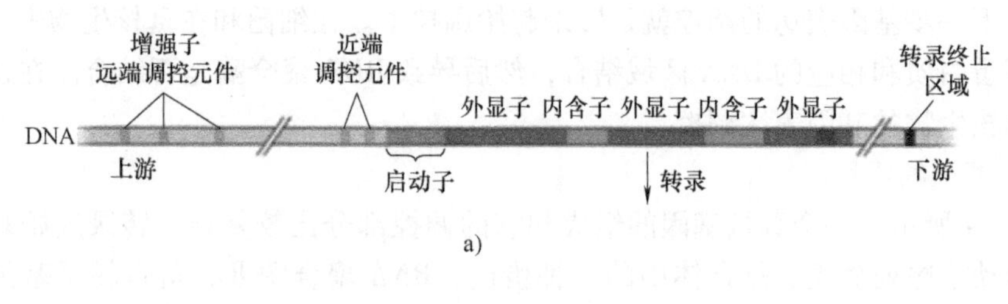

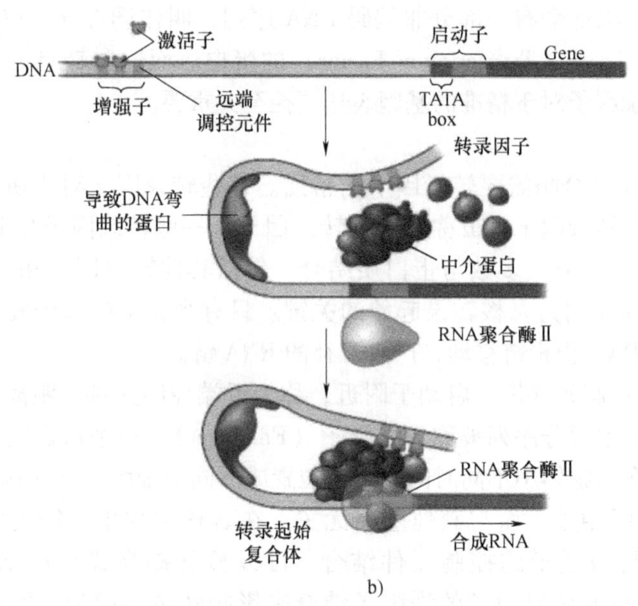

图 9.14　转录起始的调控（扫封面二维码查看彩图）

a）真核基因的转录元件　b）远端转录元件如何调控基因转录

然后降解互补的 mRNA。如果把小干扰 RNA 的前体 RNA 注射进入一个细胞，细胞内的机制会进一步把它转化为小干扰 RNA。这个小干扰 RNA 会和对应的目标 mRNA 结合，从而关闭基因的表达。这种通过小干扰 RNA 来阻断基因表达的现象叫作 **RNA 干扰**（RNAi），现已被广泛应用在实验室影响基因表达中。

另外，非编码 RNA 负责 X 染色体失活，在大多数雌性哺乳动物中，这种机制抑制位于其中一条 X 染色体上的基因的表达（见 MOOC 视频 7.6）。

9.4　表观遗传的概念

我们前面介绍了基因的组成和基因表达调控，知道基因的表达是受到一系列调控元件所调控的。这就涉及环境可能影响基因表达，也就是环境如何影响遗传的分子机制。环境在有的时候指的是细胞内的环境，有的时候指的是细胞外环境，而有的时候指的是生物体外界的信号。

9.4.1　表观遗传概念的提出

我们讨论了基因的表达和基因表达的调控，知道了一个生物体不同细胞虽然有相同的基因组，但是可以产生不同的蛋白质。下面我们再回到本章开始说到的同卵双生双胞胎的例子。双胞胎之间的基因组是相同的，而二者之间的差异显著。我们知道是产生不同的蛋白质的结果，也是基因差异性表达的结果。另外值得关注的是，在这项研究中，随着年龄的增长，双胞胎之间的蛋白质差异会变得越大。这些数据显示：在双胞胎年龄增长的过程中，基因的差异表达和环境紧密相关。这就引出了表观遗传的第一层含义：环境在不影响 DNA 序列的情况下改变生物体的特征。我们来看实验室培养干细胞的实验（见图 9.15）。干细胞是一类具有分化能力的细胞，在不同化学信号的诱导下，可以分化成不同类型的细胞。这些细胞形态功能不同，但是基因组却相同。不同细胞的功能形态差异由不同蛋白质体现出来，也就是基因表达的不同（见 MOOC 视频 7.7）。

表观遗传中有“遗传”二字，则意味着环境因素影响亲代到子代的传递规律。2014 年的一篇研究论文发现，雌鼠在杀虫剂的环境下生长，容易患一些免疫系统的疾病，而这些疾病会传递到其后代，甚至到第四代中。从基因研究发现，这种遗传并不是与基因相关的，而是通过环境的影响而遗传给后代的。表观遗传的第二层含义就是环境对生物体的影响可以遗传。所以表观遗传（Epigenetics）就是环境对生物体产生了可遗传的影响，而这种影响不改变 DNA 的序列。传统的孟德尔遗传学的分子机制是以中心法则为准：DNA 决定蛋白质的产生，是一门关于基因的学科，叫作**遗传学**（Genetics）。表观遗传讨论的是环境信号对从 DNA 到蛋白质的过程产生的影响，这种影响不改变 DNA 的序列，因此叫作**表观遗传学**，即在 DNA 序列之外的改变（见图 9.16）。

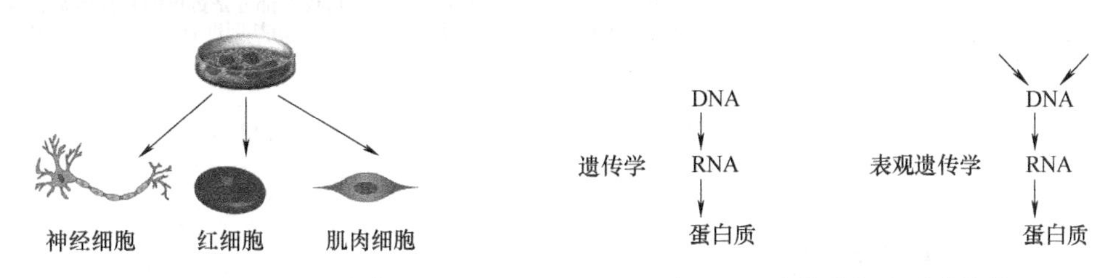

图 9.15　实验室干细胞培养

图 9.16　遗传学与表观遗传学

9.4.2　表观遗传的机制

我们现在已知可以通过几种不改变 DNA 序列的化学修饰“打开”或“关闭”基因的表达：DNA 甲基化和组蛋白修饰。广义上的表观遗传修饰是由环境引起的：细胞不断地接收各种信号，让它了解自己所处的环境，以便在发育过程中进行分化，或根据情况调整自己的活动。这些信号，比如饮食、吸烟、压力等，导致我们基因表达发生变化，但是不影响它们的序列。这种现象可能是短暂的，但也有永久性的表观遗传变化，与不可逆的基因突变不同，表观遗传的修饰可以改变。一个简单的环境变化可以改变我们出生时遗传基因的表达方式，从而改变我们的表型。本小节中我们主要从两方面讨论表观遗传的机制：①环境信号如何影响生物体的特征；②环境信号的影响是如何遗传的。

1. 环境信号如何影响生物体的特征

在 20 世纪末，科学家们在一种小鼠身上建立了环境和表型的关系。对于这种小鼠而言，有许多基因影响其毛发的颜色，其中一个基因叫作 *Agouti*，这个基因的一个版本叫作

Avy。如果 *Avy* 没有甲基化或甲基化程度很低，这个基因将在所有细胞中表达，小鼠呈现黄色（见图 9.17a），而且这些小鼠容易患有肥胖、糖尿病和癌症。但是当 *Avy* 过度甲基化时，则不表达，老鼠是棕色的，并且没有健康问题。图中的两只小鼠有着完全相同的基因，但是由于甲基化程度不同，从而影响基因活性水平，甚至 *Avy* 基因的活性因细胞的不同而不同。由于在子宫中形成的表观遗传差异，基因相同的一窝老鼠毛发颜色也有可能不同。

此外，不管毛色如何，*Agouti* 小鼠突出了饮食对甲基化的影响。研究人员给这些携带 *Agouti* 基因的小鼠喂食 B 族维生素，这些小鼠的后代不容易患病并且毛发呈现棕色。它们虽然还携带 *Agouti* 基因，但是基因不再表达。而那些没有服用 B 族维生素的小鼠，其后代仍然生病（见图 9.17b）。

a)

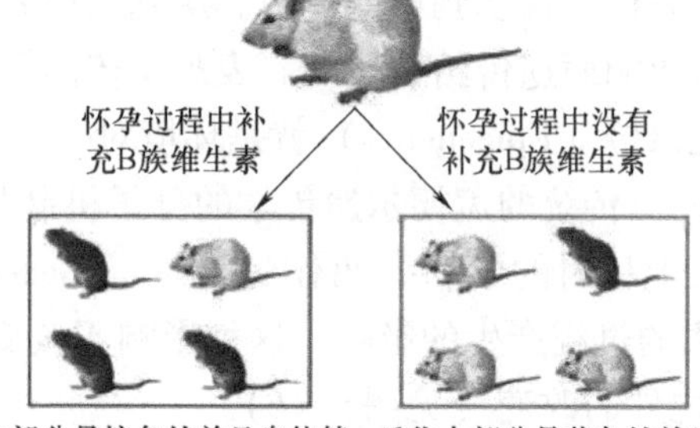

b)

图 9.17　环境因素影响甲基化（扫封面二维码查看彩图）

a）*Agouti* 基因对小鼠毛发颜色和健康的影响　b）怀孕小鼠饮食干预结果图示

2. 环境信号的影响如何遗传

我们以 DNA 甲基化为例，说明这种化学修饰是如何传递给后代的。如图 9.18 所示，甲基化的遗传伴随 DNA 的复制进行。进行第一轮复制时，DNA 分子分别以母链为模板合成新链，新链没有被甲基化，因为 DNA 聚合酶不催化这个反应。生物体中有一种酶叫作半甲基化酶，识别半甲基化的 DNA（DNA 仅在一条链上甲基化，在这里是亲本链），并甲基化新合成的 DNA 链，因而最后两条链均有甲基基团。因此，甲基化模式被传递下去，保存着胚胎发育过程中发生的化学记录。

9.4.3　表观遗传的应用

表观遗传虽然是一个新的概念，但是近些年的研究发展非常迅速。其中一个重要的原因就是在癌症治疗和预防中的应用。我们前面学过：癌细胞是从正常细胞经过恶性转化而来的。目前我们所熟悉的治疗癌症的方法，比如手术切除、放疗和化疗，都集中在消灭癌细胞的层面，而对于抑制恶性转化方面的治疗却非常少。而抑制这一过程则是非常关键的，特别是针对癌症早期的治疗。因此更有效的治疗癌症的思路应该是如何抑制或干预这一恶性转化过程。从细胞和分子的角度来讲就是如何改变癌细胞内相应蛋白质，即改变特定癌症相关基因的表达。根据一篇 2008 年研究论文发现，癌症病人癌细胞内的

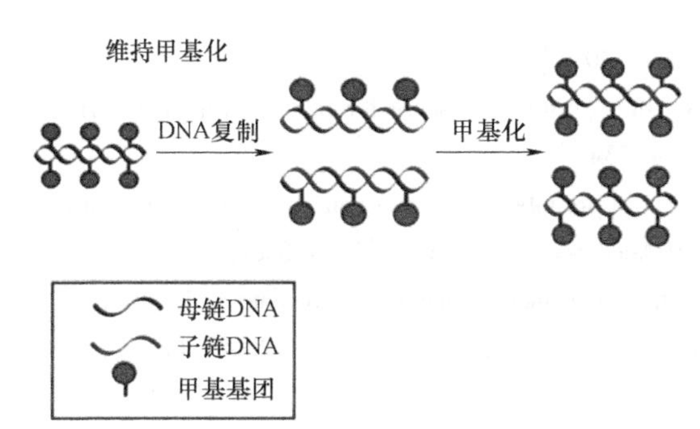

图 9.18　甲基化的 DNA 随着 DNA 复制和半甲基化酶的作用维持 DNA 链的甲基化
（扫封面二维码查看彩图）

肿瘤抑制基因呈现过甲基化的状态，因此不表达，也导致了癌细胞分裂的失控。那么如何让这种基因去甲基化则是治疗的一个新方向（见图 9.19）。另外，根据一项研究发现，对前列腺癌早期病人采取一定的干预措施，会导致肿瘤相关基因的表达的改变。这些干预措施并不是借助于杀死细胞的药物，而是通过改善生活习惯来改变细胞内的蛋白质。研究发现，经过一个干预疗程（90 天），和癌症相关的 200 多个基因的表达发生了变化，有力地证明了环境因素对生物体特征的影响。

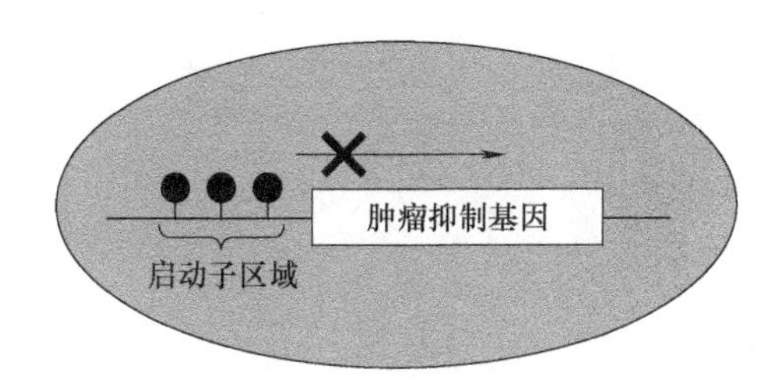

图 9.19　癌症病人的细胞中肿瘤抑制基因的启动子区域被过甲基化，
因此基因表达被抑制，无法有效阻止细胞分裂

参考文献

[1] International Human Genome Sequencing Consortium. Initial sequencing and analysis of the human genome [J]. Nature, 2001, 409: 860-921, 2001.

[2] FRAGA M F, et al. Epigenetic differences arise during the lifetime of monozygotic twins [J]. Proc Natl Acad Sci, 2005, 102 (30): 10604.

[3] WATSON J, et al. Molecular Biology of the Gene [M]. New York: Pearson, 2013.

[4] WEAVER R. Molecular Biology [M]. 5th ed. New York: McGraw Hill, 2011.

[5] REECE J B, et al. Campbell Biology [M]. 10th ed. New York: Pearson, 2013.

[6] LEWIN B, et al. Lewin's Genes X [M]. New York: Jones & Bartlett Learning, 2011.

[7] MANIKKAM M, et al. Pesticide Methoxychlor Promotes the Epigenetic Transgenerational Inheritance of Adult-Onset Disease through the Female Germline [M]. New York: PLos One, 2014.

[8] PAINTER R C, et al. Prenatal exposure to the Dutch famine and disease in later life: an overview [J]. Re-

productive Toxicology, 2005, 20 (3).

[9] GARCIA-MANERO G, et al. A prognostic score for patients with lower risk myelodysplastic syndrome [J]. Leukemia, 2008, 22 (3): 538.

[10] ORNISH D, et al. Changes in prostate gene expression in men undergoing an intensive nutrition and lifestyle intervention [J]. Proc Natl Acad Sci, 2008, 105 (24): 8369.

[11] DOLINOY D C, et al. The agouti mouse model: an epigenetic biosensor for nutritional and environmental alterations on the fetal epigenome [J]. Nutrition Reviews, 2008, 66.

第10章

重组 DNA 技术

2018年11月，原南方科技大学副教授贺建奎在第二届国际人类基因组编辑会议召开前一天宣布，一对名为露露和娜娜的基因编辑婴儿于11月在中国健康诞生（见图10.1）。这对双胞胎中的一位的基因经过编辑修改，使得她出生即能天然对艾滋病免疫。这个事件在学术界和社会上引起巨大争议。众多科学家和媒体都抨击了这项技术发明中涉及的伦理问题。贺建奎因实施国家明令禁止的以生殖为目的的人类胚胎基因编辑活动，构成非法行医罪，被判处有期徒刑三年。

基因编辑婴儿中的基因编辑技术是什么？我们为什么要使用这样的技术？为了更好地理解这项技术，在本章的学习中，我们将首先探讨这项以及一系列相关技术的起源——重组 DNA 技术，介绍其原理和应用。我们经常在新闻报道中听到的转基因农作物、基因工程和克隆技术等，均起源于重组 DNA 技术。这项技术不仅能帮助我们在实验室中解决大量的科学问题，比如研究基因的表达和基因功能，而且在工业、农业和制药业等多种产业中起着举足轻重的作用。

图10.1 第二届国际人类基因组编辑会议

10.1 重组 DNA 技术概述

从20世纪后半叶到21世纪，生物学技术领域经历了快速发展。新概念的出现推动了新的技术的发展，而技术的规模扩增又带动了科学家们新的发现。

10.1.1 重组 DNA 技术的由来

这项技术起源于工业生产蛋白质的需要。到了 20 世纪 70 年代，越来越多种蛋白质需要被大批量生产。以胰岛素为例，工业提取胰岛素主要运用生物化学的方法层层分离提取蛋白质，虽然最后得到的蛋白质纯度较高，但产量较低。应用这种方法大规模生产特定蛋白质势必要提升成本。如何在提高产量的同时又节省成本是迫切需要解决的问题。当时的科研人员运用分子生物学知识想出这样一个办法：首先得到编码胰岛素的基因，然后把这个基因导入到活细胞内，借助活细胞的生化机制进行基因复制和表达，因此可以产生大量的胰岛素。这样可以有效地降低成本。

但是科学家们又遇到了新的问题。第一个问题就是单个基因如何分离？编码胰岛素的基因在基因组中，用什么方式将这个基因单独分离出来？蛋白质间氨基酸侧链不同因而化学性质不同，可以依据不同的生物化学性质进行分离。但是基因之间的化学性质没有区别，这就意味无法像分离蛋白质那样分离基因。第二个问题是单个基因如何被导入活细胞？要想实现目的基因被大量地复制和表达成蛋白质，需要把 DNA 导入活细胞中，利用宿主细胞进行基因的复制和表达。然而裸露的 DNA 分子如果直接被导入宿主细胞，马上就会被细胞内的各种酶所降解。如何保证目的基因安全顺利进入宿主细胞并表达是一个迫切需要解决的问题。

这项关于分离并表达基因的技术问题伴随着两个生物学的重大发现而得到了解决。第一个发现是**限制性内切核酸酶**（Restriction Endonuclease）。这种酶是细菌免疫系统中的一种重要的酶，负责降解外源入侵的病毒 DNA。这种酶识别特定的 DNA 序列，并切断双链 DNA（见图 10.2a）。这项发现给科学家们提供了一个新的思路：这种酶既然可以在特定的位置切断 DNA 链，那么对于已知序列的目的基因来说，我们也可以使用相应的限制性内切核酸酶对目的基因的两端进行切割，将其从基因组中切下来，达到了把目的基因从基因组中“分离”出来的目的。第二个重要发现是质粒载体。质粒作为细菌中常见的 DNA 分子，承担着携带部分遗传信息并且帮助细菌适应各种极端生活环境的任务。而且更为重要的是，质粒在细菌的转化中可以在细菌之间被传送，这是具备了合格载体的条件（见图 10.2b）。作为可以把外源 DNA 运输进入宿主细胞的载体，质粒具有以下特点：①是 DNA 分子，可以通过 DNA 连接酶和目的基因进行连接；②可以运输遗传物质；③稳定不容易被降解；④可供筛选。有了这样的运输工具，外源目的基因就能够被导入宿主细胞了。

两位科学家博尔（H. Boyer）和科恩（S. Cohen）在 1976 年成功合成世界首例重组 DNA。他们把一段青蛙的 DNA 从基因组中切除，并且连接到一个质粒上，再转化到大肠杆菌细胞内，从而在大肠杆菌内表达青蛙 DNA。把青蛙 DNA 和细菌 DNA 进行重组的技术的出现，标志着分子生物学的飞速发展。博尔更是成立了 Genentech 生物技术公司，利用重组 DNA 技术生产一系列重组蛋白质。

10.1.2 重组 DNA 技术的原理

重组 DNA 就是在实验室条件下，把两段本来在自然条件下不可能组合在一起的 DNA 分子组合到一起，其目的主要有：①产生大量蛋白质（研究蛋白质结构，工业生产胰岛素）；②改变生物体的特征（基因编辑）；③给生物体添加/减少特征（基因工程）。重组 DNA 技

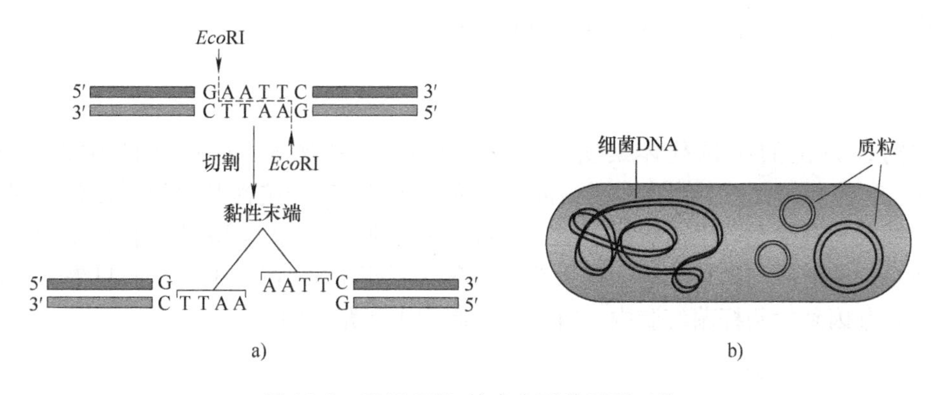

图 10.2　重组 DNA 技术中两种重要工具

a）限制性内切核酸酶　b）细菌细胞中的质粒

术的流程主要分为两大步骤：①在体外产生重组 DNA；②复制及表达重组 DNA（见 MOOC 视频 8.1）。

首先来看产生重组 DNA。产生重组 DNA 需要以下 3 个重要元件：靶基因、载体和酶。靶基因就是我们想要研究的基因，或者是我们希望插入到基因组中的基因。我们以质粒载体为例讨论。质粒载体是双链环状 DNA 分子，载体上有复制起始位点，指导 DNA 复制；有一个多克隆位点，是插入目的基因的地方；还有一个筛选标记（见图 10.3）。确定了目的基因，有了载体，下一步就是如何把目的基因插入载体。这需要两种酶：一种是限制性内切酶，另一种是 DNA 连接酶。首先，我们使用限制性内切酶负责把目的基因切除出来，用同样的酶把载体切开。然后，我们用连接酶把目的基因和载体连接起来，就实现了插入质粒的目的（见 MOOC 视频 8.1）。

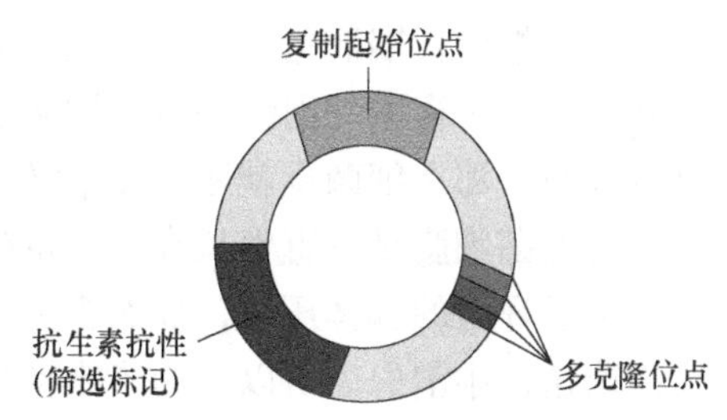

图 10.3　质粒的基本特点

把目的基因连接到载体上后，就准备复制和表达这个基因了。我们首先需要把目的基因导入宿主细胞。宿主细胞必须要满足进行一切生命必需的活动，比如营养代谢、DNA 复制和基因表达。常见的宿主细胞有大肠杆菌、酵母细胞、植物细胞和动物细胞等。这些宿主细胞都有天然障碍细胞膜和细胞壁，那么重组 DNA 如何进入细胞？其中一种方法是使用物理化学的处理方式使得细胞壁的通透性增加，DNA 趁机进入。送入宿主细胞后，重组 DNA 就借助宿主细胞的机制，随着宿主细胞的繁殖而复制出更多的拷贝，这种导入宿主细胞产生更多拷贝的目的基因的过程就是基因克隆，也叫**分子克隆**（Molecular Cloning）。

接下来我们要进行筛选（见 MOOC 视频 8.1）。因为把重组 DNA 送入宿主细胞是一个随机过程，筛选的目的就是把含有重组 DNA 的细胞和不含有重组 DNA 的细胞分开，并且留下我们想要的含有重组 DNA 的细胞。区分的方法就是前面介绍的质粒载体上的筛选标记。常用的筛选标记是抗生素抗性基因。携带抗性基因的宿主细胞对于抗生素有抗性，如果被培养在含有相应抗生素的培养基里，可以生长并大量繁殖。相反，不含有重组 DNA 的宿主细胞不能在其中生长。我们通过这种方法筛选出含有重组 DNA 的宿主细胞，然后可以通过检测基因产物——蛋白质或性状来确认重组 DNA 的结果。

10.1.3 不改变基因组

我们前面讨论的质粒载体是实验室中常用的一种载体：双链环状 DNA 分子（见图 10.3）。它的上面有一个筛选标记：抗生素抗性基因。这个抗性基因的存在是长期演化的结果：即细菌和真菌竞争生活资源，在这个过程中，细菌演化出对抗真菌抗生素的基因。质粒的存在是细菌适应周围环境的一种策略。在很多重组 DNA 技术中，我们只需要使用这种质粒运输靶基因到大肠杆菌细胞内，就可以复制和表达靶基因。

10.1.4 改变基因组

我们前面介绍的导入外源 DNA 主要针对的是细菌和真菌细胞。然而，很多时候在工业生产或者需要把目的基因导入多基因生物体细胞中时，往往不使用这种独立于宿主基因组的质粒载体，而是需要把质粒插入基因组中。

1. 基因组层面优势

质粒是细菌长期演化的产物，帮助细菌适应各种环境。质粒的特点是可以进出细菌细胞，并且独立于宿主基因组进行复制和表达，也就意味着如果细菌的生活环境改变，比如周围没有真菌，那么细菌也就不需要含有抗性基因的质粒了。我们前面的重组 DNA 实验中，筛选出的细菌细胞是一直生长在含有抗生素的条件下的。如果撤掉培养基中的抗生素，细菌生长失去了环境的选择压力，那么含有抗生素质粒的细菌则会在细菌的复制中处于劣势，逐渐在细菌迭代中消失。所以，为了维持质粒的存在，需要把细菌细胞一直培养在含有抗生素的培养基中。

能够做到在降低成本的前提下导入 DNA，我们在很多实验室或者工业生产中都使用图 10.4 中质粒载体，即可以整合到宿主基因组的载体。这种整合进入宿主基因组的原理就是利用了我们前面讲过的非同源重组的机制。当外源 DNA 整合进入宿主基因组后，由于基因组的稳定性，不会轻易失去外源 DNA，这样既保证了遗传特征的稳定性，又降低了成本。

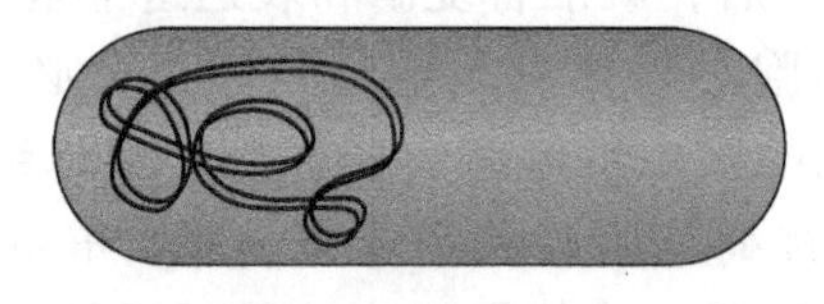

图 10.4 整合进入宿主基因组的质粒（扫封面二维码查看彩图）

2. 基因组层面技术

把基因插入基因组中的技术早期面临着脱靶和成本问题。近些年，基因编辑技术得到了迅速发展，即在原位点对已知基因进行编辑。目前广泛使用的技术就是 CRISPR-Cas9 基因编辑技术。CRISPR 是英文“Clustered Regularly Interspaced Short Palindromic Repeats”的缩写，即规律成簇间隔短回文重复序列。CRISPR 指的是一段 RNA 序列，这段序列分成两部分：一部分是与目标基因序列互补配对，另一部分和 Cas 蛋白复合物结合。CRISPR RNA 被导入细胞后，通过碱基互补配对结合到相应的靶基因序列上，同时，这段 RNA 的另一端牵引着 Cas 蛋白复合物来到目标 DNA（见图 10.5）。Cas 蛋白复合物的主要功能是切除 DNA-

RNA 杂合链（hybrid）中的 DNA。CRISPR RNA 负责把切除 DNA 的核酸酶牵引到靶基因序列进行切除。在基因编辑过程中，同时需要把我们希望整合的基因导入宿主基因组被切除的位置，这样在很大程度上保证了基因编辑的精确性（见 MOOC 视频 8.4）。

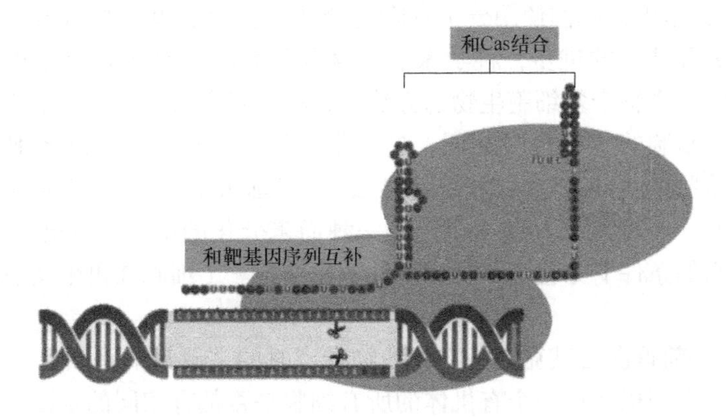

图 10.5　CRISPR RNA

10.1.5　改变基因表达的过程

从前面基因表达调控以及表观遗传的概念我们知道，改变蛋白质可以发生在基因表达过程中的任何一个步骤。同样的道理，我们通过重组 DNA 技术改变生物体特征的时候，有时无法在基因层面上改动，因为涉及基因组的稳定性。很多时候只需要改变基因表达过程中的某一部分，从而影响生物体特征。在这里我们举一个基因沉默的例子。

基因沉默（Gene Silencing）是指基因不表达，这种干涉基因表达的过程主要是通过降解 mRNA，从而导致不产生相应的蛋白质实现的。这项技术中负责降解 mRNA 的是一种酶复合物，叫作 RNA 干扰复合物（见图 10.6）。要使得它能够切除目标 RNA，必须要保证这个酶复合物结合到正确的位点。该点是通过 RNA 序列牵引实现的，而负责牵引作用的 RNA 必须同时要保证和目标 mRNA 结合。这个作用原理和我们前面讨论的 CRISP 技术的原理有相似之处，都是 RNA 依赖的核酸酶作用。负责牵引的 RNA 叫作小干扰 RNA，来自双链 RNA 的降解。

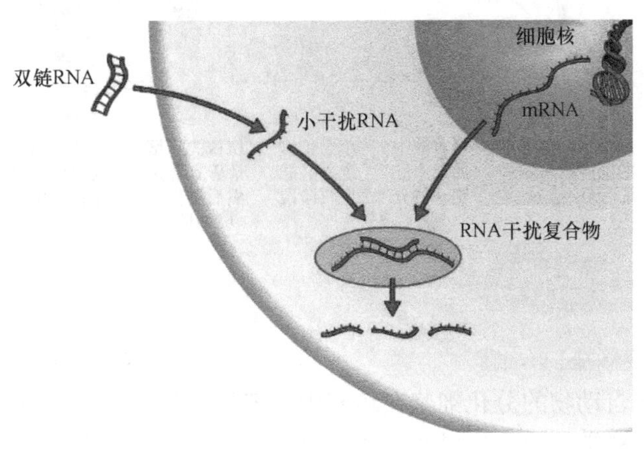

图 10.6　RNA 干扰

10.2 克隆生物体和干细胞研究

在重组 DNA 技术中，我们使用分子克隆这个技术实现了单个基因的复制和表达。随着生物学学科的发展和技术的进步，科学家们把这种复制的技术从分子层面拓展到生物体层面，即从单细胞中克隆整个多细胞生物的方法。这种克隆方法产生了一个或多个有机体，它们在遗传上与其单细胞的"父母"相同，这通常被称为生物克隆，以区别于分子克隆。克隆这个词来源于希腊语"klon"，意思是"嫩枝"。目前人们对生物克隆的兴趣主要来自于它能够产生干细胞。干细胞（Stem Cell）是一种尚未分化的细胞，它既可以无限地繁殖自己，又可以在适当的条件下分化为一种或多种特化细胞。干细胞在再生受损组织方面具有巨大潜力。

人们在 50 多年前首次尝试克隆植物和动物，当时的主要目的是回答一些基本的生物学问题。例如，科学家们想知道一个有机体的所有细胞是否都有相同的基因，或者细胞在分化过程中是否丢失基因。回答这个问题的一种方法是看看一个分化的细胞是否能产生一个完整的有机体——换句话说，克隆一个有机体是否可能。我们先来讨论这些早期的实验，然后再介绍最近在生物克隆和干细胞生产方面的进展。

10.2.1 克隆技术

1. 克隆植物：单细胞培养

20 世纪 50 年代，斯图尔德（F. C. Steward）成功地从单个分化的细胞中克隆出了完整的植物。斯图尔德和他的学生发现，从胡萝卜的根部提取的分化细胞在培养基中培养后，可以长成正常的植物，每一种细胞的基因都与亲本植物相同。任何具有这种潜能的细胞都被称为全能的（Totipotent）（见图 10.7）。

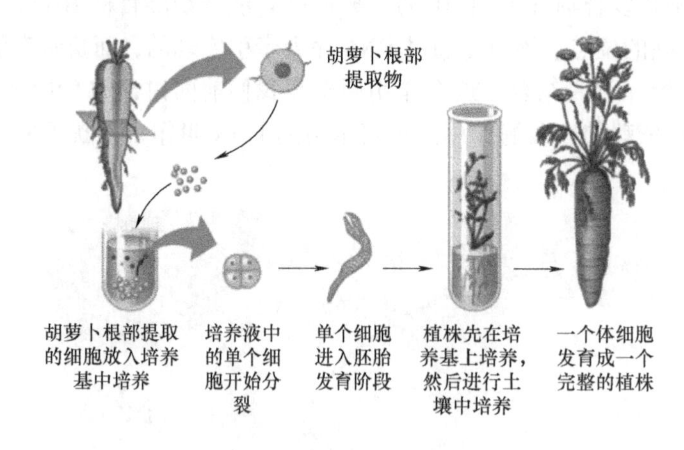

图 10.7 单细胞培养克隆植物

2. 克隆动物：核移植

和植物不同，来自动物的分化细胞在培养中一般不分裂，更不会发育成一个多细胞的生物体。因此，早期的科学家面临这样的问题：分化的动物细胞是全能的吗？为了回答这一问

题，他们去除未受精细胞或受精卵的细胞核，然后把它替换成分化细胞的细胞核，这个过程被称为核移植（Nuclear Transplantation）。如果来自分化的供体细胞的细胞核保留其全部的遗传能力，那么它应该能够引导受体细胞发育成生物体的所有组织和器官。

布里格斯（R. Briggs）、托马斯·金（T. King）和戈登（J. Gurdon）对蛙进行了类似的实验（见图 10.8）。他们把胚胎或蝌蚪细胞的细胞核移植到同一物种的去掉核的卵子中。实验结果表明：移植的细胞核通常能够指导卵子正常发育成蝌蚪。同时，研究人员也发现移植的细胞核指导正常发育的潜力与供体的年龄成反比：供体细胞核越老，供体的核指导发育成正常的蝌蚪的百分比越低。从这些结果中，研究人员得出了一些结论：当动物细胞分化时，细胞核确实发生了变化。在蛙类和大多数动物中，随着胚胎发育和细胞分化的进展，核指导发育的潜能越来越受到限制。

除了克隆青蛙之外，科学家们还使用同样的方法克隆其他哺乳动物。同时，科学家们也对这个问题感兴趣：一个完全分化细胞内的细胞核是否可以诱导发育成生物体？1997 年，多莉羊的诞生证实了这一想法（见 MOOC 视频 8.3）。研究人员通过在缺乏营养的培养基中培养乳腺细胞实现了供体核的必要去分化。然后他们将这些细胞与去核的羊的卵子融合。产生的二倍体细胞分裂形成早期胚胎，这些胚胎被植入代孕母亲体内。在几百个胚胎中，有一个成功地完成了正常发育，这就是多莉羊。后来的分析显示，多莉的染色体 DNA 确实与核供体的相同。然而，多莉在 6 岁患了老年病，导致过早死亡。科学家们怀疑多莉没有像正常羊那样发育和生长，可能是由于原移植细胞核在诱导发育过程中的缺陷导致。

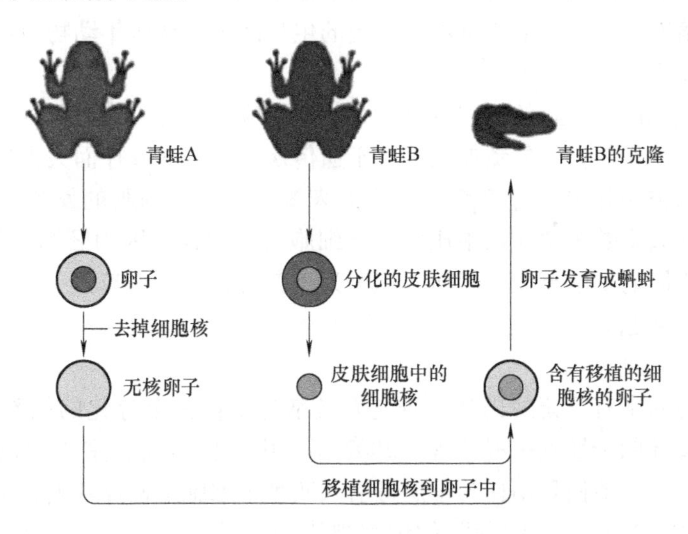

图 10.8　核移植克隆青蛙

近些年来，科学家们已经开始发现克隆效率低和异常发生率高的一些原因。在完全分化的细胞核中，一小部分基因被激活，其余的表达被抑制。这种调控通常是染色质表观遗传变化的结果，如组蛋白的乙酰化或 DNA 的甲基化。在核移植过程中，为了使基因在发育的早期得到适当的表达或抑制，许多这些变化必须在供体动物的晚期细胞核中被逆转。研究人员发现，来自克隆胚胎的细胞的 DNA，通常比来自相同物种的正常胚胎的相同细胞的 DNA 具有更普遍的甲基化现象，因此供体核DNA中额外的甲基群可能会干扰正常胚胎发育所必需的基因表达模式。事实上，克隆的成功可能在很大程度上取决于是否可以人工修改供体细胞核中的染色质，使其与新受精卵的染色质相似。

10.2.2 干细胞技术

干细胞是一种相对非特化的细胞，它既可以无限繁殖自己，又可以在适当的条件下分化为一种或多种特化细胞。因此，干细胞既能补充自己的细胞数量，又能产生按照特定分化途径运行的细胞。

1. 胚胎和成体干细胞

许多动物早期胚胎具有干细胞，能够分化出任何类型的细胞。干细胞可以从被称为囊胚的早期胚胎中分离出来，也可以从人类囊胚中分离出来。在培养中，这些胚胎干细胞（Embryonic Stem Cell）可以无限繁殖。根据培养条件，它们可以分化形成各种各样的特化细胞，甚至包括卵子和精子。

成人的身体也有干细胞，它们在需要的时候用来取代不能繁殖的特化细胞。与胚胎干细胞不同，成体干细胞（Adult Stem Cell）可以产生多种类型的细胞，但是不能产生生物体中所有类型的细胞。例如，骨髓中有的干细胞可以分化成不同类型的血细胞，有的可以分化为骨骼、软骨、脂肪和肌肉。成人的大脑中也具有干细胞，这些干细胞可以继续在大脑中产生某些类型的神经细胞。另外，科学家们在皮肤、头发、眼睛和牙髓中也发现了干细胞。虽然成年动物只有很少的干细胞，但科学家们已经掌握了从不同的组织中识别和分离这些细胞，在适宜的条件下培养它们，比如通过添加特定的生长因子，从成年动物中培养出来的干细胞可以分化成多种类型的特化细胞。

胚胎干细胞或成体干细胞的研究具有巨大的医学应用潜力。我们可以用细胞来修复受损或患病的器官。有些患者自身的免疫系统由于遗传疾病或癌症放疗而失去功能，而来自骨髓的成体干细胞可以被用作患者免疫系统细胞的来源。成体干细胞的发育潜力仅限于某些组织。胚胎干细胞在大多数医学应用中比成体干细胞更有前途，因为胚胎干细胞具有多能性，能够分化成许多不同的细胞类型。然而，迄今为止获得胚胎干细胞的主要方法是取自人类胚胎，这引发了伦理问题。

2. 诱导多能干细胞

干细胞的研究后来有了新的进展。研究人员掌握了在完全分化的细胞中“倒转时钟”，重新编程使它们像胚胎干细胞一样工作。2007年，山中伸弥实验室成功地把分化的细胞转化成一种胚胎干细胞。他们利用逆转录病毒引入四种干细胞主调控基因，将分化的细胞转化为一种胚胎干细胞。这种“去编程”的细胞被称为诱导多能性干细胞（Induced Pluripotent Stem Cell，iPSC），因为使用这种简单的实验室技术可以把分化的细胞恢复到未分化状态。图10.9描述了首次将人类分化细胞转化为iPS细胞的实验。山中伸弥因这项工作获得了2012年诺贝尔生理或医学奖。

iPS细胞可以完成胚胎干细胞的大部分功能，但在基因表达和其他细胞功能，如细胞分裂等方面存在一些差异。科学家们一方面研究这些差异，一方面研究iPS细胞的应用。人类诱导多能性干细胞有两个主要的潜在用途：首先，疾病患者的细胞可以被重新编程成为诱导多能性干细胞，它可以作为研究疾病和潜在治疗方法的模式细胞。目

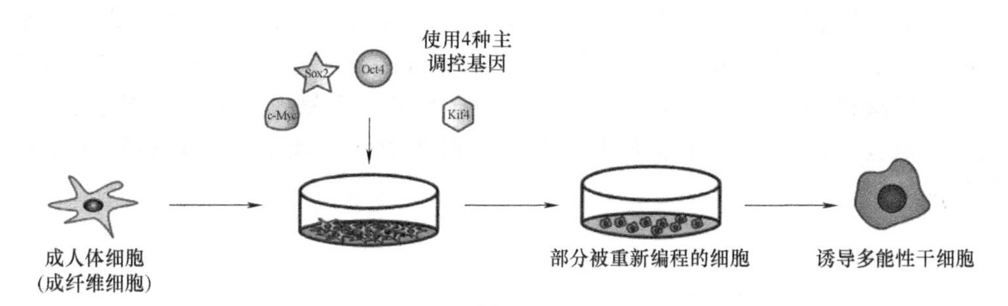

图 10.9　诱导性多能干细胞的培养过程

前科学家们已经从 I 型糖尿病、帕金森病和至少 12 种其他疾病的患者身上培育出来人类 iPS 细胞系。其次，在再生医学领域，患者自身的细胞可以被重新编程为 iPS 细胞，然后用来取代非功能性组织。

10.3 应用

重组 DNA 技术以及克隆和干细胞技术现在被广泛地应用在各个领域。

10.3.1 农业

科学家们一直在研究农业上重要的植物和动物的基因组。多年来，他们通过使用重组 DNA 技术来提高农业生产效率。

如前所述，重组 DNA 技术使科学家能够生产转基因动物，这加快了选择性育种过程。培育转基因动物的目标通常与传统育种的目标相同，比如培育出产羊毛质量更好的绵羊、肉质更精瘦的猪，或能在较短时间内产奶的奶牛。

农业科学家赋予一些作物具有理想性状的基因，例如延迟成熟和抗腐败、疾病和干旱等。将新基因导入植物细胞最常用的载体是来自土壤杆菌**农杆菌**（Agrobacterium tumerfaciens）的质粒，称为 Ti 质粒。该质粒将其 DNA 片段整合到宿主植物细胞的染色体 DNA 中（见 MOOC 视频 8.4）。为了制造转基因植物，研究人员设计质粒将其带入细胞。对许多植物来说，一个组织细胞在培养中可以生长成一株完整的成年植物。因此，基因操作可以在一个普通的体细胞中进行，然后用这个细胞产生一个具有新特征的有机体。

基因工程正在迅速取代传统的植物育种计划（见图 10.10），尤其是针对有用的性状，比如抗除草剂或抗虫害。基因改造的作物可以对除草剂产生抗性。还有一些基因改造的作物对害虫具有抗性，因此减少了对化学杀虫剂的需要。在印度，将一种沿海红树林植物的抗盐基因插入几种水稻品种的基因组，帮助水稻可以在盐度为海水三倍的环境中生长。研究表明，由于过度灌溉和化肥的密集使用，1/3 的灌溉土地具有高盐碱度，这对粮食供应构成了严重威胁。因此，培育耐盐作物在世界范围内将具有重大意义。

10.3.2 环境保护

某些微生物转化化学物质的能力可以被用于环境净化。科学家们可以将这些具有特定代谢能力的基因转移到特定微生物中，从而用于处理环境问题。例如，许多细菌可以从环境中提取重金属，如铜、铅和镍等，并将这些金属整合到易回收的化合物中，如硫酸铜或硫酸铅等。基因工程微生物在清理剧毒采矿废物方面具有重要意义。另外，生物技术专家也在改造能够降解有害化合物的微生物。污水处理厂可以应用这些微生物进行污水处理。

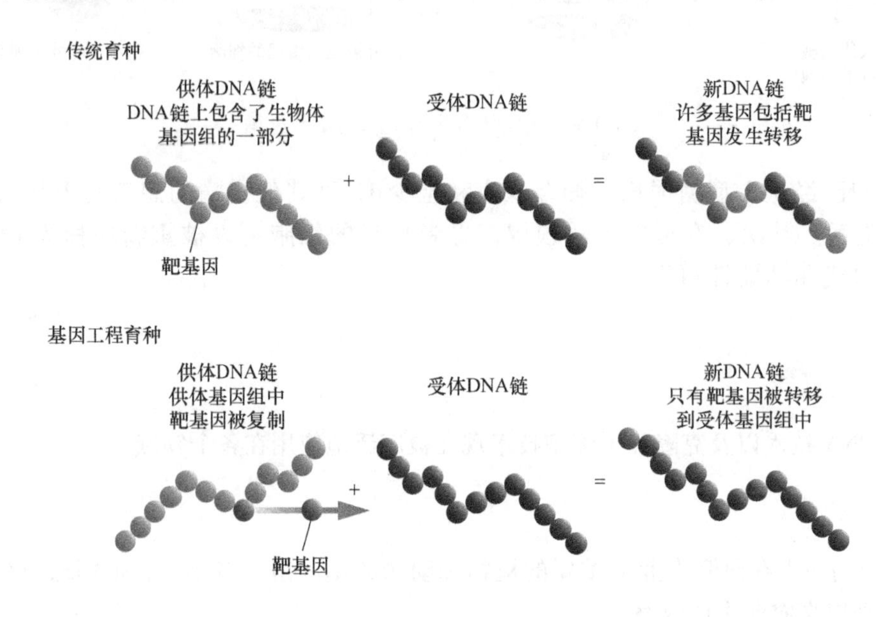

图 10.10　传统育种和基因工程育种的区别（扫封面二维码查看彩图）

10.3.3　医学

生物学技术的一个重要用途是鉴定在遗传疾病中起作用的突变的人类基因。这些发现可以帮助我们确定诊断的方法，治疗甚至预防疾病的发生。生物学技术也有助于我们理解关节炎和艾滋病等疾病，因为基因会影响对这些疾病的易感性。此外，所有种类的疾病都涉及受影响的细胞内基因表达的变化，通常也涉及患者的免疫系统。通过使用 DNA 芯片分析或其他技术来比较健康和患病组织中的基因表达，科学家们希望找到在特定疾病中开启或关闭的基因，而这些基因及其产物是预防或治疗的潜在靶点。

1. 医药产品

现在的制药工业将重组 DNA 技术和基因研究应用于治疗疾病的药物的开发。根据产品的性质，可以使用有机化学方法或生物技术方法合成药品。

通过确定对肿瘤细胞生存至关重要的蛋白质的序列和结构，人们开发了通过阻断这些蛋白质的功能来对抗某些癌症的小分子。其中一种药物格列卫（Gleevec）是抑制特定受体酪氨酸激酶的小分子。该受体的过表达导致慢性粒细胞白血病。接受格列卫治疗的早期患者表现出持续的癌症症状缓解。具有类似作用的药物也成功地用于治疗几种肺癌和乳腺癌。这种方法只适用于分子基础已知的癌症。

然而，在这种药物治疗的部分肿瘤中，后来产生的细胞对药物产生了抗药性。在一项研究中，研究人员对出现耐药性前后的肿瘤细胞的全基因组进行了测序。这些序列的对比显

示，基因的变化帮助肿瘤细胞规避药物的抑制。这体现了癌细胞演化的规律：某些肿瘤细胞有一个随机的突变，这使得它们能够在特定药物的存在下存活。

制药企业生产的蛋白质，通常是通过大规模培养细胞合成的。我们在本章开头介绍的重组 DNA 技术中已经提及，这样的系统可以产生大量的蛋白质。在这种表达系统中使用的宿主细胞甚至可以被设计成在制造蛋白质时就分泌蛋白质，从而简化了传统生化方法纯化蛋白质的流程。以这种方式生产的首批药品包括人胰岛素和人生长激素。人生长激素对于因生长激素不足而先天患有侏儒症的儿童来说是个福音。

在某些情况下，制药科学家可以使用整个动物，而不是使用细胞系统来生产大量的蛋白质产品。他们可以将一种动物的基因引入另一种动物的基因组中。这个接受基因的动物就被称为转基因动物（见图 10. 11）。为了做到这一点，他们首先从受体物种的雌性体内取出卵子，并在体外使其受精。同时，他们已经从供体中克隆出了想要的基因。然后他们将克隆的 DNA 直接注入受精卵的细胞核中。有些细胞将外源 DNA（转基因）整合到它们的基因组中，并能够表达外源基因。由这些受精卵产生的胚胎通过手术植入代孕母亲体内。如果胚胎发育成功，转基因动物就会表达新的“外来”基因。

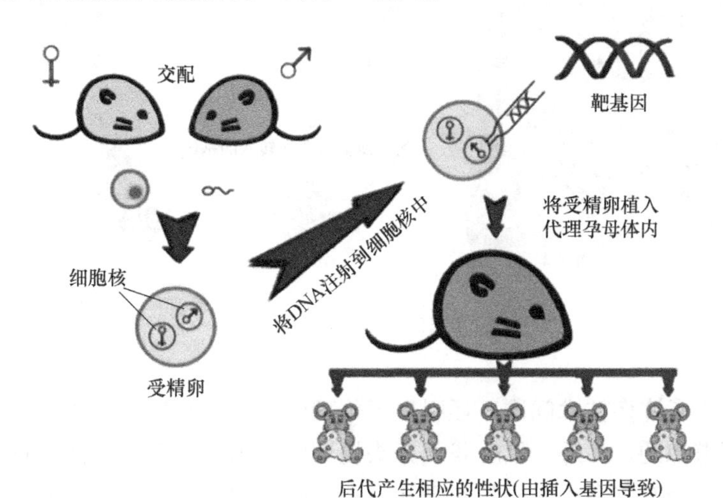

图 10. 11　转基因动物的产生过程

如果一种基因编码的蛋白质有大量的工业生产需求，这些转基因动物就可以充当制药“工厂”。例如，抗凝血酶（抗凝血酶可以防止血液凝块）等人类血液蛋白的转基因可以插入山羊的基因组，其转基因产物会被分泌到山羊奶中，然后我们可以从山羊奶中进一步提取蛋白质。

在转基因动物中产生的用于人类的人类蛋白质可能在某些方面与自然产生的人类蛋白质不同，这可能是由于蛋白质修饰方面的细微差异。因此，科学家们必须非常仔细地测试这些蛋白质，以确保不会在使用它们的患者中引起过敏反应或其他不良反应。

2. 人类基因治疗

基因治疗（Gene Therapy）就是将基因引入患病的个体以达到治疗目的（见 MOOC 视频 8. 5）。这种疾病主要由于单个基因缺陷导致。理论上，我们可以把一个有缺陷基因的正常等位基因插入受疾病影响的组织的体细胞中。

为了使体细胞的基因治疗成为永久性的，接收正常等位基因的细胞必须是在患者的整个生命周期内增殖的细胞、骨髓细胞，另外，可以产生造血细胞和免疫细胞的干细胞，也是很好的选择。图 10.12 描述了一种基因治疗的过程，它针对的是由于单个基因缺陷而导致骨髓细胞不能产生重要酶的患者。重症联合免疫缺陷（SCID）是由这种基因缺陷引起的。如果治疗成功，患者的骨髓细胞将开始产生缺失的蛋白质，患者可能被治愈。图 10.12 中所展示的方法已用于 SCID 的基因治疗试验。在法国 2000 年开始的一项试验中，10 名患有 SCID 的儿童接受了同样的治疗。其中 9 例患者在两年后表现出显著改善。然而，其中三名患者随后患上了白血病，其中一人死亡。研究人员推断：运送目的基因的逆转录病毒载体可能插入了触发白血病的基因的附近。

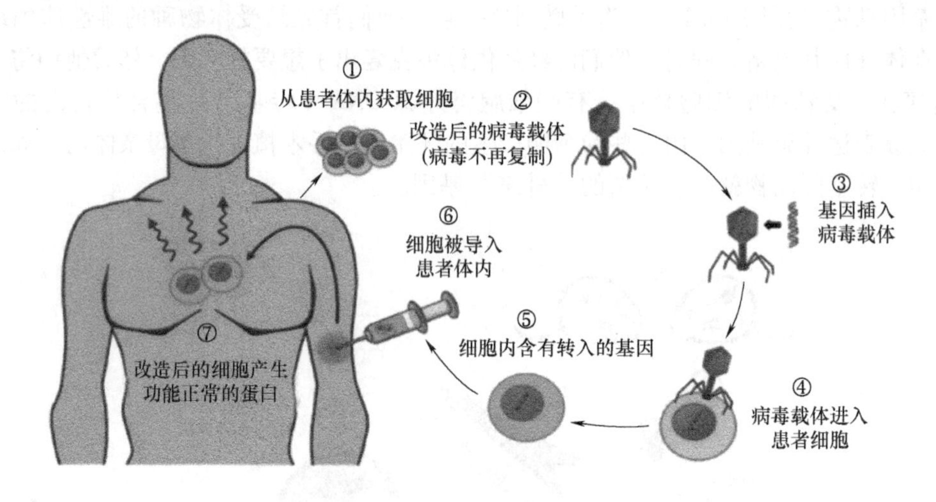

图 10.12　基因治疗的过程

基因治疗带来了许多技术问题，还引发了伦理问题。一些批评者认为，以任何方式篡改人类基因都是不道德的。另外，结合我们开头提到的基因编辑婴儿事件，对于两个初生婴儿来说，她们将来能否有与常人一样的心理状态和自我认知？对自己的身世，她们是否有权利知道？而这些问题决定着她们是否能成为社会正常的一员。因此，目前对于人类基因编辑来说，还存在着诸多问题，而在这些问题没有解决之前，任何人以科学的名誉私自做出的基因编辑，其实都会给人类伦理带来混乱，而如果不顾及人类共同的心理感受，将基因编辑用在人的胚胎上，都是对全体人类及生命的不尊重。

参考文献

[1] CLICK B R, et al. Molecular Biotechnology [M]. 4th ed. New York: ASM Press, 2009.

[2] MORROW J F, et al. Replication and transcription of eukaryotic DNA in Escherichia coli [J]. Proc Natl Acad Sci, 1974, 71 (5): 174.

[3] JINEK M, et al. A programmable dual-RNA-guided DNA endonuclease in adaptive bacterial immunity [J]. Science, 2012, 17; 337 (6096): 816.

[4] CONG L, et al. Multiplex genome engineering using CRISPR/Cas systems [J]. Science, 2013, 339 (6121): 819.

[5] LEWIN B, et al. Lewin's Genes X [M]. New York: Jones & Bartlett Learning, 2011.
[6] OKITA K, et al. Generation of germline-competent induced pluripotent stem cells [J]. Nature, 2007, 19; 448 (7151): 313.
[7] GURDON J B, et al. Sexually Mature Individuals of Xenopus-Laevis from the Transplantation of Single Somatic Nuclei [J]. Nature, 1958, 182: 64.
[8] REECE J B, et al. Campbell Biology [M]. 10th ed. New York: Pearson, 2013.

第11章

生物演化介绍

2005年9月，美国宾州多佛（Dover）学区的11位学生家长将多佛学区教育委员会告上了联邦法庭，理由是家长们认为教育委员会的举动“损害了他们的孩子在公共教育中不受宗教影响的权利”。这场诉讼的起因是教育委员会要求教师在生物学课的讲授前向学生朗读一份声明，主旨是“达尔文的演化理论存在问题，学生在学习时也要考虑其他的理论，包括但不局限于智能设计理论”。学生的家长之所以控诉是因为智能设计理论认为：自然世界的某些特征过于复杂，不可能通过演化而来，一定是被设计出来的。虽然设计者通常没有指明，但智能设计的拥护者通常指的是上帝。2005年12月20日，法官琼斯发布事实认定书并进行判决：多佛学区教育委员会违反宪法，并禁止多佛学区在公立学校的科学课程中讲授智慧设计（见图11.1）。

PENNSYLVANIA NEWSPAPER OF THE YEAR

32°
19°

The Patriot-News

50 cents

JUDGE RULES INTELLIGENT DESIGN IS 'NOT SCIENCE'

Area schools walk a fine line over religion

FROM THE RULING:
"The citizens of the Dover area were poorly served by the members of the Board who voted for the [intelligent design] Policy. It is ironic that several of these individuals, who so staunchly and proudly touted their religious convictions in public, would time and again lie to cover their tracks and disguise the real purpose behind the ID Policy."

Historic ruling orders Dover to rescind policy

图11.1　美国媒体对于多佛学区诉讼的报道

这场诉讼一方面是否说明了美国教育中一种危险的趋势：将宗教信仰与科学理解放在同等地位？从另一方面来说，达尔文的演化理论自1859年提出到现在，已经成为生物学的核心主题。从科学的角度来说，有哪些实验数据支持这些结论？如何说明演化理论本身是科学？在本小节中，我们将首先讨论演化思想的发展，然后着重讨论达尔文如何发展其演化理论，最后我们将从生物学的多个角度列举支持演化的证据。

11.1　达尔文之前的演化思想

11.1.1　物种的分类

早在达尔文出生之前，几位希腊哲学家就提出，生命可能会随着时间的推移而逐渐改变。但是一位对早期西方科学产生重大影响的哲学家——亚里士多德认为物种是固定不变的。通过对自然的观察，亚里士多德认识到生物之间存在着某种“亲缘关系”。他的结论是，生命形式可以被安排在一个阶梯上，或者说是一个越来越复杂的尺度上，后来被称为“自然尺度”。每一种形式的生命，完美而永恒，在这阶梯上都有它的等级。

到了 18 世纪，许多科学家认为造物主为特定目的设计了每个物种，其证据就是生物体和其生活的环境高度匹配。瑞典植物学家林奈（C. Linnaeus）就是这样一位科学家，他对多样的生命进行了分类。林奈创立了一种双名命名物种的方法，至今仍在使用。与自然尺度的线性层次结构不同，林奈采用了巢式分类系统，将相似物种划为一个类别。例如，相似的物种归为同一属，相似的属归为同一科等。林奈并没有把物种之间的相似性归因于演化的亲缘关系，而是归因于它们的创造模式。然而一个世纪后，达尔文提出，分类应该基于演化关系。

11.1.2　从物种不变到物种变化

化石的研究为科学家们提供了大量信息。许多化石存在于在沉积岩中，这些沉积岩由沉到海底、湖泊、沼泽的沙子和泥土形成。新的沉积层盖住旧的沉积层，把它们压缩成叠加在一起的岩层。特定地层中的化石可以让我们了解在地层形成时生活在地球上的一些生物。之后，侵蚀可能会穿透较年轻的地层，揭示出埋藏较深、较老的地层。

古生物学（对化石的研究）在很大程度上由法国科学家居维叶（G. Cuvier）发展起来。居维叶在研究巴黎附近的地层时注意到，地层越古老，化石与现在的生命形式就越不相似。他还观察到，从上一层到下一层，一些新物种出现，而另一些则消失了。他推断，物种灭绝一定是常有的事，但他坚决反对演化的观点。居维叶推测，地层之间的每一个边界都代表着一个突然的灾难性事件，比如一场洪水，它摧毁了生活在该地区的许多物种。他推断，来自其他地区的不同物种后来在这个区域重新定居。

相反，其他科学家认为，明显的变化可以通过缓慢但持续累积的过程所体现。1795 年，苏格兰地质学家赫顿（J. Hutton）提出，地球的地质特征可以用渐进机制来解释，比如河流形成的山谷。著名地质学家赖尔（C. Lyell）把赫顿的思想融入了他的想法中，认为现在的地质作用与过去的一样，而且以同样的速度在进行。赫顿和赖尔的思想强烈地影响了达尔文。达尔文认为，如果地质变化是由缓慢、持续的活动而不是突然发生的事件造成的，那么地球的年龄肯定比人们普遍接受的几千年要老得多。例如，河流要经过很长时间的侵蚀才能形成峡谷。他后来推断，也许同样缓慢而微妙的过程可以产生实质性的生物变化。然而，达尔文并不是第一个将渐进变化概念应用于生物演化的人。

11.1.3 拉马克的演化理论

尽管一些18世纪的自然学家认为生命会随着环境的变化而演化，但只有一位法国生物学家提出了生命如何随时间变化的机制，他就是拉马克（J. B. Lamarck）。拉马克通过将现存物种与化石形式进行比较，发现了演化的时间顺序：由较老的化石到较年轻的化石再到活着的物种。拉马克于1809年发表了他的假说，用当时被广泛接受的两个原则来解释他的发现。

第一个原则是**用进废退**（Use and Disuse），即身体的某些部位被广泛使用后会变得更大更强壮，而那些未被使用的会退化。经典的例子就是长颈鹿伸着脖子去够高高的树枝上的叶子（见图11.2）。第二个原则是**获得性状遗传**（Inheritance of Acquired Character），表明一个有机体可以把这些改变传递给它的后代。拉马克推断，因为长颈鹿把脖子伸得越来越长，其肌肉发达的长脖子是经过几代演化而成的。拉马克还认为，演化的发生是因为生物体有一种天生的动力使其变得更复杂。

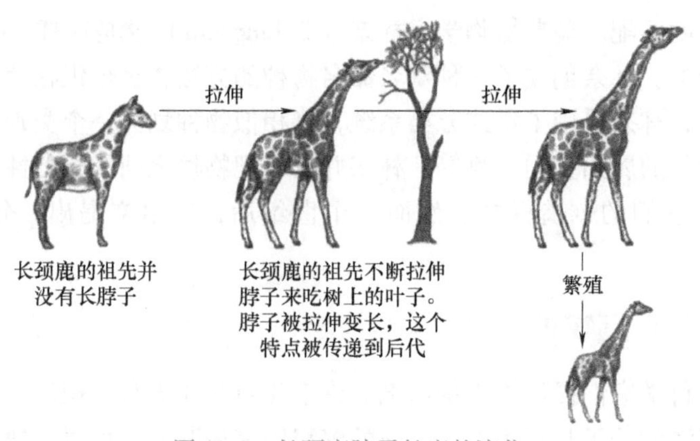

图11.2 长颈鹿脖子长度的演化

11.2 达尔文的演化理论

19世纪初，人们普遍认为物种自诞生以来就没有改变过。那么达尔文是如何提出他的演化观点的?

11.2.1 达尔文的研究

达尔文（C. Darwin）出生在英格兰西部。当他还是个孩子的时候，就对大自然有着强烈的兴趣。当不读自然书籍的时候，他就钓鱼、打猎、骑马和收集昆虫。然而，达尔文的父亲是一名医生，他看不到儿子成为博物学家的未来，于是把他送到爱丁堡的医学院学习。但是达尔文觉得学医很无聊，而且手术很恐怖，所以他从医学院退学，进入剑桥大学，打算成为一名牧师。

在剑桥大学，达尔文成为植物学教授亨斯洛（J. Henslow）的追随者。达尔文毕业后不久，亨斯洛就把他推荐给了菲茨罗伊（R. FitzRoy）船长，当时后者正在为贝格尔号勘探船（HMS Beagle）进行一次环球航行做准备。达尔文将支付自己的费用，并成为年轻船长的谈话伙伴。菲茨罗伊自己也是一位科学家，同意了和达尔文一起航海。

1. 贝格尔号航行

1831 年 12 月，达尔文乘坐贝格尔号勘探船从英国出发。这次航行的主要任务是绘制鲜为人知的南美海岸线。然而，达尔文大部分时间都待在岸上，观察和收集了数千种动植物。他描述了生物体的特征，发现这些特征使它们很好地适应各种环境，如潮湿的铁路丛林、广阔的阿根廷草原和高耸的安第斯山脉。他还指出，与生活在欧洲温带地区的物种相比，南美洲温带地区的动植物更接近生活在南美热带地区的物种。此外，他发现的化石虽然与现存物种明显不同，却与南美洲的现存生物非常相似。

达尔文也花了很多时间思考地质学。尽管屡次晕船，他还是在航行中读了赖尔的《地质学原理》。当一次强烈的地震震动智利海岸时，他亲身经历了地质变化，之后他观察到沿海岸的岩石向上冲了几英尺。达尔文在安第斯山脉发现了海洋生物的化石，他推断包含这些化石的岩石一定是由多次类似的地震在那里形成的。这些观察印证了他从赖尔那里学到的东西，发现这些物理证据不支持地球只有几千年历史的传统观点。

整个考察过程中最大的发现来自于加拉帕戈斯群岛。加拉帕戈斯群岛位于赤道附近，南美洲以西约 900 公里处，是一群火山岛屿（见 MOOC 视频 9.1）。达尔文对那里的奇特生物非常着迷。他收集了十几种地雀。这些地雀虽然彼此相似，但似乎是不同的物种。有些是个别岛屿所独有的，有些则生活在两个或两个以上的邻近岛屿上。此外，尽管加拉帕戈斯群岛上的动物与生活在南美大陆上的物种相似，但大多数加拉帕戈斯群岛的物种在世界其他地方都不为人所知。达尔文推测，加拉帕戈斯群岛上居住着一些从南美洲迁徙而来的生物，这些生物后来变得多样化，在不同的岛屿上产生了新的物种。

2. 对适应性的观察

在贝格尔号的航行中，达尔文观察到了许多适应性的例子，这些适应性的遗传特征提高了生物在特定环境中的生存和繁殖能力。后来，当他重新评估自己的观察时，他开始认识到适应环境和新物种的起源密切相关。一个新的物种的出现会不会是从一个祖先那里经过对不同环境的逐渐适应积累而来的？从达尔文航行数年后的研究中，生物学家得出结论，这确实发生在物种多样的一群雀类身上（见图 11.3）。雀类的各种喙和行为适应于它们所处的岛屿上的特定食物（见 MOOC 视频 9.1）。达尔文意识到，解释这种适应性对理解演化至关重要。他用自然选择来解释适应性如何产生，在这个过程中，拥有某些遗传特征的个体往往比其他个体更容易生存和繁殖。

图 11.3 达尔文观察到的地雀的喙的大小和它们所处岛屿上的特定的食物有关

到 19 世纪 40 年代早期，达尔文已经得出了他的假设的主要内容。1844 年，他写了一篇很长的文章，关于遗传与变异及其潜在机制——自然选择。然而，他仍然不愿发表自己的想法，部分原因是他预料到这些想法会引起轩然大波。在此期间，达尔文继续收集证据来支持他的假设。到 19 世纪 50 年代中期，他向赖尔和其他一些人描述了自己的想法。赖尔虽然还没有被演化理论所说服，但他还是敦促达尔文在其他人得出同样的结论前率先就这个问题发表论文。

1858年6月，赖尔的预言成真了。达尔文收到了华莱士（A. R. Wallace）（见图11.4）的手稿。华莱士是一位在马来群岛的南太平洋岛屿工作的英国博物学家。他提出了一种与达尔文几乎相同的自然选择假说。他希望达尔文评估他的论文并将其转发给赖尔，看它是否值得发表。1858年7月1日，赖尔和一位同事把华莱士的论文连同达尔文1844年那篇未发表的论文的摘录交给了伦敦林奈学会。紧接着，达尔文很快就完成了他的著作《物种的起源》（*On the Origin of Species*），并于次年出版。虽然华莱士首先提交了他的观点发表，但他很钦佩达尔文。他认为达尔文对自然选择理论有更全面的阐述，以至于达尔文应该被称为自然选择理论的主要创始人。

图11.4　华莱士（A. R. Wallace）

在10年内，达尔文的书及其支持者说服了当时的大多数科学家：生命的多样性是演化的产物。达尔文成功的原因主要是通过完美的逻辑和大量的证据提出了一个合理的科学机制。

11.2.2　物种的起源

在《物种的起源》中，达尔文收集了关于自然的三种广泛观察的证据——生命的统一性、生命的多样性和生物与其环境的匹配，这些都是自然选择导致渐变的结果。

1. 后代渐变

在第1版的《物种起源》中，达尔文使用“后代渐变”（Descent with Modification）这个词来概括他对生命的理解。生物体有许多共同的特征，这使达尔文认识到生命的统一性。他把生命的统一性归因于所有生物体都是从一个共同祖先演化而来。他还认为，由于这种原始生物的后代生活在不同的栖息地，它们逐渐积累了各种各样的改变，以适应它们特定的生活方式。达尔文推理说，经过很长一段时间，经过改变的后代最终导致了我们今天看到的丰富多样的生命。

达尔文把生命的历史看作是一棵树，从一根普通的树干长出很多树枝分叉，一直延伸到最新长出的小树枝（见图11.5）。在这幅图中，被标记为A-D的树枝代表了现存的几组生物，而未标记的树枝代表了已经灭绝的生物。这棵树的每一个分支都代表了从这一点开始的所有演化路线的最近的共同祖先。达尔文认为，这种分支过程，连同过去的灭绝事件，可以解释有时存在于相关生物群体之间的巨大形态差距。

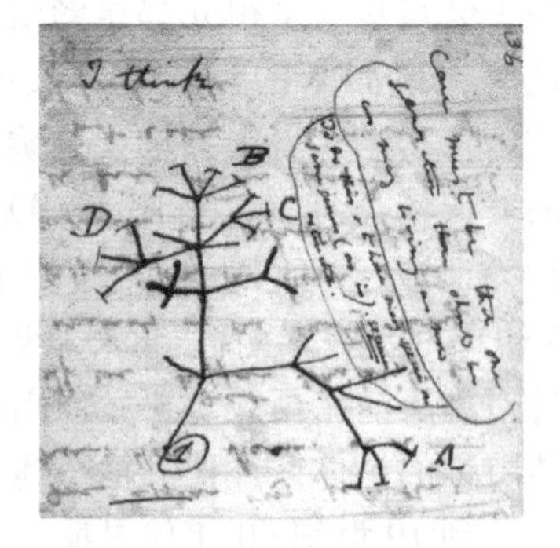

图11.5　达尔文的笔记展示了生命的历史

2. 人工育种和自然选择

如果所有的生物都是从一个共同祖先演化而来的，那么这些生物又是通过怎样的机制逐渐产生多样性的？达尔文提出了自然选择机制来解释可观察到的演化模式。首先，他讨论了人们熟悉的家养动植物选择性育种的例子。人类通过选择和繁殖具有所需特征的个体来改变其他物种，这个过程被称为人工选择（Artificial Selection）。由于人工选择的结果，作物、牲畜和宠物与它们的野生祖先之间的相似之处越来越小。

达尔文认为自然界也有类似的过程。他的论点基于两点观察：①种群内成员的遗传特征往往不同；②所有物种都能产生比环境所能承受的更多的后代，这些后代中有许多无法生存和繁殖。那么选择和过度繁殖之间的联系是什么？达尔文从经济学家马尔萨斯（T. Malthus）的《人口论》中得到了启发。马尔萨斯认为，人口增长速度是呈指数级的，远超粮食供应的增长（呈线性），目前粮食和资源的潜力无法承担这么多人口，除非有自然灾害或其他减少人口的方式进行干预。《人口论》中对于生物和资源的关系比较悲观，但是达尔文却从中得到一个重要的启示：既然自然界中的资源有限，那么现存的生物势必要为这有限的资源而斗争。基于前面的两点观察，达尔文得到两个推论：①一些个体由于具有一些遗传特征，在特定环境中生存和繁殖的可能性往往高于其他的个体，因此也往往会产生更多的后代；②个体生存和繁殖能力的不平等将导致种群中有利性状的世代积累。达尔文意识到过度繁殖的能力是所有物种的特征。在产卵、幼崽出生和种子传播的过程中，只有一小部分完成了发育并留下他们自己的后代，其余的则被吃掉、饿死、生病、未交配或无法适应周围的环境。

一个有机体的遗传特征不仅会影响其自身的表现，还会影响其后代应对环境挑战的能力。例如，一个有机体可能具有一种特征，使其后代在躲避捕食者、获取食物或适应极端生理条件方面具有优势。当这些优势增加了后代存活和繁殖的数量时，有利的特征可能会在下一代中出现得更频繁。因此，随着时间的推移，由捕食者、缺乏食物或不利的身体条件等因素导致的自然选择，会导致种群中有利特征的比例增加。

这种变化发生得有多快？达尔文认为，如果人工选择可以在相对较短的时间内带来巨大的变化，自然选择应该能够在数百代中对物种进行实质性的改变。即使某些遗传性状相对于其他性状的优势很小，有利变异也会在群体中逐渐积累，而不利变异则会减少。随着时间的推移，这一过程将提高具有良好适应能力的个体在种群中出现的频率，从而完善生物体与环境之间的匹配。

11.3　生物演化证据

在《物种起源》一书中，达尔文收集了大量的证据来支持后代渐变的概念。在过去的160年里，有很多新发现填补了达尔文发现的空白。在本小节中，我们将考虑四种类型的证据来记录演化的模式。

11.3.1　化石证据

化石记录了生物演化的模式。人类祖先的证据来自土壤或岩石中残留的生物遗骸。这些化石构成了古代生命的记录，并提供了生物体随时间变化的直接证据（见 MOOC 视频 9.2）。当生物体或它们的痕迹被沉积物迅速掩埋时，石化发生的可能性大大提高。

1. 生物的演化过程

有许多化石的例子展示了从更古老的形式到更现代的形式的发展，比如从古代马到现代马的过渡（见 MOOC 视频 9.2）。我们可以从化石的对比看出，最早的马（始祖马）的形体和狗差不多大小，从最开始的多趾动物逐渐演变到一趾动物，这是对环境改变的适应。多趾是适应最早松软、潮湿的远古森林，当干燥草原逐渐出现后，为了躲避天敌的捕杀，马的后代们逐渐演化出较长的四肢便于奔跑，而且原来的多趾逐渐减少，使得身体的重量主要由中间的最长的脚趾所承担，也就逐渐演化成一趾。而且，从森林到草原的过渡，也导致了马的牙齿的演化，从咀嚼树叶演化成咀嚼草，马的牙齿逐渐变平变大。其他化石群按年代顺序出现的现象也支持演化理论。例如，解剖学和发育生物学的证据表明，现代哺乳动物和其他四足陆地动物是从鱼类祖先演化而来的。相应地，我们在非常古老的岩石中发现了第一个鱼类化石，在更年轻的岩层中发现了第一个哺乳动物化石。

2. 不同生物间的演化变化

对于寻找古人类（包括人类和人类祖先）化石的科学家来说，记录相对比较丰富。古人类化石可以通过一些关键特征将其从其他灵长目动物化石中区分开来。人类和其他类人猿之间的一个基本区别是运动方式：黑猩猩和大猩猩会使用四肢进行运动，而人类则是直立行走。这种运动方式上的区别体现在人类和其他猿类的解剖学结构中。在人类中，脸与背部在同一个平面上，而不是与背部成直角，因此枕骨大孔（Foramen Magnum）也就是脊椎通过的头骨孔，在人类的头骨底部被发现，而在其他类人猿的头骨后部被发现。并且骨盆和膝盖的结构也经过调整，以达到直立的姿势。脚由抓取向负重演化，腿相对于前肢是拉长的。

3. 揭示新生物群体的起源

化石还能揭示新生物群体的起源。鲸目动物的化石记录就是一个例子，这一哺乳动物目包括鲸鱼、海豚和鼠海豚。一些化石证据也支持 DNA 序列的证据：鲸目动物与包括鹿、猪、骆驼和牛在内的偶蹄类动物关系密切。最早的鲸目动物生活在五千万至六千万年前。化石记录表明，在那之前大多数哺乳动物都是陆生的。尽管科学家们早就认识到鲸鱼和其他鲸类动物起源于陆地哺乳动物，但很少发现相关的化石来揭示鲸类动物的肢体结构是如何随着时间的推移而发生变化的。然而，在过去的几十年里，在巴基斯坦、埃及和北美发现了一系列引人注目的化石。这些化石记录了从陆地生命向海洋生命的过渡，填补了原始鲸目动物和现存鲸目动物之间的一些空白。

尼安德特人（Neanderthal Man）的遗骸于 1856 年在德国的一个小洞穴中被发现。1891 年，在印度尼西亚发现了更古老的、类似人类的生物化石，这些生物现在被称为直立猿人。1924 年，第一块非洲古人类化石在南非被发现，后来被确定为比尼安德特人和直立人更古老的物种，并被归入一个新属——南方古猿。古生物学家相继在非洲南部和东部发现新的古人类化石，特别是 1974 年在埃塞俄比亚发现的南方古猿的一个非常完整的骨架，清楚地表明南方古猿是直立行走的。通过确定这些化石和许多其他古人类物种的年代，科学家证实了达尔文的预测——人类最早的祖先起源于非洲。

11.3.2 同源性证据

第二种类型的演化证据来自于分析不同生物之间的相似性。正如我们已经讨论过的，演化是一个后代渐变过程：当后代面对不同的环境条件时，祖先生物体的特征在自然选择作用下会随着时间的推移而改变。因此，相关物种可能具有潜在的相似性但功能不同的特征。由共同祖先引起的相似性被称为同源性（Homology）。

1. 解剖学同源

同源性在骨骼解剖学中体现非常明显。我们可以通过对比各种各样的哺乳动物的前肢来找到同源性的证据（见 MOOC 视频 9.2）。人类和黑猩猩的前肢有着惊人的相似之处，特别是它们有一个独特的、可对生的拇指。

更令人信服的证据是痕迹结构（Vestigial Structure）。一个有机体的功能特征与另一个有机体的非功能特征之间有相似之处。这些痕迹结构是生物体祖先功能的残留特征。例如，一些蛇的骨骼还保留着行走祖先的骨盆和腿骨的遗迹。不会飞的鸟类如鸵鸟，拥有无功能的翅膀。人类至少有两种痕迹结构将我们与其他灵长类动物联系在一起。人类和其他灵长类动物一样都有尾骨，但人类没有尾巴。此外，所有哺乳动物在每根毛发的基部都有竖毛肌。在情绪压力或低温情况下竖毛肌收缩，毛发就竖起来。在有毛的哺乳动物中，竖毛肌有助于增加动物的感知，并提高皮毛的绝缘功能。对于人类来说，同样，在有情绪或很冷时会让人起鸡皮疙瘩（见 MOOC 视频 9.2）。

2. 分子同源

生物学家还在分子水平上观察生物体之间的相似性。所有形式的生命本质上都使用相同的遗传密码，这表明所有物种都是从使用这种密码的共同祖先演化而来的。我们知道生物间的差异很大程度上取决于它们之间基因的差异。如果共同祖先这一设想是正确的，那么有密切亲缘关系的物种之间的基因差异应该小于亲缘关系比较远的物种之间基因的差异。一个检测两个物种之间的基因相似性的直接的方式就是检测两个物种的 DNA 序列。拥有更近的共同祖先的物种应该比拥有更遥远共同祖先的物种具有更多相似的 DNA 序列。

很多生物体内都具有共同的基因。比如编码组蛋白的基因，在藻类、真菌、果蝇、人类和所有其他含有线状染色体的生物体内都存在。在许多具有相同结构和功能的生物中，比如人类和黑猩猩，很多基因都是相同的。通过分析灵长类动物基因序列相似性发现，这些基因在人类和黑猩猩的 DNA 序列中有 99.01% 相似，而人类和大猩猩的 DNA 序列相似度是 98.9%。演化关系更远的灵长类和人类 DNA 序列的相似度更低。需要注意的是，这些序列高度相似的基因在所有这些物种中执行相同的功能。例如 *BRCA*1，它在所有生物体中都具有帮助修复 DNA 损伤的一般功能。在人类中，*BRCA*1 也与患乳腺癌的风险有关。研究发现人类的 *BRCA*1 基因与黑猩猩的 *BRCA*1 基因比与猴子的 *BRCA*1 基因更相似。对这一现象最好的解释是：人类和黑猩猩拥有更近的共同祖先。

3. 趋同演化——相似但不同源

演化关系密切的生物具有共同的特征，但演化关系较远的生物可能因为不同的原因而彼此相似。鸟类和蝙蝠都有翅膀并且会飞，但演化关系非常远。它们的相似性是基于趋同演化（Convergent Evolution），即不相关的生物体在相似的环境中演化出相似结构。趋同演化发生的原因是演化关系上距离较远的物种在相似的特定环境中成功生存和繁殖，随着时间的推移，逐渐积累了相似的有利特征。

通过趋同演化联系在一起的物种通常看起来非常相似。然而，它们在生命之树上并没有密切的联系。巧合的是，它们在各自的环境中扮演的角色非常相似，为了成功繁殖，它们需要相同的适应能力。趋同演化的一个典型例子是澳大利亚的蜜袋鼯鼠（Sugar Slider）和北美的飞行松鼠（Flying Squirrel）的关系。它们的身体结构以及连接前、后肢的薄膜非常相似，用来在空中滑翔。尽管这些物种看起来非常相似，有时会被误认为是彼此，但它们在生命演化树上并不是密切相关的。它们的适应能力不断演化，因为这是它们在各自非常相似的环境中生存所必需的。但是蜜袋鼯鼠还有很多其他的特征使其成为有袋动物，从而与袋鼠的演化关系更近，而与飞行松鼠这样的真兽动物演化关系更远。像这种由于趋同演化而导致物种具有共同的特征被称为类似（Analogous），但不是同源。相似的特征有相似的功能，但没有共同的祖先，而同源的特征是有共同的祖先，但不一定有相似的功能。

11.3.3 生物地理证据

生物地理学是对物种地理分布的科学研究。生物的地理分布受到许多因素的影响，比如大陆漂移。我们可以利用对演化和大陆漂移的了解来预测不同生物类群的化石可能在哪里被发现。例如，科学家根据解剖数据构建了马的演化树。演化树和马祖先化石的年代表明，包括现在的马在内的马属起源于500万年前的北美。当时，北美和南美还没有连接起来，这使得马匹很难在它们之间旅行。因此，我们可以预测最古老的马属化石应该只在该群体起源的大陆——北美找到。

我们也可以用对演化的理解来解释生物地理数据。例如，某些岛屿上通常有许多特有的植物和动物物种在世界其他地方找不到。达尔文在《物种起源》中描述过，大多数岛屿物种来自最近大陆或邻近岛屿。最初大陆上的物种来到岛屿定居，最终在适应新环境的过程中产生了新的物种。这一过程也解释了为什么在世界上遥远的地方，两个环境相似的岛屿上，居住的物种往往不是彼此演化关系密切的物种，而是与周围最近大陆上的物种有更密切的演化关系。

11.3.4 直接观察演化过程

生物学家针对演化过程进行了大量研究（见MOOC视频9.2）。我们这里举两个病原体的例子。正在进行的自然选择极大地影响人类的一个例子是耐药病原体的演化。对于细菌和病毒来说，这是一个需要引起注意的问题，因为这些病原体的耐药菌株可以迅速繁殖。

1. 耐药细菌的产生

大约1/3的人皮肤上或鼻腔里有金黄色葡萄球菌（*Staphylococcus aureus*），没有任何负面影响。然而，这一物种的某些遗传变异菌株，被称为耐甲氧西林金黄色葡萄球菌（MRSA），是可怕的病原体。在过去的10年里，耐药性金黄色葡萄球菌的毒性形式出现了惊人的增长。我们来看一下这种细菌的演化历史。

1943年，青霉素成为第一种广泛使用的抗生素。然而到1945年，医院里发现20%以上的金黄色葡萄球菌已经对青霉素耐药。这些细菌有一种酶叫作青霉素酶，可以破坏青霉素。研究人员通过开发不会被青霉素酶破坏的抗生素来应对，但是一些金黄色葡萄球菌在几年之内就对这些新药产生了耐药性。

后来在1959年，医生开始使用强效抗生素甲氧西林。但在两年内，出现了耐甲氧西林金黄色葡萄球菌菌株。这些耐药菌株是如何出现的？甲氧西林通过破坏细菌细胞壁的合成来抑制细菌的生长，其主要原理是使合成细胞壁的蛋白质失去活性。然而，不同的金黄色葡萄球菌种群在其成员受药物影响的程度上表现出差异。特别是一些个体能够用一种不受甲氧西林影响的蛋白质合成他们的细胞壁，并且繁殖率高于其他个体。随着时间的推移，这些耐药个体变得越来越普遍，导致了广泛的传播。

最初，这种球菌可以被其他抗生素的联合使用所抑制，但是随着演化的发生，这种球菌可以抵抗多种抗生素。最主要的原因是因为细菌可以和本种群的成员或其他物种的成员交换基因。因此，现在的耐多种药物菌株可能由不同耐药的菌株彼此交换基因后演化而来。

2. 病毒的演化

人类免疫缺陷病毒（Human Immunodeficiency Virus，HIV）和许多病毒相比较而言是一种现代的病毒。它在 1981 年首次被描述，直到 1987 年才有治疗它的药物。但是，在被发现之前，HIV 实际上在人类中已潜伏了很久。

2010 年由伍罗贝（M. Worobey）领导的科学团队，依靠演化理论来挖掘 HIV 的历史。HIV 和所有的病原体一样，都是不断演化的种群。HIV 的演化非常迅速，因为它的突变率高。当病毒在个体内增殖时，它的遗传物质 RNA 积累突变，这些突变然后再传递给它的后代。不同的病毒谱系积累不同的突变，因此当病毒感染新的个体时，它开始变异，形成一个树状的关系网络。通过研究 HIV 的基因序列，科学家们可以弄清楚感染不同人群的病毒是如何相互关联的，并重建它们的演化树或系统发生树。为了搞清楚 HIV 的起源，研究小组采用了系统发生学的方法。他们使用了许多 1959 年和 1960 年以及其他更现代的 HIV 样本的序列，建立了一个演化树，描述了现代序列和历史序列之间的联系。这个团队只需要弄清楚从根到树枝需要多少时间。根据这些样本，科学团队可以用来计算病毒的典型演化速率（见图 11.6）。

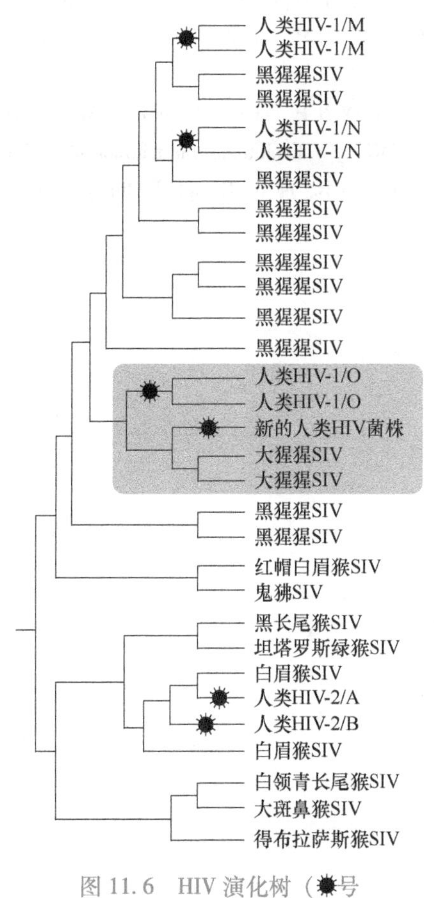

图 11.6　HIV 演化树（✸号代表病毒从猿类到人类）

根据他们计算出的演化速率和一些演化统计模型，可以估计所有这些不同病毒序列的共同祖先存在的日期。研究发现，真正的日期几乎肯定是在 1884 年至 1924 年之间。当这些演化研究与非洲人类社会的历史相叠加时，HIV 种群起源的详细图景就会显现出来。历史上，生活在非洲中西部的黑猩猩曾被捕猎作为食物。捕食它们的猎人中的许多人也感染了黑猩猩携带的猿类免疫缺陷病毒（SIV）。屠杀黑猩猩可能会使当地猎人多次接触 SIV。这种病毒可能已经多次试图感染，但只有在世纪之交，这种病毒通过演化才在人群中站稳脚跟。大约在那个时候，一个猎人从喀麦隆东南角的一只黑猩猩那里感染了病毒，并沿着当时桑加河前往刚果。与非洲城市的发展相呼应，病毒在刚果传播缓慢，直到 1950 年左右才开始迅速扩散。那时仍然未被发现，它继续演化和变异，在新兴城市中跨越。随着全球旅行的日益便利，HIV 在非洲和非洲周围传播。

如图 11.6 所示，研究强调了 HIV 演化史的复杂性。更重要的是，当这些物种像人类、黑猩猩和大猩猩一样密切相关时，疾病跨越物种障碍是多么容易。人类至少有三次从黑猩猩（我们最近的亲属）身上感染，至少有一次可能从大猩猩（我们第二近的亲属）身上感染病毒。

参考文献

［1］BELK C，MAIER V B. Biology：Science for Life［M］. 5th ed. New York：Pearson，2016.
［2］玛格纳. 生命科学史［M］. 李难，崔极谦，王水平，译. 天津：百花文艺出版社，2002.
［3］WOROBEY M，et al. Direct evidence of extensive diversity of HIV-1 in Kinshasa by 1960［J］. Nature，2008，455：661.
［4］BARTON N H，et al. Evolution［M］. New York：CSHL Press，2007.
［5］ZIMMER C. Evolution：the triumph of an idea：from Darwin to DNA［M］. London：Harper Perennial，2002.
［6］REECE J B，et al. Campbell Biology［M］. 10th ed. New York：Pearson，2013.

第12章

种群演化的机制

梭砂贝母是一种多年生的草本植物，分布在我国横断山脉的高山丘陵地带。梭砂贝母的鳞茎就是我国中草药炉贝，具有极高的经济效益。正因为如此，所以当地人会高强度采挖梭砂贝母，对梭砂贝母的生存造成了严重伤害。然而另一方面，一些具有绿色叶片的群体因为很容易被人类发现，所以它们几乎被人类采挖殆尽；而褐色的群体则因为能够隐藏自己，从而被保留了下来，以至于现如今褐色的群体比绿色的群体更为常见。这个例子是一种正在进行的演化过程。梭砂贝母种群之中原本绿色的较多，灰褐色的较少，但在人类采挖的选择压力之下，这里的绿色梭砂贝母不断消失，而灰褐色的个体则不断增多（见图 12.1）。

需要注意的是上述梭砂贝母种群是通过自然选择演化的。然而，单个的梭砂贝母并没有演化。每棵植株并不会随着时间的变化而改变叶片的颜色，相反，褐色叶片在种群中的比例一代一代地增加。所以演化是种群发生变化而不是个体成员发生变化。种群的演化是在最小的尺度上定义演化，称为**微观演化**（Microevolution），即种群中等位基因频率在世代间的变化。

图 12.1　梭砂贝母的两种形式：绿色叶片和褐色叶片（扫封面二维码查看彩图）

自然选择并不是微观演化的唯一机制。在本章中，我们将介绍导致等位基因频率变化的三种主要机制：自然选择、遗传漂变和基因流动。每一种机制对种群的遗传组成都有不同的影响。然而，只有自然选择才能不断改善生物与环境之间的适应性。在更深入地研究自然选择和适应之前，我们首先需要理解种群演化发生的先决条件：遗传变异。

12.1　遗传变异

达尔文在《物种的起源》中描述了地球上的生物经历了漫长的演化过程，并且他提出了自然选择是演化的核心机制。他观察到种群中的个体之间存在可遗传的差异，并且选择压力作用在这些有差异的性状上，最终导致演化上的变化。尽管达尔文认识到这种可遗传性状的差异是演化的前提，他并不知道这种遗传变异产生的真正机制。20 世纪初随着孟德尔遗传学被重新发现，科学家们开始应用遗传定律来解释遗传变异。

12.1.1 遗传变异概述

一个物种内的个体都彼此不同。以人类为例，你可以很容易找出人与人之间的表型差异，比如脸部特征、身高、声音等。实际上，个体间的差异在每个物种中都有。这些表型上的不同通常是由遗传变异（Genetic Variation）决定的，即个体间基因组成或 DNA 序列的不同。有些表型的差异只有两个，即相对性状。我们前面学习的孟德尔定律中的豌豆的一些表型就属于这种。这种表型通常只由一种基因决定。还有一些表型是连续分布的，比如人的身高、皮肤的颜色等。这种差异是由两种或两种以上的基因导致的。实际上，很多表型都是由多基因影响的。

每个个体的基因以及其他 DNA 序列有多少差异？我们可以在 DNA 水平上进行测量。但这些差异很少导致表型变异，因为许多差异发生在内含子中。外显子内发生的变异，大多数不会引起基因编码的蛋白质氨基酸序列的改变。但是个别位点的变异会导致氨基酸变化，进而产生不同的蛋白质。

12.1.2 遗传变异的来源

当突变、基因复制或其他过程产生新的等位基因和新基因时，演化所依赖的遗传变异就开始了。有性生殖也会导致遗传变异，因为现有的基因或等位基因以新的方式排列。

1. 新的等位基因的产生

新的等位基因可以通过突变而产生。突变是随机的，我们无法预测哪些 DNA 片段会发生改变或如何发生。在多细胞生物中，只有产生配子的细胞突变才能传递给后代。在植物和真菌中，由于许多不同的细胞系都可以产生配子，所以可以传递给后代。但在大多数动物中，大多数突变发生在体细胞中，不会遗传给后代。

基因中的点突变（见 MOOC 视频 7.3）可以对表型产生重大影响，如镰刀状细胞贫血症。现存生物体反映了过去许多代的自然选择的结果，它们的表型往往与它们的环境很好地匹配。因此，大多数改变表型的新突变给生物体带来的危害可以忽略不计。在某些情况下，自然选择会去除这些有害的等位基因。然而，在二倍体生物中，有害的隐性等位基因可以在选择机制中隐藏起来。实际上，一个有害的隐性等位基因可以通过在杂合子个体中繁殖而持续数代，因为在杂合子个体中，它的有害影响被更有利的显性等位基因掩盖。这种“杂合子保护机制”在目前的条件下维持了大量可能不是最适合的等位基因。但如果环境改变，这对生物体可能是有益的。

虽然许多突变是有害的，但也有许多不是。前面章节曾经介绍过，真核生物基因组中的大部分 DNA 并不编码蛋白质。这些非编码区域的点突变通常导致中性变异（Neutral Variation），即 DNA 序列的差异不会带来选择优势或劣势。遗传密码中的冗余是中性变异的另一个来源。如果氨基酸组成不变，即使编码蛋白质的基因发生点突变，也不会影响蛋白质的功能。有时候一个突变的等位基因可能会在极少数情况下使它的携带者更好地适应环境，提高繁殖成功率。

2. 改变基因的数量或位置

染色体的缺失或重排会导致许多基因发生改变，这种变化通常是有害的。然而，当这种大规模的变化没有改变基因时，它们可能不会严重影响生物体的表型。在前面章节中，我们曾经讨论过人类第 2 号染色体的演化过程，演化过程中染色体的融合没有给生物体带来危害。

有时候减数分裂过程中的错误也会造成基因的复制。复制大的染色体片段通常是有害的，但复制较小的 DNA 片段可能不会。没有造成严重影响的基因复制可以持续数代，允许突变积累。这样的结果是拓展了基因组，其中包含了可能具有新功能的新基因。这种基因数量的增加在演化中发挥了重要作用。例如，哺乳动物的远祖有一个单一的基因来检测气味，而这个基因已经被复制了很多次。因此，今天的人类大约有 350 个嗅觉受体基因，而老鼠有 1000 个。这种嗅觉基因的增加可能帮助了早期哺乳动物，使它们能够察觉微弱的气味，也能够区分许多不同的气味。

3. 快速繁殖

植物和动物的突变率往往较低，平均一代每 10 万个基因中有一个突变。相较而言，原核生物中的突变率并没有很高。但是原核生物每单位时间会产生更多的后代，所以突变可以在它们的种群中迅速产生遗传变异。病毒也是如此。例如，人类免疫缺陷病毒 HIV 的一代跨度约为两天。并且，HIV 具有一个 RNA 基因组，由于宿主细胞缺乏 RNA 修复机制，它的突变率比典型的 DNA 基因组高得多（见 MOOC 视频 11.1）。由于这个原因，单一药物治疗对 HIV 不太可能有效，因为病毒会产生变异并且对药物产生抗性。迄今为止，最有效的艾滋病治疗方法是混合多种药物的“鸡尾酒疗法”，因为 HIV 病毒在短时间内产生针对一组药物都具有耐药性的突变可能性较小。

4. 有性繁殖

在有性繁殖的生物体中，种群中的大多数遗传变异由每个个体从其父母那里继承，这些遗传变异通过各种不同的等位基因组合产生。在核苷酸水平上，这些等位基因之间的所有差异都源于过去的突变。有性繁殖会打乱现有的等位基因进行重组，并产生新的个体基因型。

有性繁殖通过三种机制促成了这种等位基因重组：联会、染色体分离和受精（见 MOOC 视频 5.1）。在减数分裂期间，同源染色体在联会时交换它们的一些等位基因。这些同源染色体和它们携带的等位基因然后随机分配到配子中。由于一个种群中存在无数可能的交配组合，受精过程将具有不同遗传组成的精子和卵子结合在一起。这三种机制的综合作用确保了有性繁殖在每一代都将现有的等位基因重新排列成新的组合，提供了许多使演化成为可能的遗传变异。

12.2 哈迪-温伯格定律

虽然种群中的个体必须在遗传上有所不同才能发生演化，但遗传变异的存在并不能保证种群一定会演化。要实现这一点，必须有一个导致演化的因素在起作用。在本节中，我们将介绍测试一个种群是否发生演化的方法。

12.2.1 重要概念

种群（Population）是指属于同一物种的一群个体住在同一地区，并且可以交配，产生有生育能力的后代。一个物种的不同种群在地理上可能是隔离的，之间很少交换遗传物质。对于生活在相隔较远的岛屿或不同湖泊中的物种来说，隔离是很常见的。但并非所有种群都是隔离的。一个种群的成员通常会与另一个种群的成员交配，因此彼此之间的关系比其他物种的种群成员更密切。

我们可以通过描述一个种群的基因库（Gene Pool）来描述种群的遗传结构。基因库由种群中所有成员的某个基因座上的所有类型等位基因的所有拷贝组成。基因座（Genetic Locus）指的是指染色体上某个基因的确切位置，比如编码某种蛋白的基因在染色体上的某一位置（见 MOOC 视频 9.3）。在一个群体中，对于一个特定的基因座来说，如果只有一个等位基因存在，该等位基因被认为是固定在基因库中的，所有个体对该等位基因都是纯合的。但如果群体中某一特定基因座有两个或两个以上的等位基因，个体可能是纯合或杂合的。

在有两个或两个以上的等位基因的情况下，很多时候我们需要计算等位基因频率（Allele Frequency），即一个种群中某种等位基因的数量在基因库中的比例。举例说明，在一个种群中有 500 棵植株，其中在一个基因座上有两个等位基因：R 和 W，编码花朵的颜色。这两个等位基因是不完全显性（见 MOOC 视频 9.3），所以每个基因型都有不同的表型，即纯合体 RR 是红色花朵，纯合体 WW 是白色花朵，杂合体 RW 是粉色花朵。每一个等位基因在种群中都有一定比例。假如在这个种群中有 320 棵植株是红色花朵，160 棵植株是粉色花朵，20 棵植株是白色花朵。因为这些是二倍体植株，所以这 500 棵植株的种群中，有 1000 个花朵颜色的等位基因拷贝。所以等位基因 R 有 800 个拷贝，即纯合体的（320×2）个=640 个，还有杂合体的（160×1）个=160 个，总共（640+160）个=800 个。所以等位基因 R 的频率为 800/1000=0.8，即 80%。当研究一个基因座有两个等位基因时，我们用字母 p 来代表其中一个等位基因的频率，用字母 q 来代表另一个等位基因的频率。所以在这个例子中，p 代表等位基因 R 的频率为 0.8，即 80%，因为有两个等位基因，所以等位基因 W 的频率，用 q 表示，就是 1−0.8=0.2，即 20%。如果一个基因座有两个以上的等位基因，所有的等位基因频率的总和等于 1。

12.2.2 哈迪-温伯格定律概述

结合前面的内容，我们可以从遗传学上给生物演化一个定义：种群内等位基因频率在世代间的变化。因此，检验演化是否在一个种群中的基因座上发生，我们可以进行如下推理。如果在这个基因座上演化不发生，那么种群中的基因组成是什么。然后，我们可以将这种情况与实际观察到的种群数据进行比较。如果没有差异，就可以得出结论，种群没有演化；如果存在差异，这表明种群可能在演化，然后我们可以尝试找出原因。

如果在一个种群中没有发生演化，那么在世代交替的过程中，等位基因频率和基因型频率都保持不变，我们把这样的种群称作处于哈迪-温伯格（Hardy-Weinberg）平衡。这个公式是英国数学家哈迪（G. Hardy）和德国物理学家温伯格（W. Weinberg）相对独立发展的，所以以两个人的名字命名。

如何判断一个种群是否处于这个平衡中？首先我们用一种新的方式来思考遗传杂交。以前，我们使用旁氏表来讨论杂交后代的基因型。这里，我们不是考虑一个杂交中后代所有可能的等位基因的组合，而是考虑一个种群中所有的杂交的等位基因的组合。

假设一个种群中所有个体的某一个基因座上的所有等位基因被放置在一个箱子里（见图 12.2）。我们可以把这个箱子设想成是那个基因座的种群基因库。“繁殖”是通过从容器中随机选择等位基因来实现的，这和自然界鱼类将精子和卵子释放到水中或植物花粉被风吹来吹去是一样的。在这里我们将繁殖看作是一个从基因库中随机选择和组合等位基因的过程，实际上假设了交配是随机发生的，也就是说，所有的雄性和雌性交配的可能性是相同的。

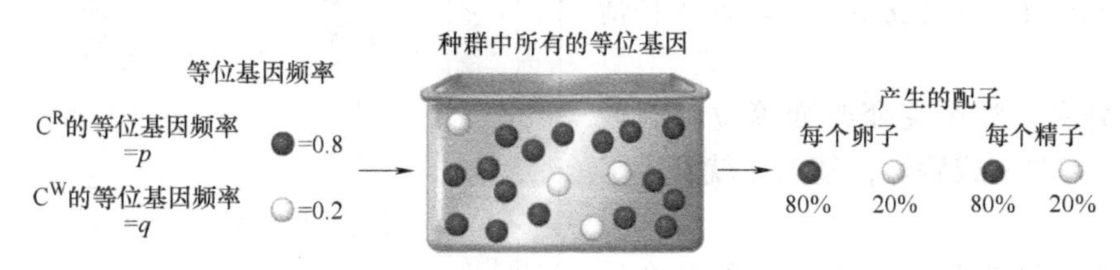

图 12.2　从一个基因库中随机选取等位基因

下面让我们将箱子类比应用到前面讨论的野花种群。在 500 朵花的种群中，红花（C^R）的等位基因频率 $p=0.8$，白花（C^W）的等位基因频率 $q=0.2$。换句话说，这个种群中包含 800 个 C^R等位基因和 200 个 C^W等位基因。假设配子是通过从容器中随机选择等位基因而形成的，卵子或精子中含有 C^R或 C^W等位基因的概率等于容器中这些等位基因的频率。因此，如图 12.2 所示，每个卵细胞有 80%的机会含有一个 C^R等位基因，20%的机会含有一个 C^W等位基因，每个精子也是如此。

假设精子和卵子随机结合，我们利用旁氏表可以计算三种可能的基因型的频率。两个 C^R 等位基因聚在一起的概率是 $pp=p^2=0.8\times0.8=0.64$。因此，约 64%的植株在下一代将具有 C^RC^R 基因型。C^WC^W 个体的频率为 $qq=q^2=0.2\times0.2=0.04$，或 4%。C^RC^W 杂合子可以通过两种不同的方式产生。如果精子提供 C^R 等位基因，卵子提供 C^W 等位基因，则产生的杂合子为 $pq=0.8\times0.2=0.16$，即总杂合子的 16%。如果精子提供 C^W 等位基因，卵子提供 C^R 等位基因，则杂合后代将构成 $qp=0.2\times0.8=0.16$，即 16%。因此杂合子的频率就是这些可能性的总和：$pq+qp=2pq=0.16+0.16=0.32$，或 32%（见图 12.3）。

下一代的基因型频率总和必须为 1。因此，哈迪-温伯格平衡认为，在一个具有两个等位基因的基因座上，三种基因型频率满足的方程和出现的比例如下：

$$\underset{\substack{C^RC^R\text{的}\\\text{基因型频率}}}{p^2} + \underset{\substack{C^RC^W\text{的}\\\text{基因型频率}}}{2pq} + \underset{\substack{C^WC^W\text{的}\\\text{基因型频率}}}{q^2} = 1$$

注意这个基因座有两个等位基因，只有三种可能的基因型（C^RC^R，C^WC^W，C^RC^W）。因此，无论这个种群是否处在哈迪-温伯格平衡，这个种群中的等位基因频率之和必须等于 1。只有当一个纯合子的实际频率为 p^2，另一个纯合子的实际频率为 q^2，杂合子的实际频率为 $2pq$ 时，种群才处于哈迪-温伯格平衡。如果像野花这样的种群处于哈迪-温伯格平衡状态，其成员继续一代又一代的随机交配，等位基因和基因型频率将保持不变。这种交配并产生后代的方式像一副牌：不管重新洗牌多少次，牌本身都是一样的，K 并不比 J 多。一个种群的基因库在几代人之间的重复重组本身并不能改变一个等位基因相对于另一个等位基因的频率。

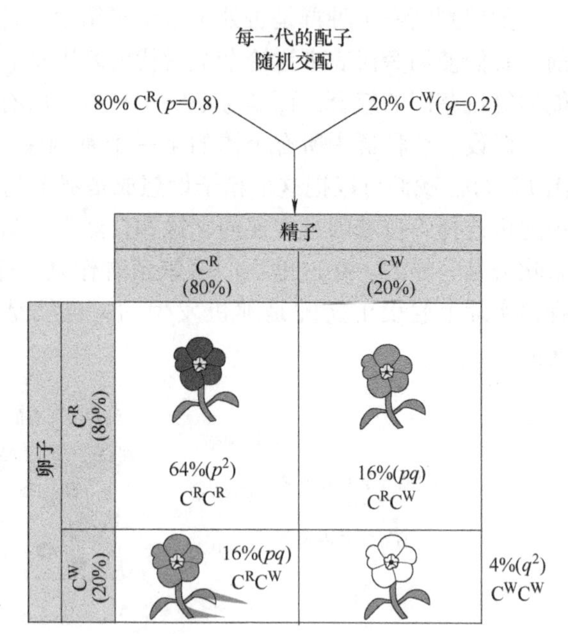

图 12.3　随机交配情况下每一代基因型频率

当然哈迪-温伯格平衡描绘了一种假想的不会演化的种群。但是在真正的种群中，随着时间的推移，等位基因和基因型频率是不断变化的。当下面 5 种情况中的一种发生时，等位基因频率就会发生变化。这 5 种情况是：

（1）突变　如果突变改变等位基因或者某个基因被复制或删除，基因库就发生了改变。

（2）不是随机交配　如果一部分个体倾向于和种群中某部分个体交配，比如它们的邻居或亲戚，那么随机的配子组合不会出现，基因型的频率也会改变。

（3）自然选择　不同个体间的基因型不同，导致生存率和繁殖率的不同，这也会改变等位基因频率。

（4）小的种群数量　如果种群的数量越小，那么在世代交替过程中，等位基因频率越容易改变。我们后面讲到的遗传漂变就是这样。

（5）基因流动　从种群中移出或移近等位基因，都会改变等位基因频率。因为这些改变，肯定会导致演化的发生，这在自然界中的种群中非常常见。

我们前面讨论的哈迪-温伯格定律中，5 种情况中的任何一种改变都有可能导致演化的发生。因为突变的概率较低，所以在世代交替中改变等位基因频率的可能也较小。随机交配虽然会影响纯合体和杂合体基因型的频率，但是对基因库的等位基因频率没有影响。自然选择、遗传漂变和基因流动都可以改变种群中的等位基因频率。

12.2.3　应用哈迪-温伯格定律

哈迪-温伯格定律对于判断种群演化有帮助，在医学上也可以帮助我们判断一个种群中携带一种特定的等位基因的频率。举个例子，假如一种编码人体细胞表面受体蛋白基因 CCR5 发生了突变，这个等位基因是隐性的，可以保护人体不受 HIV 病毒感染。在瑞典的一个小镇中，这种等位基因的频率是 20%。那么现在我们来计算一下这个小镇中对 HIV 病毒免疫的人群的比例是多少。因为这种等位基因是隐性的，所以有两个拷贝的纯合体才能对 HIV 病毒免疫。用 q 代表这种等位基因频率，q 为 20%，即 0.2，那么纯合体概率为 $q^2=0.04$，即 4%的人口对 HIV 病毒免疫。如果需要计算这个小镇中有多少人是杂合体？因为我们知道 $q=0.2$，则 $p=0.8$，那么杂合体就是 $2pq=2\times0.8\times0.2=0.32$，即有 32%的人口是杂合体。

12.3 遗传漂变和基因流动

12.3.1 遗传漂变

遗传漂变（Genetic Drift）指的是由于概率原因导致种群中，特别是小种群中的等位基因频率在世代间的波动。在这里我们介绍两种遗传漂变的机制：奠基者效应和种群瓶颈效应。

奠基者效应（The Founder Effect）指的是一个种群中一小部分个体从种群中分离开来，到达一个新的地方建立一个新的种群，这个新的种群的等位基因频率和原来种群的等位基因频率相比发生很大变化（见 MOOC 视频 9.4）。奠基者效应可以解释为什么在一些隔离的人类种群中遗传学疾病高发。比如，1814 年，有 15 个英国殖民者在大西洋中的小岛建立了新的殖民地。其中的一个人携带了隐性的等位基因，这种等位基因的纯合体导致逐步失明。到了 1960 年，这个小岛上 240 个人中，有 4 个患有逐渐失明症，等位基因的频率相较最初殖民者的种群发生了变化。

种群瓶颈效应（Bottleneck Effect）指的是突发的环境变化比如火灾或洪水导致种群数量急剧减少，有的等位基因在存活下来的种群中占多数，而有的等位基因在存活下来的种群中占少数。为什么叫作瓶颈效应？因为种群好像经过了一个瓶颈一样减少了数量（见 MOOC 视频 9.4）。加拉帕戈斯群岛上的象龟是一个很好的例子。群岛中最大的岛屿中生活着几个种群的象龟。居住在火山坡的种群多样性比居住在岛屿其他地方的种群多样性要小得多。根据 DNA 比对分析发现，距今 10 万多年以前，由于火山爆发导致居住在火山坡的种群急剧减少，从而导致种群多样性减少。

综上所述，遗传漂变可能对种群有 4 种影响：

1）遗传漂变对于小种群的影响很大。偶然事件可能导致等位基因在下一代中的比例过高或过低。尽管偶然事件发生在所有大小的群体中，但它们往往只在小群体中显著改变等位基因频率。

2）遗传漂变通过随机的方式改变等位基因频率。由于遗传漂变，等位基因的频率可能在某一年增加，然后在下一年减少，所以每年的变化是无法预测的。因此，与自然选择不同的是，在给定的环境中，遗传漂变导致等位基因频率随时间随机变化。

3）遗传漂变可以导致种群中遗传变异的减少。通过使等位基因频率随时间随机波动，遗传漂变可以从种群中消除某种等位基因。由于演化依赖于遗传变异，这种损失会影响种群适应环境变化的有效性。

4）遗传漂变有可能使得有害的等位基因长久存在下去。既无害也无益的等位基因可能会在遗传漂变中偶然丢失或固定下来。在非常小的群体中，遗传漂变也会导致有害的等位基因变得固定。当这种情况发生时，种群的生存就会受到威胁。

12.3.2 基因流动

基因流动（Gene Flow）指的是一个等位基因在一个物种的基因库中传递，即从一个种群传递到另一个种群，导致两个种群等位基因的频率发生变化（见 MOOC 视频 9.4）。基因流动可以把一些有益的等位基因引入到一个种群中，从而增强了这个种群对当地环境的适应能力。比如，基因流动使得对杀虫剂产生抗性的家蚊（*Culex pipiens*）在世界各地广泛分布。这种蚊子是脑膜炎、荨麻疹等疾病的载体。科学家们根据不同地区的家蚊的等位基因的特点进行研究发现：在较早的种群中，这些等位基因在种群中的增加是因为它们具有杀虫剂的抗性。这些等位基因然后流动到新的地区，在那里由于自然选择的原因导致其等位基因频率的增加。

12.4 自然选择

与前两种机制不同，自然选择的结果不是随机的。自然选择偏爱某些等位基因，因而造成一些个体的存活率更高。自然选择不断提高具有生存和繁殖优势的等位基因的频率，从而导致适应性演化。

12.4.1 自然选择的内容和方式

在介绍自然选择如何导致适应性演化时，我们将从相对适应度的概念以及生物体的表型受自然选择影响的不同方式开始。

1. 相对适应度

相对适应度（Relative Fitness）是指拥有特定基因型的个体，相较于其他个体在存活和繁殖上的成功率或能力。相对适应度可以指某种生物适应极端的生活环境；或者伪装自己躲避天敌的能力；还可以指繁殖能力。

2. 自然选择的内容

前面介绍达尔文形成演化理论主要是基于对自然界的观察。我们把这些观察总结为4点（见MOOC视频9.5）：

1）一个种群中的个体之间是有差异的。

2）有的个体差异是可遗传的。达尔文在《物种的起源》中曾经以人工选择性育种鸽子为例，有两种鸽子，一种尾巴是扇形，另一种尾巴是普通型。人工育种可以留下扇形尾巴并在此基础上不断培育出后代，这一过程就是孟德尔遗传学的内容，决定扇形尾巴的性状是基因，基因可以从父代传递到子代。

3）所有的物种其种群产生后代的数量远多于存活的数量。这个在植物中体现很明显：树木有很多种子，但只有极少数成长成大树。

4）存活下来并且繁殖成功的后代不是随机的，个体间存活和繁殖的差异导致种群世代间一些有利的性状的积累。以加拉帕戈斯群岛的雀类为例，雀类之间喙的差异是由其食物资源所决定的。有的鸟喙较大，主要用于嗑开坚硬而大的种子。有的喙较小，用于嗑开小而软的种子。而且，一个生物的可遗传性状不仅影响自己的相对适应度，也会影响其后代的相对适应度。如果一个生物遗传给后代的性状可以使其更好地躲避捕食，获取食物，或者是忍受极端环境，那么这个性状可以使后代增加存活和繁殖的数量，这样的性状在种群中的比例也就会越来越多。

综合以上，自然选择的内容主要包括：

1）自然选择是一个过程，在这个过程中，一些导致存活和繁殖概率高的性状会使携带这性状的个体在种群中越来越多。

2）随着时间的推移，自然选择会提高生物和其环境的适配度，比如一些昆虫的伪装。

3）如果环境改变，或者个体迁移到一个新的环境，为了适应这些新的环境，自然选择有时会导致新的物种出现。

3. 自然选择的方式

自然选择可以通过 3 种方式来改变种群中等位基因的频率。我们通过图 12.4 来解释，白足鼠的毛发颜色是可遗传的性状，曲线说明了不同颜色的白足鼠在种群中的比例变化。第一种方式是**定向选择**（Directional Selection），即环境支持携带某个极端性状的个体的生存和繁殖，使得种群频率曲线向一个极端性状逐渐过渡。在这种情况下，白色的白足鼠数量逐渐减少，因为生活在黑色的岩石中，很容易被捕食者发现。马的演化也是定向选择的例子：从小型森林动物逐步演化到高大的草原动物。第二种方式是**分裂选择**（Disruptive Selection），即环境支持种群中携带两个极端性状的个体，而不是中间态性状的个体，使得种群频率曲线向两端分布。在这个例子中，白足鼠的种群生活环境既有白色岩石，又有黑色岩石，导致黑白相间毛色的白足鼠逐渐减少。第三种是**稳定选择**（Stabilizing Selection），即环境支持种群中携带中间态的性状的个体，使得种群频率曲线两端逐渐消失，只留下中间状态。在这个例子中，白足鼠生存的环境中岩石颜色是中间色的，所以白色和黑色的白足鼠逐渐减少。

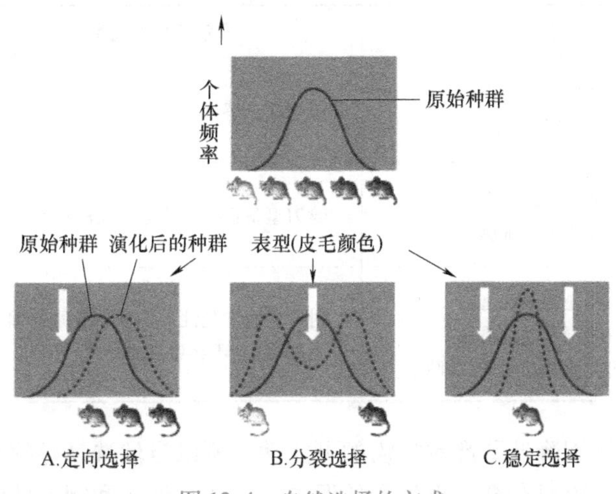

图 12.4　自然选择的方式

12.4.2　检验自然选择

现代科学家们如何在实验室的条件下证明自然选择？下面我们来看一个例子（见 MOOC 视频 9.5）。有一个果蝇的种群，大多数果蝇是代谢酒精慢的；另外有 10%的果蝇是代谢酒精快的。这两种不同的性状是由不同的等位基因所决定的。如何证明自然选择会改变种群中等位基因的频率？我们可以把果蝇随机分成两组，并保证每组的代谢酒精快和代谢酒精慢的果蝇等位基因频率相同（在演化发生的一开始是相同的）。然后我们把两组果蝇分别放到正常环境和酒精浓度高（向食物上喷洒酒精）的环境中，让果蝇繁殖 57 代。经过统计，我们得出以下结果：对于在正常环境中繁衍后代的果蝇种群来说，第 1 代和第 57 代的种群中，酒精代谢快的果蝇比例没有变化，因为自然环境没有提供选择的压力。而对于生活在高酒精环境下的果蝇种群来讲，经过57代，种群中绝大多数为代谢酒精快的果蝇。说明在这种环境下，代谢酒精快的果蝇适应度更高，能产生更多的后代，导致了种群中等位基因频率的变化。

12.4.3 自然选择在人类中的体现

1. 镰刀状细胞等位基因和疟疾

我们前面介绍过镰刀状细胞贫血症是隐性遗传病，这种疾病导致红细胞的异常病变，变成镰刀状。镰刀状细胞等位基因在某些人群中较高，因为在特定的环境中，自然选择偏爱携带一个这样的等位基因的个体。镰刀状细胞等位基因是疟疾易发地区人群的一种适应。

疟疾由疟原虫感染造成。疟原虫以人体内的红细胞为营养来源和复制基础，幼小的儿童容易感染致死。但是疟原虫无法以镰刀状红细胞为营养基础，这些畸形的细胞降低了寄生虫繁殖和感染更多红细胞的能力。如果一个人是镰刀状细胞等位基因的携带者，那么他既可以避免患有遗传病（杂合体不会患病），又可以避免疟原虫的感染致死，因为他体内有相当红细胞内的血红蛋白是异常的（见表12.1）。

表12.1 携带镰刀型等位基因的个体在疟疾易感地区相对适应度高

基因型	表型	和疟原虫的关系	存活情况
AA	正常血红蛋白 正常红细胞	被疟原虫感染	✝
aa	异常血红蛋白 镰刀型红细胞	镰刀型贫血症；疟原虫无法正常生长	✝
Aa	一半正常血红蛋白 一半异常血红蛋白 可以行使正常功能的红细胞	对疟疾有耐受性（即使被疟原虫感染，不会致病），不会患贫血症	🏃

镰刀状细胞等位基因降低了严重疟疾的可能性，所以自然选择导致它在易感人群中出现的频率增加。此等位基因对杂合子携带者的保护可以通过疟疾和镰刀状细胞性贫血症的分布重叠来证明（见MOOC视频9.5）。

2. 乳糖耐受

乳糖不耐是指吃了牛奶或其他奶制品后容易引起腹泻的情况。因为这类人群体内的负责代谢乳糖的酶——乳糖酶失去活性，导致乳糖无法被分解，大量地堆积在肠道内。这些大量堆积的乳糖会被肠道内的细菌所吸收，导致细菌大量繁殖，从而造成腹泻。我们的祖先都是乳糖不耐的，因为编码乳糖酶的基因在婴幼儿时期会表达，而到了成年时期就不表达了。

乳糖耐受是指乳糖酶的活性在成年中也具有。为什么现在大多数人群是乳糖耐受的？这和人类饮食结构的改善有很大关系。漫长的人类演化过程中，人类对于食品的加工也逐步改善，使得人们在成年后也会摄取大量的乳制品。那么当种群中有新的等位基因的产生——乳糖酶活性一直保持，这种等位基因所决定的性状在饮食结构改变的情况下的相对适应度高，导致这种等位基因被大量遗传下来。

12.4.4 性选择

性选择（Sexual Selection）是一种自然选择，在这种选择中，具有特定遗传特征的个体比其他个体更有可能获得配偶。性选择决定了一些交配的性状。比如孔雀的羽毛、狮子的鬃毛和蝴蝶的翅膀等。还有一种重要的交配性状是两性异形（Sexual Dimorphism），即同一物种的两性之间的外表差异很大。两性异形可以指像孔雀羽毛那样的求偶器官；也可以指雄性和雌性在体型上的差异，比如海豹和大猩猩，雄性体型远远大于雌性；有时候也可以指雄性的打斗器官，比如麋鹿的角。人类中同样存在两性异形的情况，比如男性的心脏比女性大，伤口愈合能力也更好；女性得传染病的概率低，因为女性白细胞的数量多，产生抗体的速度快。

性选择的机理主要是通过同性竞争和异性选择来实现的。同性竞争（Intrasexual Selection）意味着选择发生在同性别内，同性别的个体为了争夺交配的权利而进行斗争。在许多物种中，同性竞争会发生在雄性身上。例如，一只雄性蜘蛛会巡视一群雌性蜘蛛，阻止其他雄性蜘蛛与它们交配；巡逻的雄鹿可能会在战斗中打败弱小或不太凶猛的雄鹿来捍卫自己的地位；象海豹通过打斗实现对雌性的交配权。

异性选择（Intersexual Selection）也被称为配偶选择（Mate Choice），一个性别的个体（通常是雌性）在选择他们的异性伴侣时很挑剔。在很多情况下，雌性的选择取决于雄性的外表或行为。事实上，这些外表或行为可能会因此给雄性带来一些风险。例如，鲜艳的羽毛可能会让雄性鸟类更容易被捕食者发现。但如果这些特征有助于雄性获得配偶，而且这种益处超过了被捕食的风险，那么鲜艳的羽毛和雌性对它的偏好都将得到加强，因为它们提高了整体的繁殖成功率。

那么雌性偏好的一些雄性特征是怎么演化的？一种假说是雌性选择基于“直接利益”，即雌性偏好雄性的一些能力，比如捕食能力，看护后代的能力等。另一种假说是雌性选择拥有“优秀基因”的雄性，即这些基因体现了雄性的存活率较高的特征，比如强健的免疫系统。像我们前面所述的孔雀的尾巴，漂亮的尾巴说明雄孔雀身体强壮；还有的狮子的鬃毛，毛越密代表狮子越健康。这样的交配会使得优秀的基因能够传递给所有后代。

12.4.5 自然选择的本质

虽然自然选择导致适应，但自然界中有大量的生物的例子说明这种机制并不会帮助产生完美的性状。比如中国北方的部分鸟类到了冬季就要向南方迁徙，为什么在漫长的演化过程中这些鸟类没有演化出冬天和夏天都能够在北方生存的性状？自然选择之所以无法产生完美的性状，主要有以下几个原因：

1）选择只能作用于现有的变异。自然选择只倾向于当前种群中最适合的表型，这可能不是理想的性状。新的有利的等位基因不会随需要而产生。

2）演化受到历史的限制。每个物种都有来自祖先形态的遗传变异。演化不会抛弃祖先的解剖学结构，而从头开始构建一个新的复杂结构。相反，演化选择了现有的结构，并使它们适应新的情况。我们可以想象，如果陆生动物要适应适合飞行的环境，那么最好的办法就是多长一对四肢，充当翅膀。然而，演化并不是这样的，它作用于生物体已经具备的特征。因此，在鸟类和蝙蝠中，当这些生物从不会飞的祖先演化而来时，现有的一对肢体就具有了飞行的新功能。

3）适应通常是妥协。每一种生物都必须做许多不同的事情。海豹有一部分时间是在岩石上度过的。如果有腿而不是鳍，它可能会更好地行走，但那样它就不会游泳了。我们人类的多才多艺和运动能力很大程度上归功于我们能抓握东西的手和灵活的四肢，但这些也使我们容易扭伤、韧带撕裂和脱臼。由于灵活性，结构加固被削弱了。

4）概率、自然选择和环境相互作用。偶然事件可以影响种群随后的演化史。例如，当风暴把昆虫或鸟类吹过海洋上数百公里远的一个岛屿上时，最适合新环境的个体不一定在其中。因此，并不是所有存在于奠基者种群基因库中的等位基因都比“被抛弃”的等位基因更适合新环境。此外，特定地点的环境可能每年都发生不可预测的变化，这也限制了生物体与当前环境条件密切匹配的程度。

参考文献

[1] ZIMMER C. Evolution：the triumph of an idea：from Darwin to DNA [M]. London：Harper Perennial，2002.
[2] BELK C，MAIER V B. Biology：Science for Life [M]. 5th ed. New York：Pearson，2016.
[3] REECE J B，et al. Campbell Biology [M]. 10th ed. New York：Pearson，2013.
[4] STEARNS S C. Evolution [M]. 2nd ed. London：Oxford University Press，2005.

第13章

物种的起源

2019年9月，剑桥大学最新发布的一份报告称，针对某特定种族的DNA所制造的生物武器可能会在未来出现，并警告各国政府为防范此类人类危机提前做好准备。根据剑桥大学存在风险研究中心的报告内容，他们认为，近年来随着基因工程技术愈发成熟，成本也愈发廉价。“在某种极端情况下，人们甚至会制造出针对特定种族基因特征的生物武器。”如今新冠疫情在全球蔓延（见图13.1），人们在研究和讨论病毒起源问题的同时，也有一种观点认为：新冠病毒是否是针对某一种族的基因武器？这个问题有一个隐含的前提就是：种族之间的基因或者等位基因是有差别的。这个前提是不是事实？我们需要从科学的角度来分析。另外，种族之间的差别是什么？生物学上又是如何界定的？这和生物学中物种的概念有什么联系？

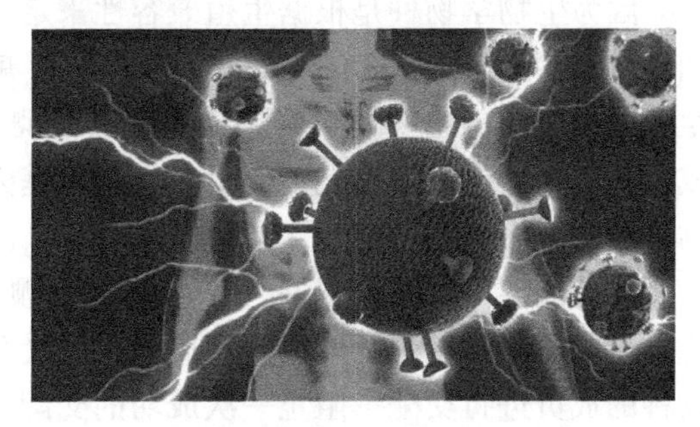

图13.1　人与演化中的新冠病毒

物种的概念和形成在达尔文的《物种的起源》中有详细描述。物种形成的不仅造成了生命的多样性，还形成了一个概念上微观演化（种群中等位基因频率随时间的变化）和宏观演化（高于物种水平的广泛演化模式）的桥梁。在本章中，我们首先讨论生物学上物种形成的相关概念；然后再讨论种族相关概念以及从遗传学上如何分析种族之间的差异；最后，我们会讨论人类种族间差异的形成和遗传、环境以及文化都有密切联系。

13.1　什么是物种

“species”在拉丁语中是“种类”或“外观”的意思。在日常生活中，我们通常通过不同的外观来区分各种“种类”的生物，例如狗和猫。但是，生物体真的就是按照我们称之为物种的形式被划分成一个个分离的小群体吗？还是这种分类是一种强加给自然界秩序的武断方式？为了回答这个问题，生物学家不仅比较了不同生物群体的身体形态，而且还比较了生理、生物化学和DNA序列上不太明显的差异。研究结果普遍证实，形态上不同的物种除了它们的身体形态外，它们在许多方面都不同。

我们在上一章讨论种群演化机制时曾定义过基因流动，指出不同物种间是没有基因流动的。那么，是什么将一个物种的基因库维系在一起，使其成员之间的相似性超过与其他物种成员之间的相似性？回顾一下基因流动的演化机制，即群体间等位基因的转移。通常，基因流动会发生在一个物种的不同种群之间。这种持续的等位基因交换往往使种群在遗传方面更接近。另一方面，基因流动的缺失对新物种的形成非常重要。

13.1.1 生物学物种的概念

本书中物种的主要定义是生物学物种的概念。根据这一概念，物种是一个群体，其成员有可能在自然界中杂交并产生具有繁殖能力的后代，但不与其他类群体成员产生有繁殖能力的后代。因此，一个生物学物种的成员是没有生殖隔离的。例如，所有的人类都属于同一物种。生活在北美的男性不太可能遇到生活在蒙古的女性，但如果这两个人碰巧相遇并交配，他们可能会生下有生育能力的孩子，并成长为有生育能力的成年人。相比之下，即使生活在同一个地区，人类和黑猩猩仍然是截然不同的生物物种，因为许多因素使它们无法杂交并产生有繁殖能力的后代。下面我们简单讨论造成不同物种之间无法交配和产生有生育能力后代的机制——生殖隔离。

因为生物学物种是根据生殖兼容性来定义的，所以新物种的形成是建立在生殖隔离的基础上的。生殖隔离（Reproductive Isolation）就是阻碍两个物种的成员之间进行交配和产生有生育能力后代的生物学障碍。这些障碍阻碍了物种之间的基因流动，限制了杂交后代的形成。虽然单一的屏障可能不能阻止所有的基因流动，但多个屏障的结合可以有效地隔离一个物种的基因库。

生殖隔离的屏障有很多（见 MOOC 视频 9.6）。这些屏障分成两类：合子形成前障碍和合子形成后障碍。合子形成前障碍阻止了受精的发生。这种障碍通常有三种作用：阻止不同物种的成员进行交配、阻止一次成功的交配及阻止交配成功后的受精。合子形成后障碍是指虽然不同物种的精子和卵子成功受精，但是在杂合子形成后有些因素导致生殖隔离。比如发育错误可能降低杂交胚胎的存活率，或出生后的问题可能导致杂种不育或缩短他们的存活时间，以致无法达到繁殖年龄。

13.1.2 生物学物种的局限性

需要注意的是，生物学物种概念强调了物种是怎样形成的：通过生殖隔离的演化过程。然而，适用于这一定义的物种数量却有限。比如，对于已经灭绝的仅仅有化石证据的物种来说，我们无法通过化石来判断生殖隔离。生物学物种的概念也不适用于所有采用无性繁殖的生物，比如原核生物。此外，在生物学物种的概念中，物种是由没有基因流动来指定的。有很多物种在形态和生态上不同，但是它们之间存在基因流动。一个例子是灰熊和北极熊，它们杂交可以产生后代。即使物种之间发生了一些基因流动，但是自然选择可以使这些物种保持彼此的差异。由于生物学物种概念的局限性，有时我们需要使用其他的物种的定义。

13.1.3 物种的其他定义

生物学物种的概念强调了什么样的生物不属于同一物种，但是并没有强调什么样的生物属于同一物种。而有的定义强调了物种内部的统一性。例如，形态学物种概念通过体型和其他结构特征来鉴定一个物种。形态学物种的概念可以应用到无性繁殖的生物和有性繁殖的生物，在我们不知道是否有基因流动的情况下也可以使用。在实践中，科学家经常使用形态学标准来区分物种。然而，这种方法的缺点是它依赖于主观标准，对于一个物种的结构特征人们可能会有不同的意见。

生态学物种概念根据其生态位来定义一个物种。生态位是物种成员与其环境中的生物和非生物部分相互作用的总和（见 MOOC 视频 14.1）。例如，两个不同物种的橡树可能对干燥环境的耐受性上有所不同，但偶尔仍会杂交。因为它们占据不同的生态位，这些橡树被认为是独立的物种，尽管它们之间有一些基因流动。与生物学物种概念不同，生态学物种概念适用于无性繁殖的和有性繁殖的物种。因为生物体适应不同的环境，这个物种概念还强调了自然选择中的分裂式选择的作用。

系统发生学物种概念将物种定义为最小的拥有共同祖先的群体，即形成生命之树的一个分支。生物学家通过比较物种间生物的形态学或分子序列等特征来追溯其系统发生历史。这样的分析可以很明确地展示物种间的差异。但是很难确定不同物种的差异程度。

我们究竟使用哪种定义取决于具体情况和遇到的研究问题。为了研究物种是如何起源的，特别是生殖隔离的产生，讨论生物学物种概念尤其重要。

13.2　物种的形成

物种形成在达尔文的《物种的起源》中被称为“奥秘中的奥秘”，这一过程使许多生物学家为之着迷，因为它产生了巨大的生物多样性，不断产生与现有物种不同的新物种。物种形成也有助于解释有机体共有的许多特征。例如，DNA 序列相似性表明，加拉帕戈斯群岛上不会飞的鸬鹚与在美洲发现的会飞的鸬鹚密切相关。这表明，这种不会飞的鸬鹚来自一种从大陆飞到加拉帕戈斯群岛的鸬鹚祖先。

我们前面讲到基因流动中断是产生物种的关键，而地理环境是造成同一物种中不同种群基因流动中断的主要因素。地理环境对物种形成的影响主要分成两种模式：**异域物种形成**（Allopatric Speciation）和**同域物种形成**（Sympatric Speciation）。

13.2.1　异域物种形成

在异域物种形成中，当一个种群被划分为地理上孤立的亚种群时，基因流动中断。例如，一个湖泊的水位可能会下降，导致两个或更多的小湖泊成为独立种群的家园（见图 13.2）。或者一条河流可能改变路线，将不能通过它的动物种群分开。异域物种形成也可以在没有地质重构的情况下发生，比如当部分个体到一个偏远地区定居后，它们的后代在地理上与父代种群隔离。

1. 异域物种形成过程

当一个物种的种群因为地理环境改变（比如造山运动）或种群本身发生改变（比如种群的迁出）而产生隔离，这是异域物种形成的条件。隔离的种群会在基因型或表型上发生变化而逐渐不同。其中的原因是隔离的种群与原本的种群面临不同的选择压力，各自的基因库发生改变。一段时间以后，两个种群会演化出不同的特征。即使地理阻隔后来消失，两个种群之间也会变得不能成功交配。这时，这两个基因库发生改变的群落便成了不同的物种。

大约5万年前，美国西部死谷一带的气候多雨，因此形成了很多互相连接的淡水河流和湖泊。其后1万年气候逐渐变得干旱，河流和湖泊的面积减少，鱼类的种群因此发生地理隔离。现在仅存的分隔的小湖泊里出现的鱼类物种间基因都十分近似，但都发展出适应各自环境的特征。

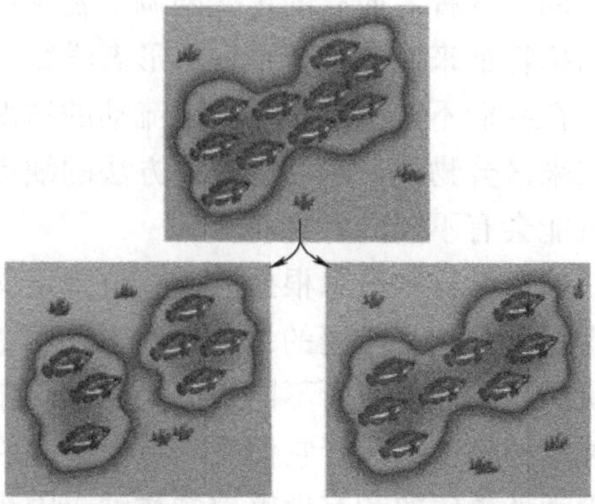

A.异域物种形成
当产生地理隔离时，一个种群从其原来的种群中分离出来，并形成新的物种。

B.同域物种形成
没有地理隔离时，一个种群从其原来的种群中分离出来，并形成新的物种。

图13.2　物种形成的两种模式（扫封面二维码查看彩图）：A. 异域物种形成和B. 同域物种形成

2. 异域物种形成的证据

许多研究提供了异域物种形成的证据。例如，实验室研究表明，当种群在实验里被隔离并受到不同环境条件的影响时，就会产生生殖障碍（见图13.3）。

把果蝇随机分成两组，一组放在有淀粉的培养基中，另一组放在有麦芽糖的培养基中。两组分别经过40代的繁殖，自然选择使得两组果蝇的种群发生了很大变化：在淀粉培养基中生长的果蝇代谢淀粉非常快；而在麦芽糖培养基中生长的果蝇代谢麦芽糖快。然后，把两个种群的果蝇混合起来，共同培养在玉米粉的培养基中，观察交配的频率。交配频率的结果显示（见MOOC视频9.6）：来自淀粉培养基的果蝇倾向和来自淀粉培养基的交配，来自麦芽糖培养基的果蝇倾向和来自麦芽糖的交配。这个结果说明了在这两组种群中产生了生殖隔离。尽管这个生殖障碍不是绝对的，但是40代后这种隔离已经日渐明显。这种生殖隔离可能是由于两个种群由于地理隔离后为了适应不同的食物来源，从而产生了不同的选择压力，导致两个种群在交配行为上的差异，从而形成隔离。

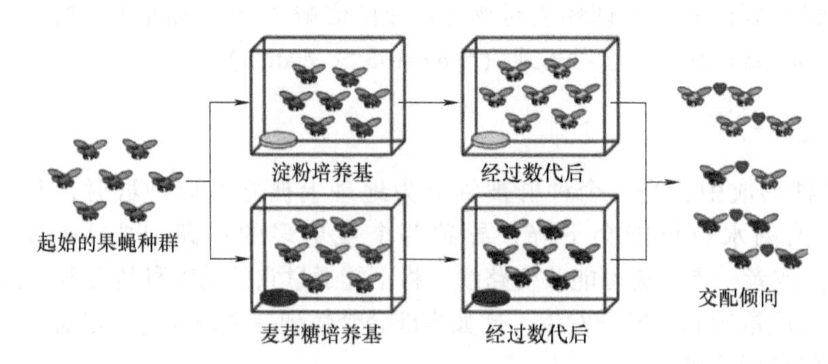

图13.3　自然选择导致生殖隔离（扫封面二维码查看彩图）

野外研究表明，在自然界中也可以发生异域物种形成。生活在巴拿马海峡的约30种鼓虾就是一个例子（见图13.4）。其中15种生活在海峡的大西洋一侧，而另外15种生活在太平洋一侧。在海峡形成之前，大西洋和太平洋的鼓虾种群之间可能发生基因流动。那么海峡两侧的物种是否起源于异域物种形成？我们通过形态学和遗传数据将这些虾分为15对姐妹

种，即每对的成员彼此具有最近的亲戚关系。在这 15 对鼓虾种中，每一对中都有一个物种生活在海峡的大西洋一侧，而另一个生活在太平洋一侧，这有力地说明了这两个物种是由于地理隔离而产生的。

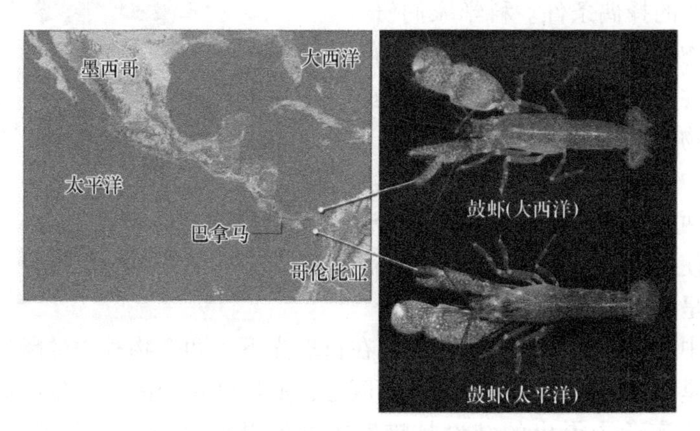

图 13.4　鼓虾的异域物种形成方式（扫封面二维码查看彩图）

13.2.2　同域物种形成

同域物种形成，是指在同样的地理环境生活的种群中产生了新的物种（见图 13.2）。我们前面谈到基因可以在同一物种的不同种群中流动，如果有因素造成基因流动减少甚至消失，那么有可能会造成生殖隔离。这里举两个造成基因流动减少的因素：多倍体和性选择。

1. 多倍体

多倍体的情况发生在细胞分裂时，由于细胞质分裂不成功，导致一个细胞内染色体数目加倍（见 MOOC 视频 9.6）。多倍体在植物中非常常见。在植物中，一次失败的细胞分裂导致一个二倍体生物变成了四倍体生物。而四倍体生物可以通过自花传粉或者和其他四倍体植株杂交产生四倍体后代。结果就是这个四倍体植株和最初的二倍体植株产生了生殖隔离，因为这种结合产生的三倍体的生殖能力下降。多倍体在植物中较为常见。

当两个不同的物种杂交并产生杂交后代时，会产生另一种形式的多倍体。大多数这样的杂交是不育的，因为来自一个物种的一组染色体不能在减数分裂期间与来自其他物种的一组染色体配对。然而，不育的杂种植物是可以无性繁殖的。在后代中，各种机制可以将一个不育杂种转变为一个可育的多倍体，称为异源多倍体。

许多重要的农业作物，如棉花、土豆、烟草和小麦，都是多倍体。小麦是一个异源六倍体（六组染色体，分别来自三个不同物种）。多倍体小麦的产生可能发生在大约 8000 年前的中东，当时由一种早期栽培的小麦和一种野草自发杂交。现今，植物遗传学家在实验室里通过使用化学物质造成减数分裂和有丝分裂错误，从而产生新的多倍体。利用演化过程，研究人员可以生产出新杂交物种，例如将小麦的高产与黑麦的耐寒性结合起来的杂交物种。

2. 性选择

性选择也会导致同域物种形成。在非洲的维多利亚湖中有 600 多种丽鱼，通过序列对比发现这些物种都是约 10 万年前从一个物种演化而来的。其中性选择是一个重要的因素(见图 13.5):因为雌性的鱼把雄性的鱼的外表作为一个重要的择偶条件。科学家们研究了丽鱼的两个物种，一个雄性是淡蓝色的背部，另一个雄性是淡红色的背部。实验是这样的，把两个物种鱼混合后分成两组，分别放入两个鱼缸中。其中一个鱼缸使用自然光，在自然光下两个物种的雄性颜色非常分明。另一个鱼缸使用单一波长的橘色光，两个物种的雄性都呈现相似的颜色。然后，分别观察两个鱼缸中雄性和雌性的交配情况。在自然光下，两个物种中的雌性倾向于和本物种的雄性交配。但是在橘色光下，雌性则无法区分，所以随机交配。产生的后代都是有生殖能力的。所以从这个实验中得出的结论是雌性的择偶条件是将两个种群基因库分开的主要原因。

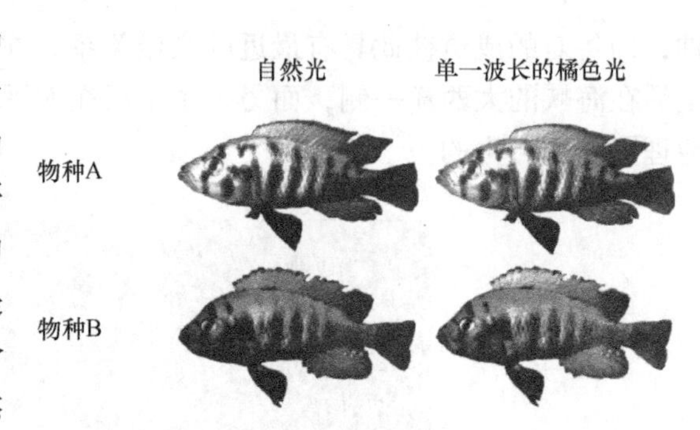

图 13.5 性选择造成了丽鱼物种的形成
(扫封面二维码查看彩图)

13.2.3 异域物种形成和同域物种形成的比较

现在让我们回顾一下新物种形成的过程。在异域物种形成中，一个新物种的形成是因为在地理上与亲本种群隔离。地理隔离严重限制了基因流动。隔离出来的种群与亲本种群产生的生殖隔离可能是遗传变异的副产物。许多过程可以产生这样的遗传变异，包括不同环境条件下的自然选择、基因漂变和性选择。一旦形成，即使日后这两个种群重新接触，在异域种群中出现的繁殖障碍还是可以阻止与亲本种群的杂交。

相比之下，同域物种形成需要出现一个生殖屏障，即将同一地区的一个种群子集与其他种群隔离开来。虽然同域物种形成比异域物种形成更为罕见，但当基因流动被阻断时，同域物种形成也可能发生，比如多倍体和性选择的机制。

在回顾了物种起源的地理环境后，我们接下来将探讨物种形成的时间进程和遗传学基础。

13.3 物种形成的机制

13.3.1 物种形成的时间进程

我们可以从化石记录来分析特定生物群体的物种形成时间。

不少化石记录都有这样的情况：许多新物种突然出现在一个地质层中，而且在几个地层中基本保持不变，然后消失。例如，有几十种海洋无脊椎动物首次出现在化石记录中，它们的形态新颖，但在灭绝之前的数百万年里变化不大。古生物学家艾崔奇（N. Eldredge）和古尔德（S. J. Gould）创造了**间断平衡**（Punctuated Equilibrium）这个术语，用来描述这些明显的停滞被突然变化打断的时期。另一种与之相反的模式是很多物种并没有显示间断变化，它们在很长一段时间内似乎是逐渐变化的，这种模式被称为**渐进平衡**（Gradual Equilibrium）。

物种形成的两种时间模式如图 13.6 所示。

间断式和渐进式能否告诉我们新物种形成需要多长时间？假设一个物种存活了 500 万年，但导致形成新物种的大部分形态变化发生在它存在的前 5 万年。如此短的时间周期在地质学上常常无法在化石地层中区分出来，部分原因可能是沉积物积累的速度太慢，无法在时间上如此接近的地层中区分出来。因此，根据它的化石，这个物种似乎是突然出现的，然后在灭绝之前几乎没有变化。尽管这样一个物种的起源可能比它的化石所显示的要慢，但间断模式表明物种形成的速度相对较快。对于那些化石变化更缓慢的物种，我们无法准确地说出一个新的生物物种是何时形成的，因为生殖隔离的信息不会体现在化石中。然而，这些群体的物种形成相对缓慢，可能需要数百万年的时间。

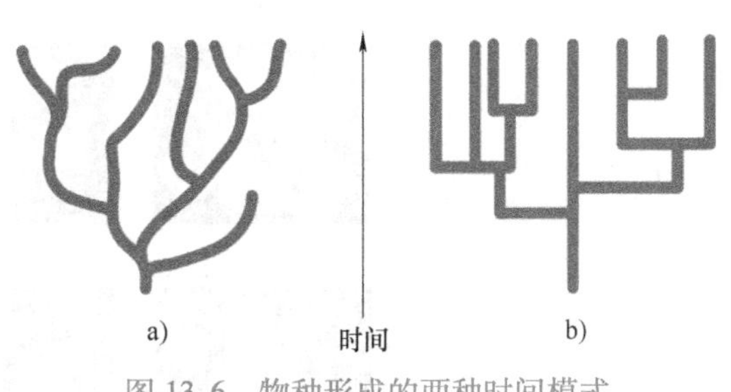

图 13.6　物种形成的两种时间模式
a）渐进平衡　b）间断平衡

13.3.2　物种形成的遗传学研究

研究正在发生的物种形成，可以帮助我们揭示导致生殖隔离的特征。通过鉴定控制这些特征的基因，科学家们可以探索演化生物学的一个基本问题：有多少基因影响新物种的形成？

有时候生殖隔离的演化是由单一基因的影响造成的。例如，在一种 *Euhadra* 属蜗牛中，单个基因的改变会导致繁殖的机械障碍。这种基因控制着蜗牛壳螺旋的方向。当它们的壳向不同的方向旋转时，蜗牛的生殖器就会错开以防止交配（见 MOOC 视频 9.6）。还有一些遗传学研究发现不同的单个基因也会导致果蝇或老鼠的生殖隔离。

两类密切相关的猴面花物种：*M. cardinalis* 和 *M. lewisii*，它们之间形成生殖隔离也是由少数基因导致的。造成这两个物种生殖隔离的主要原因是合子形成前的障碍：授粉者的选择，有近 98%的授粉者只给其中一个物种传粉。这两种猴面花的传粉者不同：蜂鸟喜欢红色的 *M. cardinalis*，而大黄蜂喜欢粉色的 *M. lewisii*。传粉者的选择受猴面花中至少两个基因座的影响，其中一个，*yup* 基因座影响花的颜色（见图 13.7）。研究人员首先将两个亲本杂交产生 F_1 代，然后将这些 F_1 代反复和每个亲本物种杂交，最后成功地将这个位点上的等位基因从红色的 *M. cardinalis* 转移到粉色的 *M. cardinalis* 中，反之亦然。野外实验结果显示，蜂鸟造访杂交植株（*M. lewisii* 植株携带了 *M. cardinalis* 的 *yup* 等位基因）的次数是野生型 *M. lewisii* 植株的 68 倍。类似地，大黄蜂造访杂交植株（*M. cardinalis* 植株携带了 *M. lewisii* 的 *yup* 等位基因）的次数是野生型 *M. cardinalis* 的 74 倍。因此，单个位点的突变可以影响传粉者的偏好，从而导致猴面花的生殖隔离。

物种形成可能始于微小的差异。然而，当物种形成一次又一次地发生时，这些差异就会积累起来，变得更加明显，最终导致与它们祖先迥异的新生物物种的形成。此外，当一群生物通过产生许多新物种而扩大规模时，另一群生物可能会缩小规模，导致物种灭绝。许多这样的物种形成和灭绝事件的累积效应都体现在化石记录中。

图 13.7 少数等位基因影响物种的形成（扫封面二维码查看彩图）

13.4 物种和种族

生物学家对生物学种族（Race）的标准定义意见不一。事实上，并不是所有的生物学家都认为种族是一个有用的术语，许多人喜欢用亚种这个术语来描述一个物种内的亚群，而其他人则认为种族根本不是一个有用的生物学概念。

然而，为了回答本节开头的问题，我们需要对种族有具体的定义。这个定义需要回答：如果一个人被认定为某一特定种族的成员，这是否意味着她与同一种族的人比与其他种族的人关系更密切？因此在生物学上更相似？解决这个问题的生物种族的定义如下：种族是单个物种的种群，它们由于基因库的隔离而彼此分离。由于种族间的基因流动很少，一个种族发生的演化变化可能不会发生在另一个种族中。这个种族的定义是否和我们社会认同的一致？如何从生物学角度来鉴定种族？

13.4.1 人类的历史

智人（Homo sapiens）的直系祖先是直立人（Homo erectus），这个物种大约在 180 万年前首次出现在东非，并在接下来的 165 万年间传播到亚洲和欧洲。早期智人的化石出现在大约 25 万年前的非洲的岩石中。化石记录显示，这些早期人类迅速取代了非洲、欧洲和亚洲的直立人种群。

直到 17 世纪和 18 世纪欧洲殖民的鼎盛时期，很少有文化根据共同的身体特征来区分不同的人类群体。人们主要认为自己和他人属于具有不同习俗、饮食和语言的特定文化群体。当欧洲人开始与世界其他地方的人接触时，能够将一群人“区分开”，使得殖民和奴隶制在道德上不那么麻烦。因此，当林奈将所有人类归类为一个物种时，他区分了人类的变种（我们现在称之为种族）。林奈不仅描述了身体特征，还将每个种族的特定行为和能力归因于种类的不同。这反映了他的西方偏见，他把欧洲种族作为优越的种族。

自林奈以后，科学家们针对人类种族还有其他的分类。一种常见的分类是一共分成 6 类：白人、太平洋岛民、黑人、亚洲人、澳大利亚原住民和美洲原住民。为了回答关于种族生物学的问题，我们需要确定一些人类种族的特征（比如肤色、眼睛和发质等）是否会导致这些群体彼此独立演化而发展起来。我们可以通过观察化石记录来寻找人类演化过程中隔离的证据。另外，还有一些基因测序公司通过分析个人的基因型来确定他们的祖先，把人类的多样性更加精细化。我们也可以通过观察这些被认为是种族的现代人群的基因库来寻找群体之间的一致差异。

大多数数据支持这样一种假设，即所有现代人类都是从非洲智人祖先在最近 10 万年演化而来的。支持这一观点的一条证据是，人类的遗传多样性（任何一个基因的等位基因数量）比任何其他类人猿都要少得多，这表明人类几乎没有时间积累许多不同的基因变体。用同样的推理，我们知道非洲人一定是最古老的人类，因为他们的基因比世界上其他地方的人更多样化。因此，非洲人被认为是所有其他人类的来源。

考虑到非洲人是最近的祖先的证据，我们在人类种群中看到的身体差异一定是在最近 15 万到 20 万年或大约 1 万代人类中出现的。从演化的角度来看，时间并不长。因此，被定义的人类种族彼此之间不可能有很大的不同。

13.4.2　人类差异的遗传学证据

人和人之间的基因差异很小，是否意味着种族间的差异也不大？即使两个种族之间的差异很小，但如果这种差异是一直存在的，那么在生物学上，人们与自己种族的成员比与不同种族的人更相似。科学家们可以测定单一种族的人群基因库，以确定该种族是否曾经真正与其他种族隔离开来。当种群彼此隔离时，它们之间很少发生基因流动。如果一个等位基因出现在一个群体中，它就不能传播到另一个群体。因此，隔离的种群应该包含一些独特的等位基因。

除了发现独特的等位基因外，研究人员还应该能够观察到隔离的种群中特定等位基因频率差异。当一种特征由于演化而在人群中变得更普遍时，那是因为该特征的等位基因在这个人群中更普遍了。换句话说，演化导致了种群中等位基因频率的改变。如果两个种群彼此分离，在一个种群中发生的等位基因频率的变化不一定会在另一个种群中发生。

综上所述，检验一个物种内是否存在生物种族有两个标准，换句话说，如果一个种族与该物种的其他种群隔离了许多代，它应该具有以下两个特征：（1）一些独特的等位基因；（2）等位基因频率在不同的种族中不同。我们前面章节介绍的哈迪-温伯格定律在研究人类差异中是有用的，用于鉴定等位基因频率差异较大的群体。回想一下，这个定律的一个假设是群体是随机交配的。如果种群群体是彼此孤立的，这种假设就不成立。如果某些个体永远不能与其他个体接触，就不可能随机交配。当一个等位基因不符合哈迪-温伯格定律的预期时，我们可以通过统计学数据识别出来，因此这对追溯人类祖先很有用。

13.4.3　人类不是隔离的生物群体

回想一下前面描述的六种主要人类种族：白人、黑人、太平洋岛民、亚洲人、澳大利亚原住民和美洲原住民。这种分组是否体现了种族特定等位基因模式和等位基因频率的独特模式？其实大多数证据表明，一个种族内不相关个体之间的遗传差异远远大于种族间的平均遗传差异。

1. SNP 和种族

我们前面介绍过单核苷酸多态性（SNP）这一特征，可以帮助科学家们寻找在某个人类群体中特有的而在其他群体中没有的等位基因。人类非常相似，99%的基因组都有相同的基因序列，只有1%的基因组有变异，主要由SNP组成。我们可以把一个特定SNP位点上的不同DNA序列看作是不同的等位基因。

鉴定SNP可以帮助我们理解造成人类对于某一种疾病易感程度的多样性和其他影响健康的原因。因为99%的SNP是不产生蛋白质的基因组，它们可能对适应性演化没有影响，因此可以很容易地传递给下一代。我们可以想象，当一个无害的SNP等位基因通过突变出现时，它可以很容易地作为演化的结果在整个人类群体中传播。因此，更中性的SNP对了解祖先是最有用的。需要注意的是，目前为止我们没有在任何群体、任何个体中发现SNP等位基因。而且，在属于同一主要种族的群体中，我们也没有发现任何个体具有种族特异性的SNP等位基因。

下面用大家熟知的表型相关的等位基因来说明SNP的情况。以镰刀状细胞贫血症等位基因为例。将近10%的非洲裔美国人和20%的非洲人携带一个镰刀状细胞贫血症等位基因，而这种等位基因在欧洲裔美国人中几乎完全缺失。然而，如果我们更仔细地检查这种等位基因的分布，会发现这种看似种族特异性的模式并不是那么简单：并非所有被归类为黑人的人群都有高频率的镰刀状细胞贫血症等位基因。事实上，在传统上被归类为黑人的非洲南部和中北部的人群中，这种等位基因非常罕见或缺失。在被分类为白种人或亚洲人的种群中，镰刀状细胞贫血症等位基因相对普遍，如中东的白种人和印度东北部的亚洲人。因此，镰刀状细胞贫血症等位基因不是所有黑人的特征，也不是所谓的“黑人种族”所特有的。

上面这个例子展示了典型的基因分布模式。科学家们目前还没有发现一个种族特有等位基因：即在某一个种族存在而在其他种族中没有。只有一小部分SNP被确定为是一个特定人群所拥有的，而这些SNP从未在该种族的所有人群中或在一个群体内的每个个体中发现。

2. 同种族内的人口和跨种族的人口比较

某些SNP等位基因可以将个体与特定的群体联系起来，是因为一个祖先群体往往与一个特定的地理位置有关。住得很近的人更可能拥有共同祖先，因此在基因上更相似。然而，如果种族是有生物学意义的，那么许多不同SNP和等位基因频率应该在一个种族内的人群中比在不同种族的人群中更相似。

同样，群体中SNP等位基因频率的模式可以用更明显的等位基因来阐明。图13.8展示了对于特定的基因而言，不同人类种群中等位基因频率的统计情况。图13.8a展示了在几个种群中影响个体品尝化学物质苯硫脲（PTC）能力的等位基因的频率。携带两个这种隐性等位基因的人无法检测到PTC，携带一个或没有这种等位基因的人会觉得PTC很苦。如图所示，单个种族的成员，比如亚洲人，这种等位基因的频率差异很大。图13.8b列出了许多不同人群中编码结合珠蛋白1基因的等位基因的频率。结合珠蛋白（Haptoglobin）1是一种帮助清除死亡的红细胞中血红蛋白的蛋白质。同样，我们看到等位基因频率在种族类别中的广泛分布。图13.8c显示了人类第8号染色体上重复DNA序列的频率。重复序列在人类基因组中很常见，个体之间重复数量的差异就是DNA指纹鉴定的基础。8号染色体的一个DNA重复序列出现的频率，在许多群体中都有不同分布。

从图13.8可以看出，这些基因的等位基因频率在种族群体内并不比种族群体之间更相似。就这些基因而言，一个种族内的差异比种族间的差异更大。尽管某些SNP可以帮助我们追踪一个个体到一个特定的祖先群体，但其他基因的差异性模式告诉我们，这些祖先模式并不能证明一个种族群体中存在深层的生物相似性。

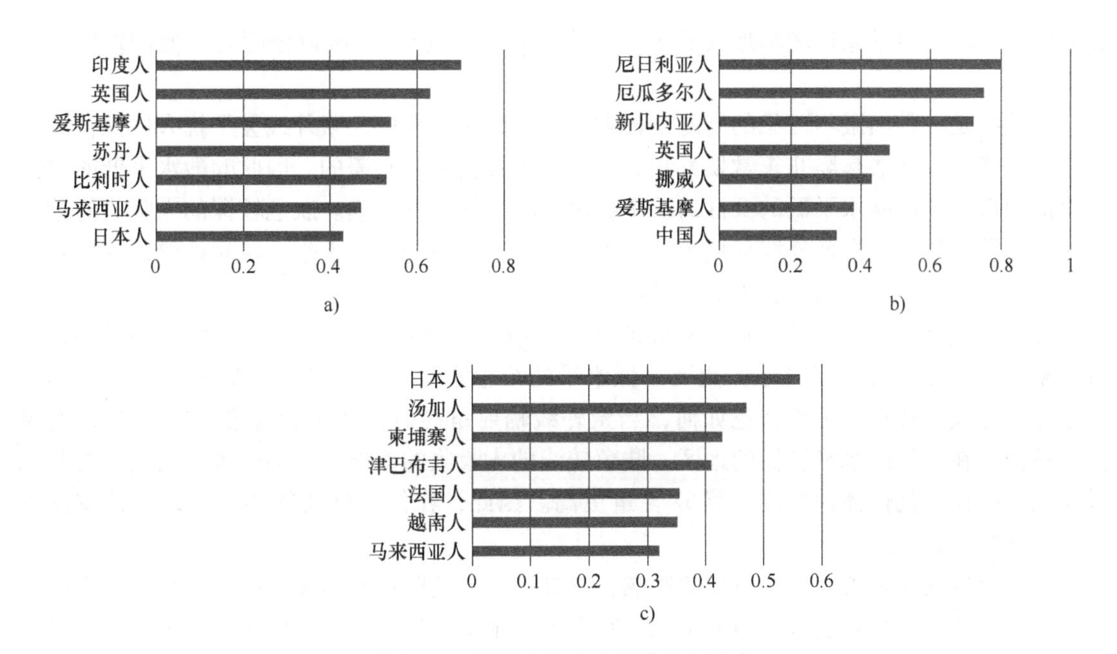

图 13.8　不同人群中的等位基因频率

a）干扰个体品尝 PTC 能力的等位基因频率　b）基因结合珠蛋白 1 的等位基因频率

c）第 8 号染色体的 DNA 重复序列的出现频率

人类种族无法满足相互隔离的群体的标准。化石证据和遗传证据都表明，通常列出的六个人类种族并不代表生物种族。

13.4.4　人种为什么不同

人种不是真正的生物种族。然而，正如我们所有人都清楚的那样，人类群体确实在许多特征上彼此不同。在这一部分，我们将探索已知的为什么某些种群具有相同的表面特征，而其他种群具有不同的表面特征。

1. 自然选择

我们上一章讨论的镰刀状细胞贫血症等位基因频率和疟疾的关系就是一个很好的例子：自然选择导致某种等位基因在特定人类种群中的等位基因频率较高。另一个受自然选择影响的身体特征是鼻子的形状。人类鼻子的形状通常与气候因素有关：在干燥气候下的人往往比在潮湿气候下的人鼻子更窄。长而窄的鼻子有更大的内表面面积，使吸入的空气更加湿润，减少肺损伤，并提高个体在干燥环境中的适应能力。在热带非洲人中，生活在干燥的高海拔地区的人的鼻子比生活在潮湿的雨林地区的人的鼻子窄得多。有趣的是，我们把两种非洲人归为同一种族，并将他们鼻子形状的差异解释为自然选择的结果，但我们将白人和黑人划分为不同的种族，并将他们的肤色差异解释为彼此长期隔离的证据。然而，就像鼻子形状一样，肤色也是一种受到自然选择影响较大的特征。

2. 趋同演化

相似环境因素的自然选择导致不相关的生物体彼此相似时，趋同演化就会发生。全球人口的肤色模式也是趋同演化的结果。在这种演化中，不相关的人在相似的环境条件下出现了相似的结果。当科学家比较本地人的平均肤色和紫外线（UV）照射程度时，他们发现了相关性。

紫外线是一种肉眼不可见的高能量辐射。在其诸多影响中，紫外线会干扰人体储存维生素叶酸的能力。叶酸是婴儿正常发育和男性产生足够精子所必需的。因此叶酸水平低的男性生育能力低，而叶酸水平低的女性的孩子在出生时大概率有缺陷。肤色较深的人吸收的紫外线较少，所以他们在高紫外线环境中比肤色浅的人有更高的叶酸水平。换句话说，在紫外线水平高的环境中，自然选择更青睐深色皮肤。

低紫外线环境下的人类面临着不同的挑战。吸收紫外线对合成维生素 D 至关重要，而维生素 D 对骨骼的正常发育至关重要。低水平的维生素 D 给女性带来危害：骨盆发育不充分会导致分娩时死亡。无论肤色如何，当紫外线辐射量高时，就不会有维生素 D 缺乏的风险。然而，在紫外线水平较低的地区，肤色较浅的人吸收的紫外线比例更大。因此，与肤色较深的人相比，他们体内的维生素 D 含量更高。因此，在低紫外线的环境中，浅色皮肤更受自然选择的青睐。

因为紫外线对人类生理有重要的影响，它推动了人类肤色的演化。在紫外线水平高的地方，深色皮肤是一种更适应环境的结果。在紫外线水平低的地方，浅色皮肤通常是一种更适应环境的结果，种群演化成浅色皮肤。人类的肤色模式是不同人群在相似的环境中趋同演化的结果，并不一定是人类种族分离的证据。

综上所述，虽然人类种群可能由于某些环境中的自然选择、遗传漂变、性选择而表现出表面的差异，但遗传证据表明，许多这些差异实际上只不过是表面差异。在外表的差异之下，人类基本上是一样的。

参考文献

[1] ZIMMER C. Evolution: the triumph of an idea: from Darwin to DNA [M]. London: Harper Perennial, 2002.

[2] GUO S W, REED D R. The genetics of phenylthiocarbamide perception [J]. Ann Hum Biol, 2001, 28 (2): 111-142.

[3] BELK C, MAIER V B. Biology: Science for Life [M]. 5th ed. New York: Pearson, 2016.

[4] CARTER K, WORWOOD M. Haptoglobin: a review of the major allele frequencies worldwide and their association with diseases [J]. International journal of laboratory hematology, 2007, 29 (2): 92.

[5] REECE J B, et al. Campbell Biology [M]. 10th ed. New York: Pearson, 2013.

[6] MENG H Y, et al. Frequencies of D8S384 alleles and genotypes in European, African-American, Chinese, and Japanese populations [J]. Journal of Forensic Science, 1999, 44 (6): 1273.

[7] 玛格纳. 生命科学史 [M]. 李难，崔极谦，王水平，译. 天津：百花文艺出版社，2002.

第14章

免疫系统

2018 年 10 月美国免疫学家艾利森（J. P. Allison）和日本免疫学家本庶佑（T. Honjo）由于在肿瘤免疫领域做出的杰出贡献，荣获 2018 年诺贝尔生理或医学奖（见图 14.1）。两位科学家的工作分别集中体现在“免疫系统刹车”的分子机制 CTLA-4 和 PD-1 上，为癌症的免疫疗法提供了新的思路。2014 年，基于“免疫系统刹车”抑制的第一个 PD-1 抑制剂在美国上市。2018 年 6 月 15 日，中国食品药品监督管理局正式批准 PD-1 抗体注射液上市，意味着我国的肿瘤治疗真正进入了“免疫”时代。

图 14.1 艾利森（左）和本庶佑（右）

两位科学家所研究的“免疫系统刹车”具体是什么机制？这和癌症治疗又有什么样的联系？本章我们着重介绍免疫系统的工作原理，包括免疫系统的工作过程和重要机制，并结合生理学“稳态”的概念，详细阐述免疫系统的分子机理和细胞机理。然后在此基础上，我们将讨论癌症的免疫疗法。

14.1 免疫系统简介

免疫系统（Immune System）的整体功能是预防或限制感染。基于该功能的一个例子是在免疫缺陷人群中发现的，比如艾滋病病人，他们容易受到一系列微生物感染的影响，而这些微生物通常不会在健康人身上引起感染。免疫系统可以区分健康和不健康的细胞。导致细胞不健康的原因可能是因为感染，也可能是非传染性因素比如晒伤或癌症造成的细胞损伤。大多数动物的体液和组织都可以特异性地和病原体结合并且消灭病原体。有的免疫细胞比如淋巴细胞可以识别并且对特定的病原体进行免疫应答。这些细胞、组织和体液等一同构成了免疫系统。

当免疫系统第一次识别到这些异常信号时，它就会做出应答来解决问题。如果免疫应答无法被及时激活，就会出现问题，比如感染。另一方面，当免疫应答在没有真正威胁的情况下被激活，或者在危险过去后没有被及时关闭，就会出现问题，如过敏反应和自身免疫疾病。

14.1.1 免疫系统的工作过程

我们以图 14.2 为例，简单介绍在有病原体进攻的情况下，免疫系统是如何工作的。首先，面对身体四周的病原体，我们的免疫系统有着障碍防御，主要是皮肤和黏膜系统，可以阻挡很多病原体的进攻。当这道防线被攻破后，病原体进入宿主，就启动了下一层防御系统：识别病原体并进行消灭。这个识别的目的就是要区分自身的物质和“非自身物质”。当然，免疫系统在识别非自身物质时也务必要注意防止攻击自身，这就是**免疫耐受**（Immunological Tolerance）。病原体被免疫系统识别之后，激活一系列下游的免疫应答机制，从而产生非特异性免疫（天然免疫）和特异性免疫（适应性免疫）应答。当病原体被抑制并且被杀死后，身体又启动免疫抑制机制，终止免疫应答，这就是免疫启动和抑制。同时，这一过程也体现了稳态的概念：当生物体遇到外界环境病原体攻击时，身体启动免疫攻击，完成任务后又回到初始状态。关于稳态的概念，可参考 MOOC 视频（见 MOOC 视频 11.2）。

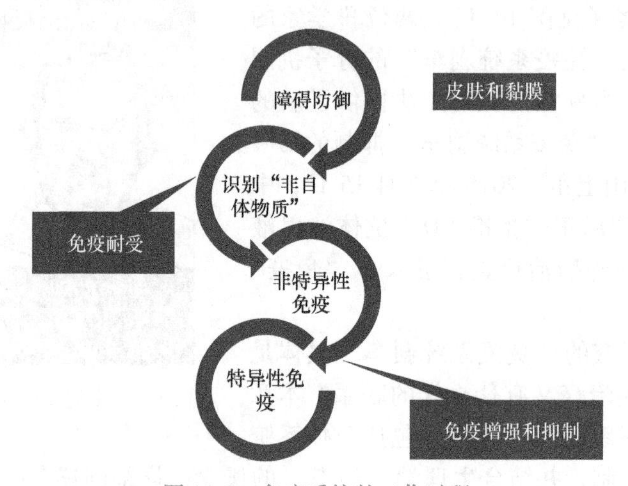

图 14.2　免疫系统的工作过程

14.1.2 识别非自身物质

“非自身物质”在本章中特指能够被免疫系统识别为不属于自身的物质，不仅指外来的病原体，也指癌细胞（癌细胞表面会分泌出特异性分子引发免疫应答）。这种物质可以是多肽、多糖或者脂类，在这里我们把可以引发免疫应答的物质称为**抗原**（Antigen）。当病原体突破第一道防线后，其抗原就会被免疫系统所识别和标记，进一步触发免疫应答。

免疫系统是如何识别这些抗原的？主要是通过特定细胞表面的受体，无论是启动非特异性免疫还是特异性免疫，均需要通过特定的受体进行识别。对于非特异性免疫来说，识别外来抗原主要通过 TLR 受体（Toll-like Receptor）。这是一类存在于白细胞表面的受体，可以识别细菌、病毒等表面分子或遗传物质。一些哺乳动物的受体与昆虫的 TLR 受体非常相似。需要注意的是，每一种哺乳动物的 TLR 受体都能与一系列具有病原体特征的分子片段结合，而这些片段通常在脊椎动物体内缺失。

对于特异性免疫来说，识别抗原略微复杂一些。首先，特异性免疫中特定细胞，主要是 B 细胞和 T 细胞表面的抗原受体对抗原进行识别。每一种抗原受体结合病原体的一个分子的一部分。尽管免疫系统的细胞产生数百万种不同受体，所有的由单个 B 细胞或 T 细胞产生的抗原受体都是相同的。病毒、细菌或其他病原体的感染引起 B 细胞和 T 细胞的活化。B 细胞和 T 细胞都拥有特定病原体的抗原受体。一些抗原从外来细胞或病毒的表面突出来。另一些抗原，如细菌分泌的毒素，则被释放到细胞外液中。与抗原受体结合的部分被称为抗原决定簇（Antigenic Determinant），属于抗原的一部分，比如一种特殊蛋白质中的一组氨基酸（见图 14.3）。一个抗原通常有几个抗原决定簇，每个结合一个具有不同特异性的受体。由于单个 B 细胞或 T 细胞产生的所有的抗原受体都是相同的，它们与相同的抗原决定簇结合，因此，每个 B 细胞或 T 细胞对特定的抗原决定簇体现出特异性，使其能够对含有该抗原决定簇的任何病原体做出应答。关于 B 细胞和 T 细胞的抗原受体，我们后面会详细介绍。

B 细胞抗原受体会和体液内或病原体中抗原的抗原决定簇结合，T 细胞的抗原受体只会和宿主细胞表面被呈递的抗原片段结合。宿主细胞中可以进行抗原呈递的分子叫作主要组织相容性复合体（Major Histocompatibility Complex，MHC）分子（见图 14.4）。当一个病原体或者部分病原体感染宿主或者被宿主细胞吞噬，T 细胞识别抗原就开始了。在宿主细胞内，相关的酶把抗原分解成小的肽链。每一个肽链叫作抗原片段，会和细胞表面的 MHC 分子结合。MHC 分子运动到细胞表面并且和抗原片段结合导致抗原呈递（Antigen Presentation），在 MHC 蛋白中展示抗原片段（见 MOOC 视频 11.4）。如果一个宿主细胞展示的抗原片段和 T 细胞具有特异性，T 细胞的抗原受体可以和 MHC 分子以及抗原片段结合。这种 MHC 分子、抗原片段以及抗原受体之间的相互作用对于 T 细胞参与特异性免疫应答是至关重要的。

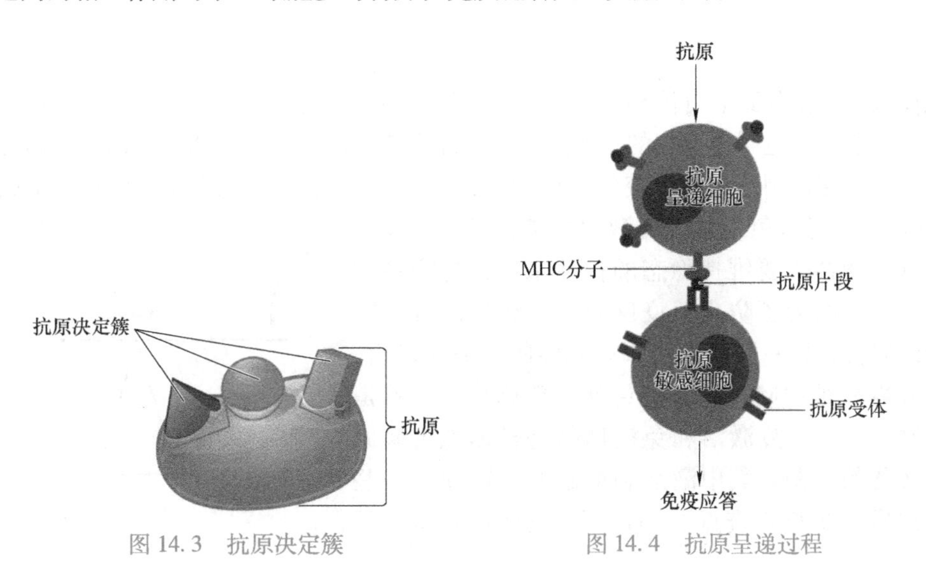

图 14.3　抗原决定簇　　图 14.4　抗原呈递过程

14.1.3　免疫耐受

宿主的免疫系统可以识别非自体物质，同时保护自身的组织和细胞不受免疫攻击，其中的机制涉及免疫耐受（Immune Tolerance）的概念。免疫耐受是指某一组织或某一物质具有逃避免疫系统的能力，从而免受免疫攻击。B 细胞和 T 细胞在成熟过程中，它们的抗原受体就要接受自身耐受的检验。任何生物内的细胞表面都有特定的蛋白质，发育过程中的淋巴细胞会被检测其受体是否会和这些细胞表面蛋白结合。一旦结合的话，这些淋巴细胞将通过细胞凋亡的方式被清除。对于那些受体不和自身蛋白结合的淋巴细胞则被保留，并且发育成熟（见图 14.5）。所以，在正常情况下身体内的成熟的淋巴细胞不会攻击自身。但是当这种检测机制不能正常工作时，免疫系统的细胞开始攻击正常的身体细胞，这种叫作**自体免疫疾病**（Autoimmune Disease）。

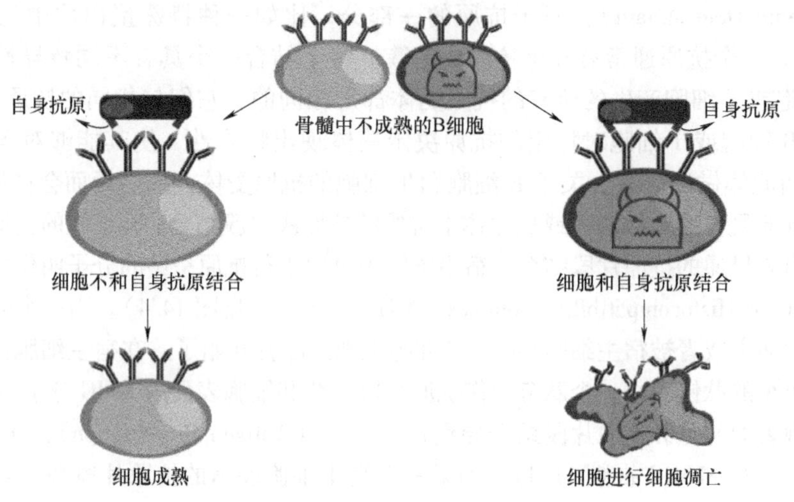

图 14.5　细胞成熟过程中接受自身耐受的检查

14.1.4　免疫激活和免疫抑制

免疫系统在接收到非自体物质入侵的信号后，开始启动一系列的免疫攻击，这一过程我们叫作免疫激活，也叫作免疫的正调控。和前面章节中讨论基因表达的正调控机制类似，免疫系统的正调控机制是免疫系统的“油门”装置，一旦启动则会激活一系列机体免疫反应（见图 14.6）。这里免疫系统的激活特指特异性免疫的激活。从生物体需要维持稳态的特征来看，免疫系统激活后，一方面为了防止免疫反应过于激烈反过来影响自身的器官，另一方面当消灭病原体的任务完成后，免疫反应需要被抑制，这就是免疫的负调控，也就是免疫抑制。所以免疫激活和免疫抑制是机体抵抗病原体时所必备的机制，其中激活和抑制的关键在于一些重要蛋白质（免疫检查点）的作用。具体机制将在下面展开。

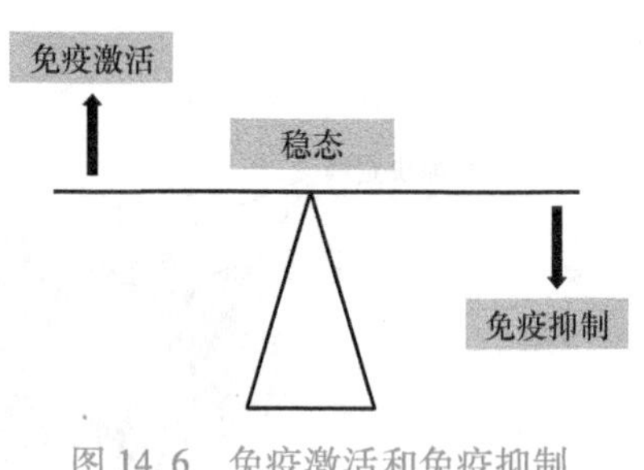

图 14.6　免疫激活和免疫抑制

14.2　非特异性免疫

非特异性免疫（Innate Immunity）在动物和植物中都存在。非特异性免疫对病原体不具有选择性或特异性，特定的细胞上的少量抗原受体会识别广谱的病原体。这种免疫反应非常快速，但是不会提供持久的保护性免疫。

14.2.1　细菌的非特异性免疫

细菌作为原核生物有着独特的机制来消灭入侵的病毒。我们前面讲过的基因工程中提到过一种酶——限制性内切核酸酶，实际上就是细菌免疫系统的一部分。这种酶通过识别特异的 DNA 序列来降解病毒的遗传物质。那么，对于细菌这种构造简单的单细胞生物来说，是如何区分自身和非自身的？这种限制性内切核酸酶又是如何避免切除细菌自身的 DNA 的？

限制-修饰（Restriction-Modification）现象的发现最早源于 20 世纪 50 年代卢里亚（S. Luria）的实验室。如图 14.7 所示，他们在研究噬菌体感染细菌时，先用一种噬菌体分别感染大肠杆菌的两个不同的菌株 A 和 B。他们发现噬菌体会在菌株 A 的盘子中产生噬菌斑（细菌细胞培养表面出现的透明区域，表明细菌细胞被裂解），而在菌株 B 的盘子中没有产生噬菌斑，可见菌株 B 对这种噬菌体有抗性（第一轮感染）。菌株 B 的盘子中偶尔会有一点噬菌斑。偶尔产生噬菌斑可能是由于噬菌体（病毒）发生了突变，而突破了菌株 B 的抗性。为了验证这一想法，他们进行了第二轮感染，把这个“突变”的噬菌体再重新分别感染菌株 A 和菌株 B（突变是可以遗传的），发现菌株 A 和 B 的盘子中都长满了噬菌斑。然而，当他们从菌株 A 中挑出噬菌体再重新感染菌株 A 和 B 时（第三轮感染），菌株 A 的盘子长满噬菌斑，而菌株 B 则没有。这个实验排除了菌株 B 感染的情况可能是由噬菌体突变导致的。

上述实验同时说明，同种噬菌体可以感染并且在细菌的某些品系中复制，而在另一些品系中则无法进行。那些噬菌体无法感染的细菌品系可以抑制噬菌体的行为。后来经过研究发现主要是通过一种叫作限制性内切核酸酶来实现的。这种酶可以识别特定的 DNA 序列并进行切割，从而破坏噬菌体基因组。与此同时，细菌必须要具有一种防御机制以保证自身不被这种内切核酸酶所降解。细菌内的一种非特异性免疫系统（限制-修饰系统）提供了答案。这种系统中有两种非常关键的酶：限制性内切核酸酶和甲基化酶（见图 14.8）。这两种酶都

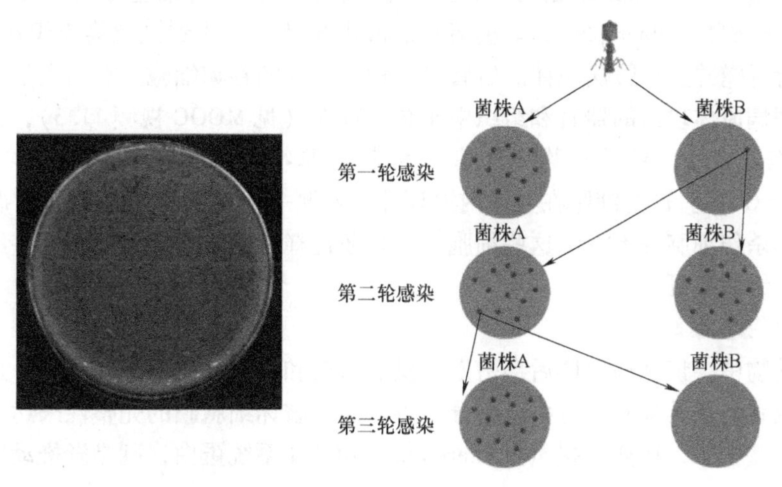

图 14.7　大肠杆菌的两种菌株 A 和 B 分别被同一种噬菌体感染（左边为噬菌体感染后产生的噬菌斑）

要和DNA的特定序列相互作用，这些序列通常是4~8个碱基对长。当有病毒入侵时，细菌体内的防御系统启动，甲基化酶产生，对宿主的DNA进行甲基化。当限制性内切核酸酶识别序列并进行切除时，由于受到甲基基团的阻挡，无法进行切除。因此，对于宿主的DNA序列无法发生作用，而只切除病毒DNA。

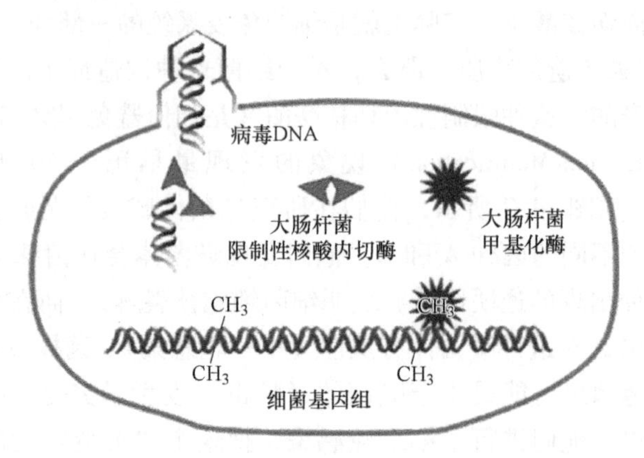

图14.8 大肠杆菌的限制-修饰系统。

14.2.2 脊椎动物的非特异性免疫

在有颌骨的脊椎动物中，非特异性免疫和最近演化而来的特异性免疫共同存在。我们这里主要讨论哺乳动物的非特异性免疫，包括非特异性细胞免疫、抗微生物多肽和蛋白，以及炎症反应。这里需要说明的是第一道防线障碍防御也属于非特异性免疫。

1. 非特异性细胞免疫

前面讨论过，当病原体突破障碍防御后会被机体内特异性的细胞所吞噬。这些细胞是通过表面受体比如TLR受体进行识别并吞噬的。当机体检测到入侵的病原体后，会启动吞噬作用（Phagocytosis）和销毁功能。两种主要的起着吞噬作用的细胞是嗜中性粒细胞（Neutrophil）和巨噬细胞（Macrophage）。前者在血液中循环，接收到被感染组织传来的信号后，对病原体进行吞噬并且销毁病原体。后者是一种大一些的吞噬细胞。有的在身体里循环，有的在容易受到病原体攻击的器官和组织中永久性存在（见MOOC视频11.3），比如脾脏内部就有巨噬细胞。另外，脊椎动物中还有一种起着非特异性免疫功能的是自然杀伤细胞（Natural Killer Cell）。这些细胞在身体内循环并且检测一些被病毒感染细胞和癌细胞表面的蛋白质。自然杀伤细胞并不吞噬这些细胞，而是通过释放化学物质来导致这些细胞死亡和防止病毒及癌症继续蔓延。

2. 抗微生物多肽和蛋白

在哺乳动物中，识别病原体后会引发大量的肽链和蛋白质的产生和释放，这些分子可以攻击病原体或者阻止其复制。有些防御分子可以通过破坏细胞膜的完整性来达到杀死细菌的目的。而另一些分子，比如干扰素（Interferon）和补体系统蛋白，则是脊椎动物比较特殊的防御分子。

干扰素主要针对病毒感染的细胞。当细胞被病毒感染后，细胞会分泌出干扰素，可以诱导周围的未被感染的细胞产生物质来抑制病毒的复制。通过这种方式，干扰素阻止了病毒在细胞间的传递，帮助控制像感冒和流感这样的病毒感染。有的白细胞会分泌出一种特别的干扰素，可以帮助激活巨噬细胞，加强其吞噬作用。不少制药公司都生产干扰素来治疗病毒感染，比如丙肝。

血浆中的补体系统（Complement System）包含了大约30种左右的蛋白。这些蛋白在平时的循环中处于非激活状态。当遇到病原体的表面蛋白后，这些蛋白被激活。激活后的蛋白会导致一系列的生物化学反应进而导致被感染细胞的裂解。

3. 炎症反应

当手指被扎破后出现了疼痛和红肿，这是局部的炎症反应（见MOOC视频11.3）。这一反应只有当感染或者受伤时，启动了信号分子才会出现。这一过程中一个非常重要的信号分子是组织胺，它储存在结缔组织的肥大细胞中。当组织胺被释放到受伤部位，会刺激临近部位的血管扩张并且导致血管通透性增加。扩张的毛细血管中的液体会渗透到隔壁的组织，导致局部红肿。

在炎症反应中，巨噬细胞和嗜中性粒细胞也起着重要作用。一旦被激活，这些细胞会释放细胞因子（Cytokine），调控免疫反应。细胞因子被释放后，引发血液向受伤或感染的部位流动。血液供应大幅度提高会导致红肿和受伤部位皮肤温度的升高。在炎症反应过程中，受伤部位的信号传递也会导致更多的变化。被激活的补体系统蛋白导致更多的组织胺被释放，吸引了更多的起吞噬作用的细胞进入到受伤部位并进行吞噬。同时，大量的血液流到受伤部位帮助释放抗微生物多肽，因此导致脓液的积累，脓液里面富含白细胞、死了的病原体和受伤部位的细胞碎片。

轻微受伤和感染导致局部炎症反应，但是严重的受伤或感染会导致系统性的炎症反应。受伤或感染组织的细胞通常分泌出信号分子刺激骨髓中更多嗜中性粒细胞的产生。另外一种系统性炎症反应就是发烧。对于某些病原体来说，巨噬细胞的激活会释放出一些导致体温升高的物质。

14.3 特异性免疫

特异性免疫具有以下特点：①缓慢（相对于非特异性免疫）；②产生能识别并针对特定病原体的防护措施；③提供持久的保护性免疫。

14.3.1 细菌的特异性免疫

细菌的一生一直被噬菌体所攻击，而且噬菌体的数量远远多于细菌。细菌演化出一系列的免疫防御机制来抵抗噬菌体的感染。反过来，噬菌体也演化出相应的机制来打破宿主的防御体系，上演拉锯战。因此，细菌针对噬菌体的免疫防御机制非常多样化。目前我们研究较多的细菌的特异性免疫是CRISPR机制。CRISPR全称是“Clustered Regularly Interspaced Short Palindromic Repeats”即成簇的规律间隔的短回文重复序列。CRISPR这个遗传片段经常和*cas*基因协同工作，共同构建了细菌的特异性免疫防御机制。

CRISPR遗传片段包含了一簇短的重复序列，大致有40个碱基对长，而且这些短的重复序列被一些间隔序列所隔离（见图14.9），这些序列来自于噬菌体和质粒。如图14.9所示，黑色区域是重复序列，黑色序列间的是间隔（Spacer）序列。CRISPR序列被转录为长的前体RNA后，其重复序列被Cas内切核酸酶切割成小的CRISPR RNA序列。CRISPR RNA保留了Spacer序列，这些Spacer特异地主导CRISPR干扰。整段CRISPR RNA负责引导Cas/CRISPR复合物到达目标噬菌体和质粒DNA序列进行切割。CRISPR RNA分为两个功能部分：一部分是和靶基因序列互补；另一部分是和Cas结合，负责把Cas引导到目标DNA进行切割（见MOOC视频8.4）。

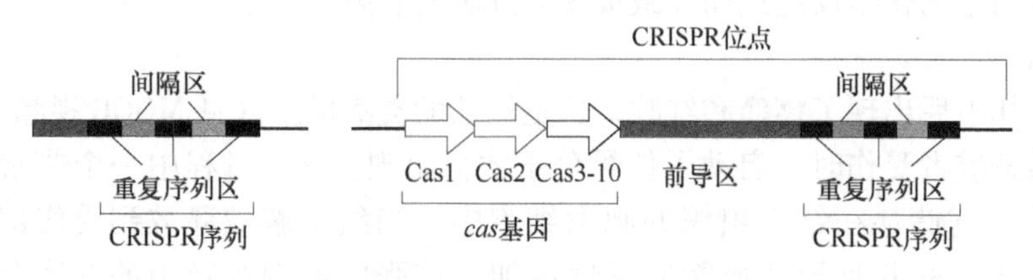

图14.9 CRISPR的机制

当噬菌体入侵时，Cas相关的复合物对噬菌体DNA进行切割，保留下间隔序列，这些间隔序列被整合到细菌基因组中，成为CRISPR遗传片段的一部分。CRISPR遗传片段在CRISPR特异性免疫防御机制中不断地产生多样性，这需要不断地有新的重复序列-间隔序列的单元被整合进来。

14.3.2 脊椎动物的特异性免疫

脊椎动物的特异性免疫具有以下特点：①淋巴细胞和淋巴细胞受体具有多样性，保证检测出以前没有遇见的病原体；②具有免疫耐受，不会攻击自身的分子和细胞；③激活后的细胞扩增产生大量的针对某一特定抗原的B细胞和T细胞；④具有免疫记忆。

脊椎动物的特异性免疫是很独特的。特异性免疫依赖于B细胞和T细胞，它们都属于一类叫作淋巴细胞的白细胞。和其他白细胞一样，淋巴细胞从骨髓的干细胞中产生。有些从骨髓迁移到了胸腺（心脏上方的胸腔内器官），这些细胞成熟后发育成T细胞。在骨髓中发育成熟的淋巴细胞叫作B细胞。

1. B细胞的抗原识别

任何一个B细胞抗原受体都是一个Y-形的分子，这个分子包含了4条多肽链：2条一样的**重链**（Heavy Chain）和2条**轻链**（Light Chain），其中重链和轻链通过二硫桥连接起来。每一条重链靠近边缘的区域是跨膜区域，这个区域把抗原受体固定在细胞膜上。重链的尾部端延伸到细胞质中（见图14.10a）。

重链和轻链均含有一个**保守区**（Constant Region），即这部分序列在不同的B细胞中基本保持一致。保守区包括细胞质中的尾部和跨膜区域。在Y-形的两个尖端处，每条链含有一个**可变区**（Variable Region），因为这段区域的氨基酸序列在不同的B细胞间差异比较大。因此，部分的重链可变区和轻链的保守区构成了一个不对称的抗原结合位点。每个B细胞抗原受体都有两个完全一致的抗原结合位点。

B细胞抗原受体和抗原结合是激活B细胞的一个早期过程，导致了抗原受体的水溶性形式产生。这种分泌出的蛋白叫作**抗体**（Antibody），也叫作**免疫球蛋白**（Immunoglobulin）。抗体具有和B细胞抗原受体一样的Y-形结构，不同的是，抗体是被分泌出来的而不是结合在细胞膜上的。在免疫应答中，真正用来帮助免疫系统消灭病原体的是B细胞的抗体，而

不是 B 细胞本身。

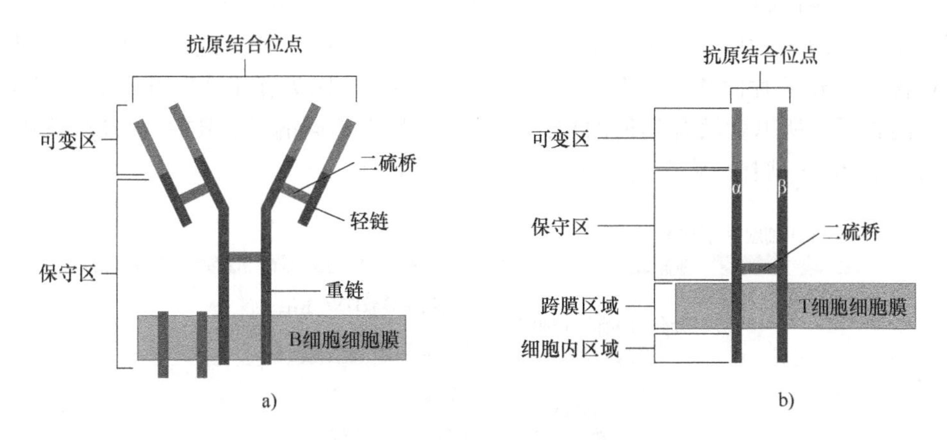

图 14.10　a）B 细胞抗原识别受体　b）T 细胞抗原识别受体

抗体或者 B 细胞抗原受体的抗原结合位点呈现一个独特的形状，为特定的抗原决定簇提供了一个锁匙结合的前提。很多抗原决定簇和结合位点之间能够形成非共价键，提供了稳定特异性的相互作用。可变区域的不同氨基酸序列提供了不同的结合表面，保证了特异性结合。B 细胞抗原受体-抗体结合血液和淋巴中的完整抗原。对于抗体来说，它们可以结合体液中游离的抗原或者病原体表面的抗原。

2. T 细胞的抗原识别

对于 T 细胞而言，抗原受体包含 2 个不同的多肽链：一个 α 链，一个 β 链，通过二硫桥相连接（见图 14.10b）。T 细胞抗原受体底部是一个跨膜区域，负责把抗原受体固定在细胞膜上。在分子的细胞外部分，α 链和 β 链的可变区域形成了一个抗原结合位点。分子的剩余部分主要由保守区域组成。

B 细胞抗原受体会和体液内或病原体中抗原的抗原决定簇结合，T 细胞的抗原受体只会和宿主细胞表面被呈递的抗原片段结合。宿主细胞中可以进行抗原呈递的分子叫作主要组织相容性复合体（MHC）分子。

3. B 细胞和 T 细胞的发育

B 细胞和 T 细胞是如何产生多样性的？每个人大概可以产生 100 万个 B 细胞抗原受体和大概 1000 万个 T 细胞抗原受体。然而，从前面的学习中我们知道，人类的基因组只有 2 万个蛋白质编码的基因。那么机体如何产生这些多样的抗原受体呢？答案就在于重组。

（1）抗原受体多样性

为了理解抗原受体的多样性，我们以一种抗体基因为例进行说明。这个抗体基因编码了 B 细胞抗原受体和分泌出的抗体的轻链部分。B 细胞和 T 细胞抗原受体基因都以类似方式重组。能够产生多样性的主要原因在于抗体基因的结构。一个抗原受体轻链是被 3 个基因片段所编码的：可变片段（V）、连接片段（J）和保守片段（C）（见 MOOC 视频 11.4）。V 和 J 片段共同编码了受体的可变区域，而 C 片段编码了保守区域。轻链基因包含了 1 个单独的 C 片段，40 个不同的 V 片段和 5 个不同的 J 片段。因为一个功能性的基因是来自每种片段的一个拷贝，所以这些片段可以有多种不同的组合。重链的组合数量远多于轻链，因此产生更丰富的多样性。

组装一个功能性的抗体基因需要 DNA 的重组。在 B 细胞早期的发育中，一种重组酶复合物将一个轻链的 V 片段和一个 J 片段连接。这个重组去掉了片段之间的 DNA 序列，形成了一个包含了部分 V 片段和部分 J 片段的单独的外显子。因为在 J 片段和 C 片段的 DNA 间只有一个内含子，所以就没有其他的重组方式了。与之不同的是，RNA 转录产物中的 J 片段和 C 片段在 RNA 剪接后将会连接在一起（见图 14.11）。

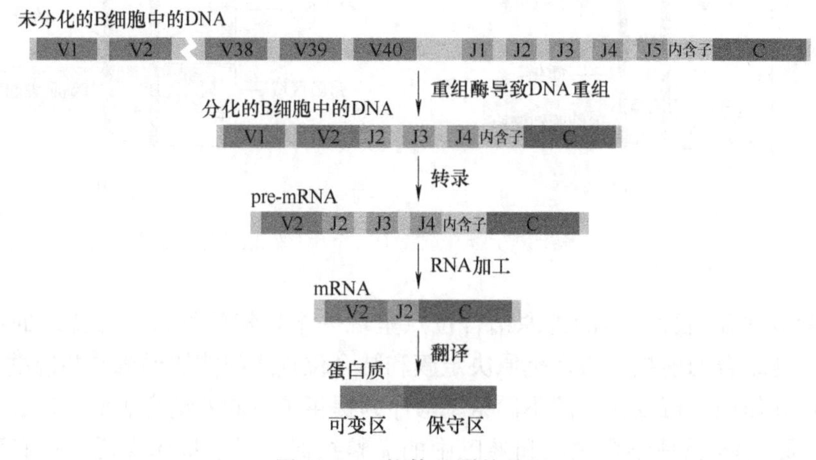

图 14.11 抗体基因的重组

重组酶随机工作，将 40 个 V 片段中的任一个片段和 5 个 J 基因片段中的任一个片段连接起来。在任何一个细胞内，只有一个轻链的等位基因和一个重链的等位基因发生重组。而且，这种重组是永久性的，并且会随着淋巴细胞的分裂传递到子代细胞中。

当一个轻链基因和一个重链基因发生重组后，抗原受体就可以被合成了。这个重组后的基因进行转录，然后进行翻译。翻译后，轻链和重链被组装到一起，形成了抗原受体。每一对随机重组的重链和轻链会产生一个不同的抗原结合位点。并且，突变会给 VJ 重组添加多样性，导致抗原结合的特异性数量也变多了。

（2）B 细胞和 T 细胞的增殖

尽管抗原受体有很多种，只有一小部分才会和特定的抗原决定簇结合。那么特异性免疫应答是如何进行的？首先，抗原被淋巴细胞呈递出来，一旦抗原受体和抗原决定簇之间发生特异性结合，含有这个受体的淋巴细胞就会被激活。

一旦被激活，任何一个 B 细胞或 T 细胞就会发生多次细胞分裂。对于每一个被激活的细胞来讲，这种增殖就是克隆，产生的一个细胞群中所有的细胞都和原始细胞一模一样。有些细胞会变成效应细胞（Effector Cell），这种细胞存活时间不长，对病原体或者抗原进行直接攻击。B 细胞的效应细胞是浆细胞（Plasma Cell），产生抗体。T 细胞的效应细胞是辅助型 T 细胞（Helper T Cell）和细胞毒性 T 细胞（Cytotoxic T Cell），它们的功能会在后面讲解。克隆中的其他细胞会形成记忆细胞（Memory Cell），这些细胞存活时间比较长，并且在以后遇到同样的抗原时会产生效应细胞（见 MOOC 视频 11.4）。

B 细胞或 T 细胞的增殖都是受到特定抗原和免疫细胞信号的激活所做出的反应。这一过程叫作克隆选择（Clonal Selection），因为遇到特定的抗原后选择性地克隆扩增出特定的淋巴细胞，这些特定的淋巴细胞都是由特定的抗原决定簇的特异性所决定的，而对其他抗原有特异性的细胞则不做应答。

（3）免疫记忆

免疫记忆是由于之前的感染导致了对机体进行长期保护。当首次面对一个抗原时，从淋巴细胞的克隆中产生的效应细胞是初次免疫反应的基础。这个初次免疫反应一般在接触抗原的 10~17 天后达到峰值。在这段时间里，被选择出来的 B 细胞和 T 细胞产生它们的效应细胞。如果一个个体再次受到同样的抗原攻击，免疫反应会加快很多（一般 2~7 天就能达到峰值），并且力度加大，时长变短，这就是二次免疫反应，也是特异性免疫的重要标志。因为被选择出来的 B 细胞变成产生抗体的效应细胞，所以通过测量血液中抗体的数量可以清晰地比对首次免疫反应和二次免疫反应的差别（见 MOOC 视频 11.4）。

二次免疫反应基于最初暴露在抗原下产生的 B 细胞和 T 细胞的记忆细胞。因为这些细胞都是长期存在的，它们提供了基本的免疫记忆。效应细胞的存活期较短，这也是感染被攻克后免疫反应消失的重要原因。当同样的抗原再次出现，针对这种抗原的记忆细胞就会导致机体快速地形成效应细胞的克隆，加强免疫应答。二次免疫反应也是疫苗的理论基础。

14.4　体液免疫和细胞免疫

在考虑了淋巴细胞的克隆如何产生后，我们现在探索这些细胞如何帮助抵抗感染和减少病原体的损害。B 淋巴细胞和 T 淋巴细胞提供的防御分别被称为体液免疫和细胞免疫。体液免疫发生在血液和淋巴中，因此它们被称为体液。在体液免疫中，抗体帮助中和或消除血液和淋巴中的毒素和病原体。在细胞免疫中，分化的 T 细胞摧毁受感染的宿主细胞。这两种反应都可以包括初级免疫反应和二级免疫反应，记忆细胞激活了二级免疫反应。

14.4.1　T 细胞介导的细胞免疫

1. 辅助型 T 细胞的功能

辅助型 T 细胞触发体液免疫和细胞免疫。辅助型 T 细胞本身不执行这些应答，而是传递信号。来自辅助型 T 细胞的信号刺激 B 细胞产生抗体，中和病原体并激活 T 细胞，杀死被感染的细胞。

辅助型 T 细胞激活特异性免疫反应必须满足两个条件。首先，必须有一个能与 T 细胞抗原受体特异性结合的外来分子。其次，这种抗原必须被呈递在抗原呈递细胞的表面。抗原呈递细胞可以是树突状细胞、巨噬细胞或 B 细胞。如何鉴定一个抗原呈递细胞？答案在于两类 MHC 分子的存在。大多数身体细胞只有 Ⅰ 类 MHC 分子，但抗原呈递细胞有 Ⅰ 类和 Ⅱ 类 MHC 分子。第二类分子提供一个分子标记，这个标记可以识别抗原呈递细胞（见 MOOC 视频 11.5）。辅助型 T 细胞的抗原受体和抗原呈递细胞上呈递的抗原片段以及 Ⅱ 类 MHC 分子结合。与此同时，辅助型 T 细胞表面的一种名为 CD4 的辅助蛋白质与 Ⅱ 类 MHC 分子结合，帮助细胞保持连接。

2. 细胞毒性 T 细胞

在细胞免疫中，细胞毒性 T 细胞利用有毒蛋白质杀死被病原体感染的细胞。接收到来自辅助型 T 细胞的信号后，细胞毒性 T 细胞被激活，并与抗原呈递细胞相互作用。被感

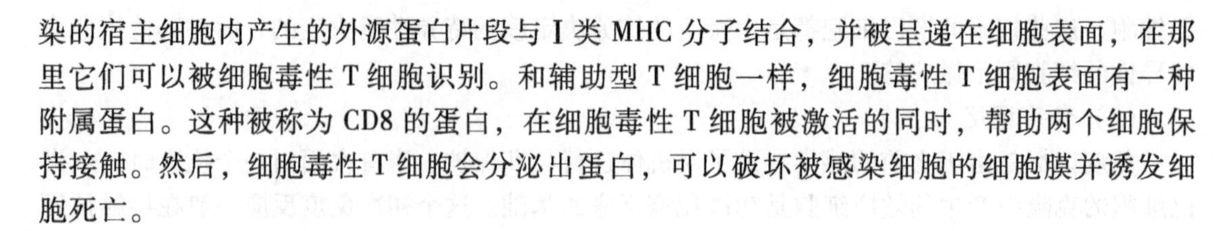

染的宿主细胞内产生的外源蛋白片段与Ⅰ类 MHC 分子结合，并被呈递在细胞表面，在那里它们可以被细胞毒性 T 细胞识别。和辅助型 T 细胞一样，细胞毒性 T 细胞表面有一种附属蛋白。这种被称为 CD8 的蛋白，在细胞毒性 T 细胞被激活的同时，帮助两个细胞保持接触。然后，细胞毒性 T 细胞会分泌出蛋白，可以破坏被感染细胞的细胞膜并诱发细胞死亡。

14.4.2 B 细胞介导的体液免疫

1. B 细胞的活化

B 细胞的活化既涉及辅助型 T 细胞，也涉及病原体表面的蛋白质。在抗原和细胞因子的刺激下，B 细胞增殖并分化为记忆型 B 细胞和分泌抗体的**浆细胞**（Plasma Cell）。

B 细胞的抗原加工和呈递不同于其他抗原呈递细胞。B 细胞只呈现其特异性结合的抗原。当抗原首先与细胞表面的受体结合时，细胞通过受体介导的内吞作用吸收一些外来分子（见 MOOC 视频 11.5）。B 细胞的Ⅱ类 MHC 蛋白然后将抗原片段呈现给辅助型 T 细胞。这种细胞间的直接接触通常是 B 细胞激活的关键。

B 细胞激活导致强大的体液免疫：一个被激活的 B 细胞产生大量相同的浆细胞。这些浆细胞开始产生和分泌抗体。大多数被 B 细胞识别的抗原含有多个抗原决定簇。因此，接触单一抗原通常会激活多种 B 细胞，从而产生不同的浆细胞，产生针对同一抗原上不同抗原决定簇的抗体。

2. 抗体的功能

抗体（Antibody）实际上并不杀死病原体，但通过与抗原结合，它们干扰病原体的活动，或以各种方式标记病原体，使其失去活性或被破坏。一个抗体与病毒表面蛋白质结合，结合后抗体可防止宿主细胞的感染，从而中和病毒。类似地，抗体有时会与体液中释放的毒素结合，阻止毒素进入人体细胞。

与细菌抗原结合的抗体并不阻断感染，而是呈现出易于被巨噬细胞或中性粒细胞识别的结构，从而促进吞噬作用。由于每个抗体有两个抗原结合位点，抗体还可以通过将细菌细胞、病毒或其他外来物质连接成聚合体来促进吞噬作用。

B 细胞可以表达五种免疫球蛋白（IgA、IgD、IgE、IgG 和 IgM）。对于给定的 B 细胞，每一类免疫球蛋白都有相同的抗原结合特异性，但有不同的重链保守区。B 细胞抗原受体，即 IgD，是细胞膜结合的。其他四类包含可溶性抗体，存在于血液、眼泪、唾液和母乳中。

14.4.3 疫苗

1. 疫苗的原理

我们前面对特异性免疫的讨论主要集中在**主动免疫**（Active Immunity）上，即当病原体感染身体时产生的一种防御机制。当孕妇血液中的 IgG 抗体穿过胎盘传给胎儿时，就会产生一种不同类型的免疫，这种被称为**被动免疫**（Passive Immunity），因为胎儿中的抗体是由母亲产生的。

主动免疫和被动免疫都可以通过人工诱导实现。主动免疫可以通过将抗原引入体内而引发。1796 年，詹纳（E. Jenner）注意到有牛痘的挤奶女工不会感染天花。天花是一种非常危险的疾病，牛痘是一种通常只在奶牛身上出现的轻微疾病。牛痘病毒与天花病毒密切相关，詹纳使用牛痘病毒诱导特异性免疫。如今，特异性免疫是通过制备疫苗来实现的。疫苗的来源包括失活的细菌毒素、灭活的病原体或者病原体蛋白。由于这些制剂都诱导了初级免疫反应和免疫记忆，当出现与疫苗相似的病原体时，会触发快速而强烈的二次免疫反应。

2. 疫苗的种类

（1）全病原体疫苗

传统疫苗基本上是由被杀死或削弱的病原体组成。这种全病原体疫苗（Whole-Pathogen Vaccine）可以引起强烈的保护性免疫反应。现今临床使用的许多疫苗都属于这一类。科学家们在19世纪首次描述了灭活或减弱的微生物诱导免疫的能力。这导致了灭活疫苗的发展。灭活疫苗（Inactivated Vaccine）是通过化学药品、热和辐射杀死病原体而产生的，比如脊髓灰质炎疫苗。

20世纪50年代，组织培养技术的进步使得减毒活疫苗的开发成为可能。减毒活疫苗（Live-Attenuated Vaccine）由一种经实验室处理后毒性被削弱的活微生物组成，比如麻疹、腮腺炎和风疹三联体疫苗。

有些疫苗使用无害的病毒或细菌作为载体，将遗传物质引入细胞，而不是将DNA或mRNA传递给细胞，这就是重组载体疫苗（Recombinant Vector Vaccine）。质粒DNA和腺病毒载体最为广泛，已经在艾滋病、疟疾和埃博拉病毒等领域有着广泛的应用。我国在2017年研发的重组埃博拉病毒疫苗的新药注册获得原国家食品药监局批准，是首个获批上市的重组病毒载体疫苗。

（2）亚基疫苗

亚基疫苗（Subunit Vaccine）只包括最能刺激免疫应答的抗原，而不是整个病原体。虽然这种设计可以使疫苗更安全、更容易生产，但它通常需要加入佐剂，以引起强烈的保护性免疫应答，因为抗原本身不足以引起足够的长期免疫。

重组DNA技术使得来自两种或两种以上来源的DNA能够结合在一起，从而开发出第一代重组蛋白疫苗（Recombinant Protein Vaccine），即乙型肝炎疫苗。

（3）核酸疫苗

核酸疫苗（Nuclei Acid Vaccine）是把遗传物质作为疫苗，这类遗传物质编码能够引发免疫应答的抗原。然后，人体自身的细胞利用这种遗传物质来制造抗原。这种方法的潜在优势包括刺激长期免疫应答、良好的疫苗稳定性和相对容易大规模生产。

DNA质粒疫苗（DNA-Plasmid Vaccine）主要由质粒组成，它携带编码病原体蛋白质的基因。DNA质粒疫苗的制造工艺已经确立，可以迅速研制出实验性疫苗，以应对新出现或重新出现的传染病。

以mRNA为基础的mRNA疫苗（mRNA Vaccine）研发也取得了进步。最近的技术进步在很大程度上克服了mRNA的不稳定性和将其输送到细胞中的困难。在2019年新冠疫情之前，大部分关于mRNA疫苗的早期工作都集中在肿瘤方面。但癌症疫苗是治疗性的，而不是预防性的，旨在针对肿瘤细胞优先表达的肿瘤相关抗原。本次新冠疫情中，合作环境和政府投资促使通过有效性数据和大规模应用为疫苗提供了概念验证。截止到2020年5月，国内制药企业在mRNA疫苗研发中取得了巨大进步。

疫苗接种计划已经成功地预防了许多传染病，这些疾病曾经导致大量人死亡或丧失行动能力。20 世纪 70 年代末，一场全球范围的疫苗接种运动导致天花被根除。在工业化国家，婴儿和儿童的例行免疫接种大大降低了小儿麻痹症、麻疹和百日咳等具有破坏性的疾病的发病率。2019 年底新冠疫情开始之际，我国大力加强疫苗的研发。在科研攻关应急项目中我们并行安排了多条技术路线，包括灭活疫苗、mRNA 疫苗、重组蛋白疫苗、病毒载体疫苗、DNA 疫苗等并行推进。

14.5 免疫系统和癌症

作为其正常功能的一部分，免疫系统检测并摧毁异常细胞，并预防或抑制癌症的产生。例如，免疫细胞有时会在肿瘤内或肿瘤周围被发现。尽管免疫系统可以预防或减缓癌症的生长，但癌细胞有办法避免被免疫系统破坏。比如癌细胞可能基因发生变化，使其不易被免疫系统发现；或者它们的表面蛋白可以关闭免疫细胞的应答。在本小节中，我们将介绍几种针对癌症的免疫疗法以及原理。

14.5.1 免疫检查点抑制剂

1. 免疫检查点

免疫系统的一个重要特点是针对病原体展开强有力的免疫反应，同时避免自体免疫。这些都是通过一系列激活信号和抑制信号来实现对免疫应答的调控的。在有病原体存在的情况下，必须引发一个特异性的有效的免疫应答，因此产生抗原特异性的 B 细胞和 T 细胞增殖，以及 B 细胞和 T 细胞的分化产生效应细胞。当病原体被消灭或者得到有效控制后，这种免疫应答必须要终止，否则会引起组织损伤和长期的炎症反应。这一过程需要抑制信号。我们可以看出免疫系统做出应答的过程也是符合稳态这个特点的，在有病原体存在的情况下通过一些激活信号产生免疫激活，而当病原体被消灭或控制后，就会产生免疫抑制。

免疫检查点（Immune Checkpoint）是免疫系统的正常组成部分。它们的作用是防止免疫应答过于强烈而破坏身体中的正常细胞。免疫系统中具有激活通路和抑制通路，这些通路中的蛋白及其配体被称为免疫检查点。当 T 细胞表面的蛋白质识别并与其他细胞（如肿瘤细胞）上的配体蛋白结合时，免疫检查点就开始工作了。当检查点和配体蛋白结合后，它们会向 T 细胞发出信号，从而阻止免疫应答。

2. PD-1/PD-L1 通路

PD-1/PD-L1 是最重要的免疫检查点通路。“PD”的首字母代表程序性死亡（Programmed Death）。PD-1 主要在激活的 T 细胞和 B 细胞中表达，功能是抑制细胞的过度激活，这是免疫系统的一种正常的自稳机制。免疫细胞的过度激活会引起自身免疫病，所以 PD-1/PD-L1 通路是人体的一道护身符。类似汽车的刹车系统，在免疫系统受刺激而发飙时能够及时刹车，使免疫系统的活化保持在正常的范围之内，不至于“超速”（见图 14.12）。但是很多时候肿瘤细胞产生 PD-L1，当两种蛋白结合后，就会阻止 T 细胞杀死癌细胞。本章开头提到的两位诺奖得主的主要贡献就体现在这条通路的研究上。

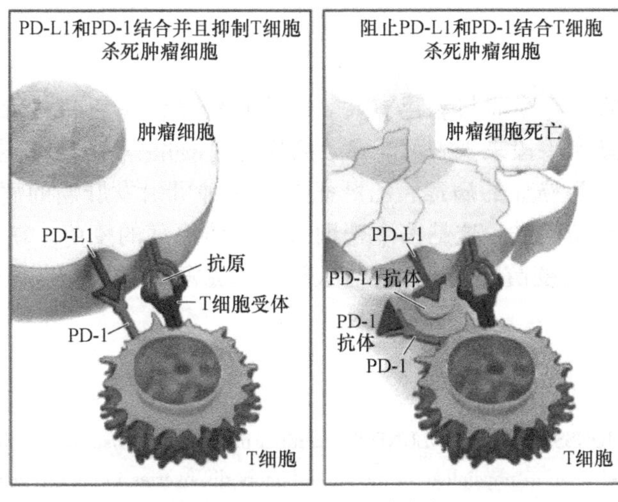

图 14.12　PD-1/PD-L1 通路：这种治疗方法通过导入可以结合肿瘤细胞中的 PD-L1 的抗体，使得 T 细胞被激活

14.5.2　T-细胞转移治疗

当特异性免疫没有被激活，T-细胞转移疗法可以使癌症病人自己的免疫细胞更好地攻击癌症。这些治疗方法都需要收集病人的免疫细胞，在实验室中大量培养这种细胞，然后将细胞送回体内。

CAR-T 疗法的全称是 Chimeric Antigen Receptors T-Cell Therapy，即人工改造癌症患者的免疫细胞，从而使其更好地攻击肿瘤细胞（见图 14.13）。首先需要从患者身体中抽取血液，从中分离出大量 T 细胞。然后对 T 细胞进行人工改造，在 T 细胞表面通过重组 DNA 技术加上特殊的受体，即嵌合的抗原受体（CAR），这个嵌合的抗原受体可以特异性识别肿瘤表面的抗原。这种改造后的 T 细胞在实验室进行细胞培养，复制出上亿个改造的 T 细胞，然后再被注入患者体内。这些 T 细胞进入到患者体内后，在血液中进行增殖。这些改造后的 T 细胞由于具有嵌合的抗原受体，因此可以找到肿瘤细胞并且进行抗原呈递然后将其消灭。

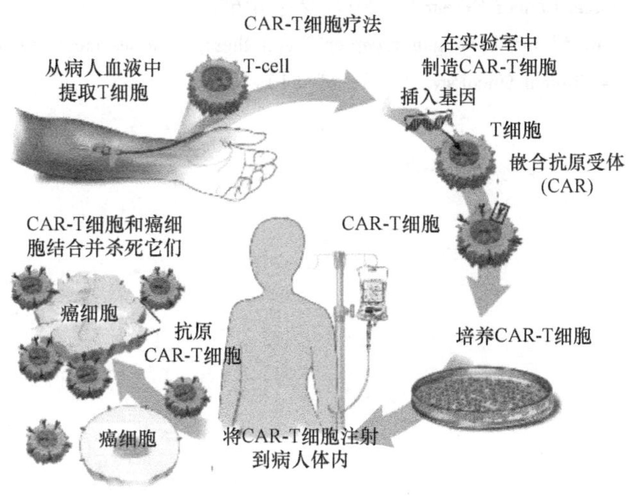

图 14.13　CAR-T 疗法

14.5.3 肿瘤疫苗

大约15%~20%的人类癌症与病毒有关。因为免疫系统可以将病毒蛋白识别为外来蛋白，它可以作为一种防御手段来抵御可能导致癌症的病毒和携带病毒的癌症细胞。科学家已经确定了六种能导致人类癌症的病毒。乙肝病毒是一种可引发肝癌的病毒。1986年，一种针对乙型肝炎病毒的疫苗问世，这是首个帮助人类预防癌症的疫苗。在2006年，针对人类乳头状瘤病毒（HPV）的疫苗问世，标志着人类在攻克宫颈癌方面的巨大进展。

参考文献

[1] LJUNGGREN H G, JONSSON R, HOGLUND P. Seminal immunologic discoveries with direct clinical implications: the 2018 Nobel prize in physiology or medicine honors discoveries in cancer immunotherapy [J]. Scand J Immunol, 2018, 88 (6).

[2] WEI S C, et al. Combination anti-CTLA-4 plus anti-PD-1 checkpoint blockade utilizes cellular mechanisms partially distinct from monotherapies [J]. Proc Natl Acad Sci, 2019, 116 (45).

[3] ISHIDA Y, et al. Induced expression of PD-1, a novel member of the immunoglobulin gene superfamily, upon programmed cell death [J]. EMBO J, 1992, 11 (11): 3887.

[4] AKIRA S, et al. Pathogen recognition and innate immunity [J]. Cell, 2006, 124: 783.

[5] LUO X R, et al. Immune Tolerance for Autoimmune Disease and Cell Transplantation [J]. Annual Review of Biomedical Engineering, 2016, 18: 181.

[6] LURIA S E, HUMAN M L. A nonhereditary, host-induced variation of bacterial viruses [J]. Journal of Bacteriology, 1952, 64 (4): 557.

[7] HORVATH P, Barrangou R. CRISPR/Cas, the immune system of bacteria and archaea [J]. Science, 2010, 8; 327 (5962): 167.

[8] CLICK B R, et al. Molecular Biotechnology [M]. 4th ed. New York: ASM Press, 2009.

[9] LINSLEY P S, et al. Human B7-1 (CD80) and B7-2 (CD86) bind with similar avidities but distinct kinetics to CD28 and CTLA-4 receptors [J]. Immunity, 1994, 1 (9): 793.

[10] MESSENHEIMER D J, et al. Timing of PD-1 blockade is critical to effective combination immunotherapy with anti-OX40 [J]. Clinical Cancer Research, 2017, 23: 6165.

[11] NEELAPU S S, et al. Chimeric antigen receptor T-cell therapy: assessment and management of toxicities [J]. Nature Reviews Clinical Oncology, 2018, 15 (1): 47.

第15章

神经系统

2017 年诺贝尔生理学或医学奖授予了三位科学家霍尔（J. C. Hall）、罗斯巴什（M. Rosbash）和迈克尔·杨（M. W. Young）（见图 15.1），基于他们发现了调控昼夜节律的分子机制。昼夜节律是指生命体 24 小时的内循环，这个内循环遵循日出而作，日落而息的规律。结合前面章节的知识，我们不难推断出这个 24 小时循环而产生的一系列生理现象的更迭与基因的规律表达有关。除此之外，这一内循环过程还涉及神经系统和内分泌系统的作用。

图 15.1　霍尔（左）、罗斯巴什（中）和迈克尔·杨（右）

在本章的学习中，我们主要讨论调节昼夜节律的重要系统——神经系统的结构与功能。我们将首先讨论神经系统的基本组成——神经元的结构与功能，然后探讨神经系统的组成和功能，特别是中枢神经系统和外周神经系统在维持生理上的重要作用。最后，我们将会涉及具体的生理学现象来讨论神经系统的功能以及如果出现异常将导致何种神经系统疾病。

15.1 神经元

在具体介绍神经系统的结构和功能之前，我们需要先知道神经系统中最重要的结构和功能单位：神经元。

神经元是神经系统中的功能性单位，负责接收信号、处理信号和输出信号。在实际的生理过程中，神经元细胞串联成神经回路来具体执行上述功能。我们举一个最简单的神经回路的例子：反射（见 MOOC 视频 12.4）。以膝跳反应为例，膝盖处的感觉神经元接收到了碰触的信号，传递给脊髓处的联络神经元，联络神经元经过处理后再把相应的信号传递给运动神经元，腿部的运动神经元接收到信号后进行运动输出。

15.1.1 神经元的结构和功能

1. 神经元的结构和基本功能

神经元接收和传输信息的能力基于高度分化的细胞组织。神经元的大部分细胞器，包括细胞核，都位于细胞体内。一个典型的神经元有大量的分支的延伸，称为树突（Dendrite）。树突和细胞体一起接收来自其他神经元的信号。神经元也有一个轴突（Axon），它是向其他细胞传递信号的延伸部分。轴突通常比树突长得多，有些轴突超过一米长。轴突的锥形基，也就是轴丘（Axon Hillock），不仅聚集大量核糖体，而且其细胞膜部分包含了大量离子通道，通常是信号沿轴突传递的地方。

2. 信息处理

神经系统的信息处理分为三个阶段：感觉输入、整合和运动输出。绝大多数动物在信息处理的过程中都有专门的神经元来负责这项工作（见 MOOC 视频 12.1）。

1）感觉神经元（Sensory Neuron）传递关于外部刺激的信息，如光线、触觉或嗅觉，或者内部状况，如血压或肌肉张力。

2）联络神经元（Interneuron）是大脑或神经节中的神经元，负责整合感官输入，兼顾周围环境和动物自身的经验。大脑中的绝大多数神经元是联络神经元，它们形成连接大脑神经元的局部回路。

3）运动神经元（Motor Neuron）从整合处理中心延伸出来，以肌肉或腺体活动的形式输出。例如，运动神经元将信号传递给肌肉细胞，导致肌肉细胞收缩。

在许多动物中，联络神经元主要在中枢神经系统（CNS）中。携带信息进出中枢神经系统的神经元组成外周神经系统（PNS）。神经元的轴突缠绕在一起形成神经（Nerve）。

15.1.2 动作电位

动作电位是神经元从树突接收了信号后，传递到轴突末端。在这个过程中，传递的是电信号。电信号的传递有两个特点：①快速；②All-or-none 原则。我们打个比方来介绍 All-or-none 原则：在一个教室内，如果教师提问，所有的同学都在同一时间内回答，那么教师很可能根本听不清其中任何一位同学的发言，因为相对于任何一位同学的发言，其他同学的发言都是噪声。为了听清楚其中一位同学的发言，就必须要清除其他噪声，即让其他同学先保持安静。同理，神经元每时每刻都会从树突接收各种信号，但是每次只传递一种信号到达轴突末端。All-or-none 原则体现了这样的传递信号特点：要么不传递信号，只要开始传递信号就会一路传递到轴突末端，不存在信号传递到一半的情况。所以，神经元要把某一种信号传递到轴突末端之前，必须要克服其他“噪声”。

对于电信号来说，在具体传递某一种信号之前，神经元必须保持一种“绝缘”状态，即不传递任何信号。从生物学角度来说，神经元保持“绝缘”状态是通过把大多数阳离子保持在神经元外，主要机制是通过钠钾离子泵来实现的。当神经元处于这种状态时，就叫作处于静息电位（Resting Potential）。当神经元的树突接收信号后，膜上的离子通道打开，阳离子进入，导致膜电位发生变化，从而触发动作电位。

关于静息电位和动作电位产生的相关机理，请参考 MOOC 视频 12.2。我们简单阐述一

下为什么神经元内部传递的是电信号。在神经元中，就像在其他细胞中一样，离子不均匀地分布在细胞内部和周围液体之间。这样导致了细胞内部相对于外部带负电。因为通过质膜的相反电荷的吸引是势能的来源，这种电势差或电压，称为膜电位（Membrane Potential）。对于静止的神经元（不发送信号）来说，膜电位被称为静息电位，通常在60~80mV之间。这60~80mV的电势差是由于离子通过离子通道的运动导致的。离子通道是由跨膜的特化蛋白质簇形成的孔。离子通道允许离子在膜上来回扩散。当离子沿离子通道扩散时，它们携带着电荷。任何由此产生的正电荷或负电荷的净移动都会产生膜电位，或跨膜电压。穿过质膜的离子浓度梯度代表了一种化学形式的势能，可用于很多细胞过程（比如渗透压）。离子通道将化学势能转化为电势能，这是因为它们具有选择渗透性，只允许某些离子通过。例如，钾离子通道允许钾离子（K^+）自由地穿过膜，但不允许其他离子如钠离子（Na^+）或氯离子（Cl^-）通过。

钾离子沿始终畅通的钾离子通道的扩散对建立静息电位至关重要。细胞内K^+浓度为140mmol/L，细胞外K^+浓度仅为5mmol/L。因此，化学浓度梯度有利于K^+的净流出。此外，一个处于静息电位的神经元有许多开放的钾通道，但很少有开放的钠通道。因为Na^+和其他离子不能轻易地穿过细胞膜，K^+流出导致了细胞内的净负电荷。神经元内负电荷的积累是膜电位的主要来源。细胞内多余的负电荷产生一种吸引力，阻止额外的带正电的钾离子流出细胞。电荷的分离因此产生电梯度，抵消了K^+的化学浓度梯度。

15.1.3 突触传导

在轴突的另一端，轴突通常分裂成许多分支。轴突的每一个分支末端都将信息传递给另一个细胞的分支连接处——突触（Synapse）。每个轴突分支形成突触的一部分——突触末端（Synaptic Terminal）。在大多数突触中，传递的化学信号被称为神经递质（Neurotransmitter），负责把信息从传输神经元传递到接收细胞。在描述突触时，我们把传递信息的神经元称为突触前细胞，把接收信号的神经元、肌肉或腺体细胞称为突触后细胞。

突触传导是神经元之间或者神经元和肌肉细胞之间传递信号的一种方式，传递的是化学信号。这种传递方式和我们前面介绍的细胞通信的方式是一致的，都需要信号分子（神经递质）介导。大多数突触是化学突触，因为突触前神经元释放一种化学神经递质。在每个末端，突触前神经元合成神经递质，被突触囊泡的膜所包裹。当动作电位到达突触末端使得质膜去极化，打开电压门控的通道，允许钙离子（Ca^{2+}）扩散进入。在突触末端，Ca^{2+}浓度的上升导致突触囊泡与末梢膜融合，释放神经递质。一旦释放，神经递质就会扩散到突触间隙，即突触前细胞和突触后细胞之间的空隙。神经递质到达突触后膜后，与膜上的特定受体结合并激活下一个动作电位（见MOOC视频12.3）。

当神经递质分子从突触间隙被移除后，受体激活停止，突触后应答停止。有的神经递质是被酶降解的，有的神经递质是被运输回突触前细胞并且重新包裹在囊泡里。下面我们具体举几个神经递质的例子。

（1）乙酰胆碱

乙酰胆碱对于神经系统中肌肉运动、记忆形成和学习都起着至关重要的作用。在脊椎动物中，有的乙酰胆碱受体在神经肌肉接点（运动神经元和骨骼肌细胞形成的突触）起作用。当运动神经元释放出乙酰胆碱后，乙酰胆碱和其受体结合，离子通道打开，产生兴奋性突触

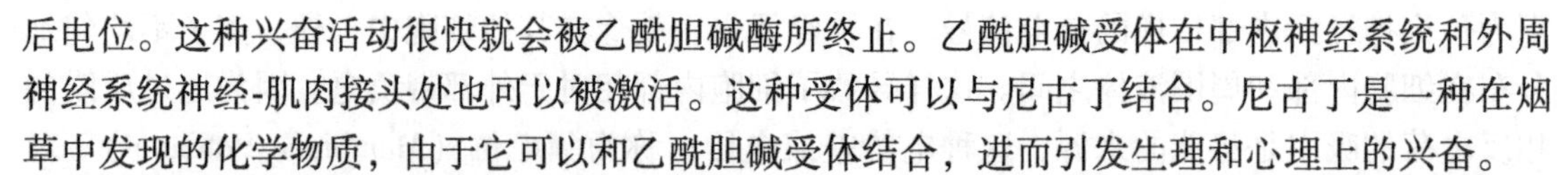

后电位。这种兴奋活动很快就会被乙酰胆碱酶所终止。乙酰胆碱受体在中枢神经系统和外周神经系统神经-肌肉接头处也可以被激活。这种受体可以与尼古丁结合。尼古丁是一种在烟草中发现的化学物质，由于它可以和乙酰胆碱受体结合，进而引发生理和心理上的兴奋。

许多毒素通过乙酰胆碱破坏神经信号传递。例如，神经毒气沙林会抑制乙酰胆碱酯酶，导致乙酰胆碱积累到足以导致瘫痪和死亡的水平。相反，某些细菌会产生一种毒素，抑制突触前乙酰胆碱的释放。这种毒素会导致一种罕见但通常是致命的中毒形式，这种毒素就是肉毒杆菌毒素。未经处理的肉毒杆菌毒素通常是致命的，因为当乙酰胆碱的释放受阻时，呼吸所需的肌肉会停止收缩。如今，注射肉毒杆菌毒素通常被用于医学美容，通过阻断脸部某一特定区域肌肉的突触传导来减少眼睛或嘴部周围的皱纹。

（2）氨基酸

谷氨酸是神经递质的几种氨基酸之一。在脊椎动物中，谷氨酸是中枢神经系统中最常见的神经递质。谷氨酸作为神经递质在长期记忆的形成中起关键作用。氨基丁酸（GABA）是大脑中一种神经递质。广泛使用的药物安定通过和 GABA 受体结合来减轻焦虑。

（3）生物胺

这类神经递质是从氨基酸合成的。一种常见的生物胺是多巴胺，由络氨酸产生；另一种神经递质 5-羟色胺，由色氨酸合成。这两种神经递质被释放到大脑多处并且影响睡眠、情绪、注意力和学习。一些精神性药物，包括 LSD（麦角酸二乙基酰胺），是通过与这些神经递质的受体结合而产生幻觉效果的。生物胺在许多神经系统疾病和治疗中起着核心作用。退行性疾病帕金森病与大脑中多巴胺缺乏有关。此外，治疗抑郁症的药物通常会增加大脑中生物胺的浓度。

（4）神经肽

一些神经肽是相对较短的氨基酸链，通常是由更大的蛋白前体被切割而产生的。神经肽 P 物质是一种关键的兴奋性神经递质，它调节我们对疼痛的感知。而其他的神经肽，比如内啡肽（Endorphin），起着天然止痛剂的作用，减少对疼痛的感知。当有身体上或情绪上的压力，比如分娩时，大脑会产生内啡肽。除了缓解疼痛，它们还能减少排尿，减少呼吸，产生欣快感以及其他情绪。

15.2 神经系统的结构

在许多动物中，执行整合信息功能的神经元形成中枢神经系统（CNS），而携带信息进出中枢神经系统的神经元形成外周神经系统（PNS）。随着演化的推进和动物复杂程度的提升，不仅神经元的数量增加，而且神经元的组织方式也出现了分化。比如在无脊椎动物中，控制行为的不仅有更加复杂的大脑，还有节段排列的神经元簇形成的神经节（Ganglia）。在脊椎动物中，大脑和脊髓形成中枢神经系统，神经和神经节是外周神经系统的重要组成部分，而区域专业化是这两个体系的标志。

15.2.1 神经系统的细胞组成

脊椎动物和大多数无脊椎动物的神经系统不仅包括神经元，还包括神经胶质细胞（Glial Cell）。胶质细胞滋养神经元，隔离神经元轴突。此外，神经胶质细胞有时还能补充某些神经元，并帮助传递信息。胶质细胞还参与神经系统发育。在胚胎发育时，放射状胶质细胞（Radial Neuroglia Cell）在中枢神经系统的发育中起重要作用，负责引导神经元迁移。星形胶质细胞（Astrocyte）参与形成血脑屏障，这是一种特化的大脑毛细血管壁，限制大多数物质从血液进入中枢神经系统。放射状胶质细胞和星形胶质细胞都具有干细胞的功能，保留无限分裂的能力。对老鼠的研究表明，大脑中的干细胞产生成熟的神经元，然后迁移到特定的位置，并组成神经系统的神经回路。不少科学家正在研究如何用神经干细胞来取代大脑中受损的组织。

15.2.2　中枢神经系统

脊椎动物的中枢神经系统中充满了脑脊液（Cerebrospinal Fluid）。脑脊液通过脑室和脊髓中央管缓慢循环，然后流入静脉，为中枢神经系统提供营养物质和激素，并带走废物。除了这些充满液体的空间，大脑和脊髓还包含灰质和白质。灰质主要由神经元细胞体组成。白质主要由轴突簇组成。在脊髓中，白质构成了脊髓的外层，负责连接中枢神经系统和外周神经系统的感觉神经元和运动神经元。在大脑中，白质主要位于内部，负责神经元之间的信号传递，在学习、感受情绪、处理感觉信息和生成命令中起着重要作用（见 MOOC 视频 12.4）。

1. 脊髓

在脊椎动物中，脊髓在脊柱内纵行。脊髓向大脑传递信息，并产生基本的运动模式。它也独立于大脑发挥作用，是产生反射的简单神经回路的一部分。反射是身体对特定刺激的自动反应，通过对特定刺激做出快速、无意识的反应来保护身体。例如，如果你不小心把手放在了热水炉上，在大脑处理疼痛之前，你的手就开始向后抽。同样地，当你试图拿起一个出乎意料的重物时，膝跳反射会保护你。如果你的腿弯曲，通过膝盖的张力触发大腿肌肉的收缩，帮助你保持直立并支撑负荷。在体检中医生可能会用木槌触发条件反射，以帮助评估神经系统功能。

2. 脑

脊椎动物的大脑有三个主要区域：前脑、中脑和后脑。每个区域都有专门的功能。前脑（Forebrain）包含嗅球和大脑，它的活动包括处理输入的气味、调节睡眠、学习和处理复杂信息。中脑（Midbrain）位于大脑的中心位置，负责协调感觉输入的传递。后脑（Hindbrain）的一部分形成小脑，一方面控制非自愿活动，如血液循环等，另一方面负责协调运动。

3. 大脑皮层

大脑负责语言、认知、记忆、意识和对周围环境的感知。大脑是人脑中最大的结构，也表现出区域专门化。大脑的认知功能主要体现在大脑皮层（Cortex）。在大脑皮层内，感觉区域接收和处理感觉信息，联合区域负责整合信息，运动区域将指令传送到身体的其他部位。我们在讨论大脑皮层中特定功能的位置时，通常使用四个区域或脑叶作为物理标志：额叶、颞叶、枕叶和顶叶（每个叶都以附近的头骨命名）。

大多数进入大脑皮层的感觉信息都是通过丘脑传递到脑叶内的初级感觉区域。在初级感觉区域接收的信息会被传递到附近的相关区域，该区域负责处理感觉输入信息。例如，在枕叶中，初级视觉区域的一些神经元对特定方向的光线特别敏感。在相关联的视觉区域，与这些特征相关的信息被整合在一个专门用于识别复杂图像（如人脸）的区域中。一旦处理完毕，感觉信息就会传递到前额叶皮层，帮助计划行动和运动。大脑皮层随后可能会产生运动指令，导致特定的行为，如移动肢体或打招呼等。这些指令由位于额叶后部的运动皮层神经元产生的动作电位组成。动作电位沿着轴突传递到脑干和脊髓，在那里它们刺激运动神经元，进而刺激骨骼肌细胞。在体感皮层和运动皮层中，神经元通常按照身体产生感觉输入或接收运动指令的部位排列（见 MOOC 视频 12.5）。例如，处理来自腿和脚的感觉信息的神经元位于最靠近中线的感觉皮层区域，控制腿部和足部肌肉的神经元位于运动皮层的相应区域。

15.2.3 外周神经系统

外周神经系统向中枢神经系统传递和接收信息，并在调节动物的运动和其内部环境方面发挥重要作用（见 MOOC 视频 12.4）。外周神经系统有两大类神经元。负责把感觉信息从外周神经系统传递到中枢神经系统的神经元被称为**输入神经元**（Afferent Neuron）。在中枢神经系统内进行信息处理后，指令随后传递到肌肉、腺体和内分泌细胞。传递指令的细胞属于外周神经系统神经元，被称为**输出神经元**（Efferent Neuron）。大多数神经同时包含输入神经元和输出神经元。

外周神经系统有两个输出部分：**运动系统**（Motor System）和**自主神经系统**（Autonomic Nervous System）。运动系统向骨骼肌传递信号。运动控制可以是自愿的，比如当你举手问问题的时候，也可以是非自愿的，比如由脊髓控制的膝跳反射。相比之下，自主神经系统对平滑肌和心肌的调节通常是非自愿的。自主神经系统又分成三个部分：交感神经、副交感神经和肠道，它们共同控制消化、心血管、排泄和内分泌系统的器官。

自主神经系统中的交感神经和副交感神经在调节器官功能方面具有对立功能。交感神经的激活对应唤醒（“战斗或逃跑” 反应），如心跳加快、消化受到抑制、肝脏将糖原转化为葡萄糖以及肾上腺分泌肾上腺素等。副交感神经的激活通常会引起相反的反应，促进平静和恢复自我维持功能（“休息和消化”），如心率降低、消化增强、糖原生产增加等。然而，在调节生殖活动时，副交感神经部分起到补充而不是对抗交感神经的功能。这两部分不仅在总体功能上有所不同，而且在组织和释放信号方面也有所不同。副交感神经从大脑或脊髓的基部中枢神经系统伸出，在神经节内或靠近内脏器官的地方形成突触。相反，交感神经通常在沿脊髓的中间位置离开中枢神经系统，在脊髓外的神经节形成突触。

体内平衡常常依赖于运动神经系统和自主神经系统之间的合作。例如，当体温下降时，下丘脑会向运动系统发出信号，导致颤抖，从而增加热量的产生。同时，下丘脑向自主神经系统发出信号，收缩表面血管，减少热量损失。

15.3 神经系统的功能

在本节中，我们将介绍和神经系统功能紧密联系的部分生理现象，包括昼夜节律、学习和记忆以及上瘾。

15.3.1 昼夜节律

我们在前面学习了稳态的基本概念，知道了生物体内的环境变化是受严格调控的。稳态

的维持主要通过负反馈调控实现。从前面的学习中知道（见 MOOC 视频 10.2）：系统的输出信号反过来会抑制系统的输入信号。但是，输出需要达到一定阈值后才能够反过来抑制输入，这就需要一定时间。因此，稳态的调控实际上是有一个周期的。这个周期可以比较短，只有 24 小时，比如昼夜节律；也可以长一些，到一个月左右，比如女性的月经周期；当然也可以更长一些，比如一些动物的季节性交配和冬眠等。

1. 生物钟

睡眠和清醒的周期是昼夜节律的一个例子。这种发生在生物体中的周期变化依赖于生物钟（Biological Clock），这是一种引导周期性基因表达和细胞活动的分子机制。像我们比较熟悉的睡眠-觉醒周期、女性的生理周期等，都属于生物钟的范畴。所以生物钟的范畴比昼夜节律要更广泛。尽管生物钟通常与环境中的明暗周期同步，但即使在没有环境信号的情况下，它们也能维持一个大约 24 小时的周期。例如，在一个恒定的环境中，人类的睡眠-觉醒周期为 24.2 小时，个体之间的差异很小。

那么动物的生物钟与明暗周期有什么关系？哺乳动物的昼夜节律是由下丘脑中的一组叫作视交叉上核（Suprachiasmatic Nucleus，SCN）神经元协调的。在对来自眼睛的感觉信息做出反应时，视交叉上核就像一个校正仪器，使全身细胞内的生物钟与昼夜节律同步。

2. 昼夜节律概述

昼夜节律是高等光敏感生物规律性地适应白天和黑夜的行为。白天和黑夜组成一个周期，在这个周期中，神经系统、内分泌系统以及基因的表达调控都起着重要的作用。如何理解这个周期的运转？我们先来打一个比方：你新买回家一块手表，首先要做的事情就是需要对手表进行时间校对。实际上，昼夜节律的机制就像一个校对过程，随着时间变化调整生物体的各项生理功能。那么，在昼夜节律过程中，什么起着校对作用？答案是中枢时钟（Master Clock）。中枢时钟每天都会校对一次，校对的周期就是 24 小时。这个校对的依据是光。中枢时钟负责把生物体内所有的时序性生理活动进行协调，以达到一致。对于脊椎动物来说，脑部的视交叉上核就是中枢时钟，接收光信号，用以“校对”（见图 15.2）。

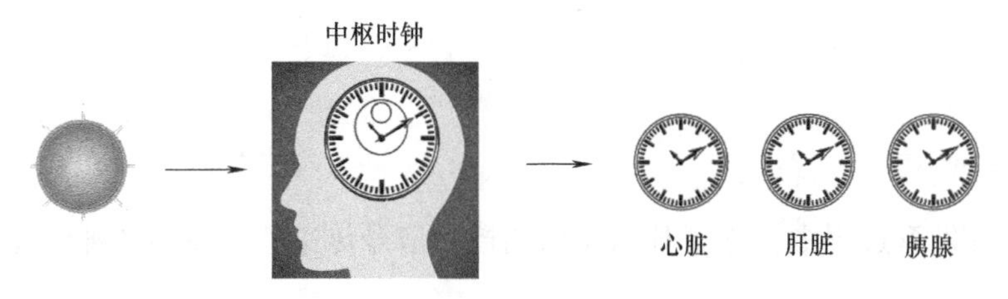

图 15.2　昼夜节律中视交叉上核作为中枢时钟对身体其他部位的时钟（体温、血压等）进行“校对”

3. 昼夜节律的分子机制

生理过程的周期性变化同时体现了相应基因表达的周期性变化。在白天，某些基因的表达会更加有优势，而某些在黑夜表达的基因的功能会受到抑制，在夜晚同理。白天-黑夜基因交替出现优势的步调，并不总是完美的，即细胞之间的步调会出现不一致，这时候中枢时钟的命令就起到了让细胞保持步调一致的作用。

在昼夜节律中起着周期性变化的主要基因是 PER（Period）基因。PER 基因位于 X 染色体上，在视交叉上核的神经元中表达。PER 基因编码的蛋白质浓度呈 24 小时的周期变化：在黑夜结束，白天刚开始的时候表达量很低，然后逐渐升高，并在快入夜的时候达到表达高峰。CLOCK 和 BMAL1 基因编码的蛋白可以促进 PER 基因的表达。PER 和 CRY（Cryptochrome）是白天基因，CRY 编码隐色素，能够感受光。它和 PER 基因一样，在黑夜结束，白天刚开始的时候表达量很低，然后逐渐升高，并在快入夜的时候达到高峰。作为一个表达量呈现周期性变化的基因，必然受到其他基因的调控。这两种蛋白结合到 PER 和 CRY 基因的表达调控区域，促进其表达。既然 PER 呈周期性变化，那么必然有一种机制可以抑制 PER 蛋白质的浓度。有趣的是，虽然 CLOCK 和 BMAL1 蛋白能够促进 PER 和 CRY 的表达，但是，PER 和 CRY 的表达却会反过来抑制 CLOCK 和 BMAL1 蛋白的功能。当刚刚入夜，表达量达到峰值时，PER 和 CRY 就会形成二聚体，进入细胞核中，抑制 CLOCK 和 BMAL1，从而抑制 PER 和 CRY 的表达（见图 15.3）。同时，PER 和 CRY 是不稳定的，会被缓慢降解掉。这样转录变少了，然后自身也被降解了，因此就会随着夜色加深，PER 的量逐渐下降，并在黑夜结束，白天刚开始时，回到了整个周期的起点。而由于 PER 和 CRY 含量的下降，就解除了对 CLOCK 和 BMAL1 的抑制，从而重新转录出新的 PER 和 CRY。这样，就形成了一个周期振荡的负反馈系统。

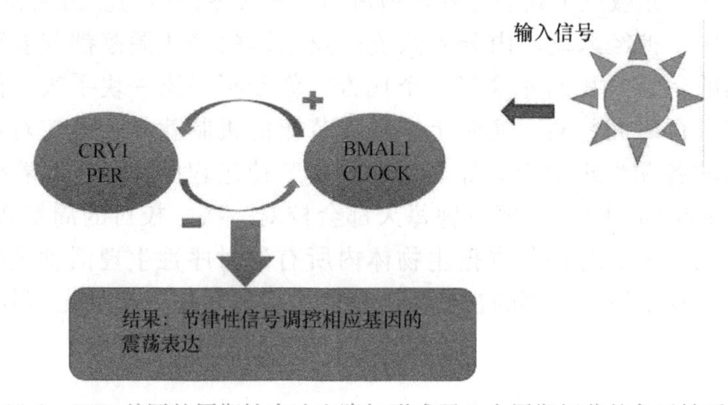

图 15.3　PER 基因的周期性表达和降解形成了一个周期振荡的负反馈系统

15.3.2　学习和记忆

神经系统在发育过程中，除了基因表达调控和信号传递外，还涉及神经元突触的建立和消失。

1. 神经可塑性

虽然中枢神经系统是在胚胎发育期间建立的，但神经元之间的连接是可以被改变的。这种神经系统被重塑的能力被称为**神经可塑性**（Neuronal Plasticity）。

神经系统的大部分重塑发生在突触处。当一个突触的活动与其他突触的活动一致时，两个突触间的连接就会加强。相反，当一个突触的活动不能与其他突触的活动相关联时，突触连接有时就会变弱。这样，不断加强的突触连接被保留下来，而缺乏相关联的突触则丢失了。研究表明，自闭症（一种儿童早期的发育障碍）就是突触重塑过程中发生的异常。自闭症儿童表现出沟通障碍和社交障碍，以及刻板印象和重复行为。虽然自闭症的根本原因尚

不清楚，但遗传因素对自闭症及相关疾病有很大影响。

2. 学习和记忆机制

神经元的可塑性对记忆的形成至关重要。我们不断地对照刚刚发生的事情来检查正在发生的事情。我们脑海中的信息只是短期记忆，如果它变得无关紧要，我们就会移除它。如果我们想记住一个名字、电话号码或其他东西，那么长期记忆的机制就会被激活，当以后需要回忆起名字或号码时，我们就会把它从长期记忆中提取出来，再把它恢复到短期记忆中。

短期记忆和长期记忆都涉及大脑皮层对信息的存储。在短期记忆中，这些信息是通过海马体中形成的临时连接来获取的。当形成长期记忆时，海马体中的连接就会被大脑皮层内部的连接所取代。根据我们目前对记忆的理解，海马体是获取新的长期记忆的关键，而不是维持它们。那么为什么生物体同时需要短期记忆和长期记忆？目前研究发现，将新学习的数据与先前学习并储存在长期记忆中的数据联系起来，会加强信息从短期记忆向长期记忆的转移。以运动技能为例，比如系鞋带，通常是通过重复来学习的。我们可以执行这些技能，而不必有意识地回想正确执行这些任务所需的各个步骤。学习一项技能和方法，比如学习骑自行车的过程中涉及的细胞机制与大脑生长发育的机制非常相似。在这种情况下，神经元实际上会建立新的连接。相比之下，记忆电话号码、发生的事情和地点可能是非常快的，而且可能主要依赖于现有神经元连接强度的变化。

15.3.3　毒品上瘾

上瘾是我们都听说过的一种生理学现象，指对特定的化学物质产生依赖。在了解上瘾之前，我们需要先介绍神经系统中一个重要的功能系统：奖励系统（Reward System）。

1. 奖励系统

奖励系统主要刺激一些可以提高生存和繁殖的活动。在这里，“奖励”是指有吸引力或让人产生动力的刺激。最基本、最原始的奖励是为了维持生物体活动和繁衍后代的需要，比如水、食物、性行为和父母呵护等。随着人类的演化以及人类文化的发展，奖励也上升到了更高的层面，比如参与到一种行为或活动中，因为行为或活动本身有吸引力。这里的奖励往往源于奖励本身有吸引力，称为内部奖励。另外，还有其他的奖励方式是使生物体参与到一种行为或活动中以得到奖励或避免惩罚。奖励系统主要集中在大脑，包括额叶皮质、伏隔核、腹侧背盖区、下丘脑以及海马体等。这其中有两条神经通路非常重要：多巴胺通路和5-羟色胺通路。这两个通路不仅影响生物体对奖励的期待和需求，还会影响其他功能，比如情绪、记忆和睡眠等（见图 15.4）。

2. 毒品上瘾概述

毒品属于娱乐性药物（Recreational Drug），日常生活中也特指被人类当作嗜好品所滥用的功能性药物，多为精神药品或麻醉药品。下面我们以可卡因上瘾为例说明奖励系统和上瘾的关系。在多巴胺通路中，正常情况下传递完信号后，多巴胺会被特定的运输蛋白运送回突触前细胞进行回收，以防止信号一直传递。

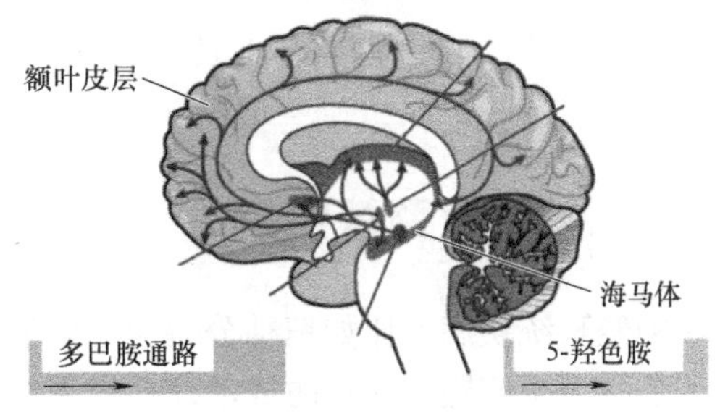

图 15.4　奖励系统

可卡因分子的化学结构和多巴胺非常相似（见图 15.5），当可卡因分子进入到突触间隙时，很大程度上会被多巴胺运输蛋白识别并且结合，从而占据了原本属于运输多巴胺分子的位置。在这种情况下，大量的多巴胺分子会停留在突触间隙，而且会不断地和突触后细胞上的受体结合，一直传递信号。这样一直传递信号的后果是，大脑会一直收到和奖励相关的信号，从而刺激一系列生理活动。这种持续的生理机能的应答超出了正常水平后，大脑会相应做出调整，从而降低信号的强度。在有可卡因分子的情况下，大脑通过减少受体数量来降低信号的强度。

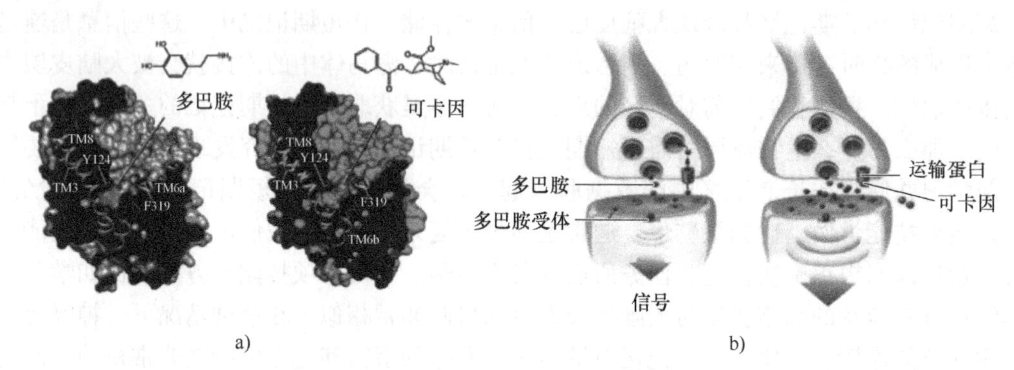

图 15.5　多巴胺与可卡因

a）多巴胺和可卡因分子比较　b）可卡因影响多巴胺回收

这个过程体现了一个生物体稳态平衡的调节机制：当某一信号过多导致过度的生理应答时，机体会产生负反馈的信号到达输入端进行抑制。所以，在有可卡因分子的情况下，机体会通过减少多巴胺受体数量来降低奖励系统的信号传递。但是当可卡因分子逐渐减少被排出体外后，突触间隙的多巴胺分子数量恢复正常，进行下一轮的信号传递。但是由于前面多巴胺受体数量的变少，导致多巴胺的信号传递减弱，因而影响了一系列生理功能，比如饮食、睡眠和情绪等。吸毒上瘾的过程实际上就是毒品"劫持"了生物体正常的奖励系统，使得所有的对奖励的期待依赖于对毒品的期待。如图 15.6 所示，毒品上瘾是毒品分子打破稳态后，机体进行调整达到一个新稳态，上瘾过程也反映了生物体进行稳态调节的过程。

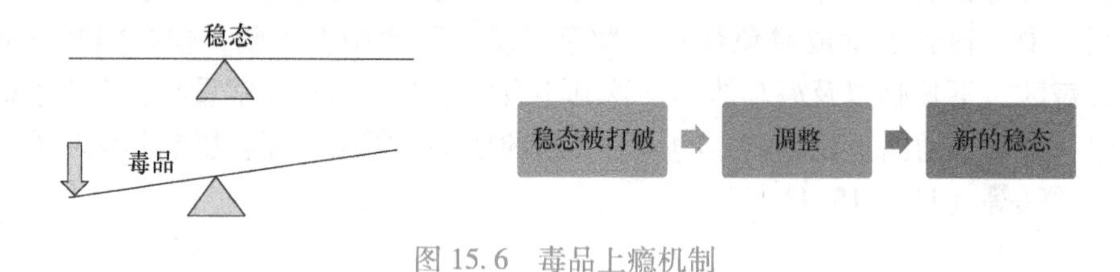

图 15.6　毒品上瘾机制

15.4 神经系统疾病

神经系统疾病，比如精神分裂症、抑郁症、毒瘾、阿尔茨海默病和帕金森病，是一个重大的公共卫生问题。在预防或治疗神经系统疾病，尤其是阿尔茨海默病和其他导致神经系统退化的疾病方面，仍存在许多挑战。

目前许多研究工作集中在鉴定引起神经系统紊乱的基因。识别这些基因为识别病因、预测结果和开发有效治疗方法提供了希望。然而，对于大多数神经系统疾病来说，遗传因素仅部分解释了个体受到影响的原因。导致疾病的另一个重要因素来自环境。然而环境因素的影响很难确定。在前面章节中，我们以精神分裂为例简单介绍过遗传因素和环境因素的影响。在本节中，我们主要从神经生物学角度来介绍这些神经系统疾病。

15.4.1 精神分裂症

精神分裂症（Schizophrenia）是以间歇性神经失常为特征的严重精神障碍，患者对现实的感知是扭曲的。精神分裂症患者通常会有幻觉和妄想。有两种证据表明，精神分裂症影响神经递质多巴胺的神经通路。首先，药物安非他命刺激多巴胺的释放，可以产生与精神分裂症相同的一系列症状。其次，许多缓解精神分裂症症状的药物会阻断多巴胺受体接收信号。

15.4.2 阿尔兹海默病

阿尔兹海默病（Alzheimer's Disease）是一种精神退化或痴呆，其特征是思维混乱和记忆丧失。这种疾病与年龄有关，发病率从65岁时的10%上升到85岁时的35%。而且这种疾病是缓慢发展的，患者逐渐丧失活动能力和识别人的能力。

通过对死于阿尔茨海默病的患者的大脑进行检查，科学家们发现了两个特征：淀粉样斑块和神经原纤维缠结。此外，通常还会出现大面积的脑组织萎缩，这反映了大脑许多区域神经元的死亡，包括海马体和大脑皮层。淀粉样斑块是β-淀粉样蛋白（β-Amyloid）的聚集物，β-淀粉样蛋白是一种不可溶解的肽，由神经元中膜蛋白的细胞外部分切割而成。一种细胞膜上的酶（分泌酶）切割β-淀粉样蛋白，导致其在神经元外积累。这些斑块引发了周围神经元的死亡（见MOOC视频12.6）。

阿尔茨海默病中观察到的神经原纤维缠结主要由微管相关蛋白（tau蛋白）组成。tau蛋白通常帮助组装和维持微管，这些微管沿着轴突运输营养物质。在阿尔茨海默病中，tau蛋白结构发生变化而引发自身结合，导致神经原纤维缠结。有证据表明，tau蛋白的变化与早发性阿尔茨海默病的出现有关，早发性阿尔茨海默病是一种不太常见的疾病，影响相对年轻的个体。

15.4.3 帕金森病

帕金森病（Parkinson Disease）是一种运动障碍，其症状包括肌肉震颤、平衡感差和拖着脚走路等。病人的面部肌肉变得僵硬，限制表情。同时，也会导致认知缺陷。和阿尔茨海默病一样，帕金森病也是一种神经退行性疾病，随着年龄的增长更常见。帕金森病的发病率在65岁时约为1%，85岁时约为5%。

帕金森病涉及中脑神经元的死亡，这些神经元通常在基底核的突触释放多巴胺。大多数帕金森病缺乏可识别的病因。然而，相对年轻的成年人出现这种疾病一般具有明确的遗传基础。对这种早发性帕金森病相关的分子研究揭示了某些线粒体功能所需基因的异常。研究人员正在调查线粒体缺陷是否也会导致更常见和更晚发病的疾病形式。

目前帕金森病可以治疗，但不能治愈。治疗的方法包括脑外科手术、脑部刺激和多巴胺相关药物左旋多巴的使用。与多巴胺不同，左旋多巴可以穿过血脑屏障。在大脑中，多巴脱羧酶将药物转化为多巴胺，从而减轻帕金森病症状的严重程度。

参考文献

[1] PRICE J L，et al. double-time is a novel Drosophila clock gene that regulates PERIOD protein accumulation [J]. Cell，1998，94：83-95.

[2] LIU X，et al. The period gene encodes a predominantly nuclear protein in adult Drosophila [J]. J Neurosci，1992，12：2735-2744.

[3] ZEHRING W A，et al. P-element transformation with period locus DNA restores rhythmicity to mutant，arrhythmic Drosophila melanogaster [J]. Cell，1984，39：369-376.

[4] KANDEL E R，et al. Principles of Neural Science [M]. 5th ed. New York：McGraw-Hill Education，2012.

[5] OLDS J，MILNER P. Positive reinforcement produced by electrical stimulation of septal area and other regions of rat brain [J]. J Comp Physiol Psychol，1954，47 (6)：419-427.

[6] REECE J B，et al. Campbell Biology [M]. 10th ed. New York：Pearson，2013.

[7] 吴庆余. 基础生命科学 [M]. 2 版. 北京：高等教育出版社，2002.

第16章

生殖和发育

2002年，美国籍妇女莉迪亚·费尔柴尔德（L. Fairchild）在第三次怀孕后与丈夫办理离婚，为争夺孩子抚养权以及申请社会救济，她和丈夫向医院申请DNA检测，以便证明与两个大孩子的亲属关系。结果DNA报告显示孩子确实是她丈夫的，但却和她自己没有任何血缘关系。莉迪亚认为是医院弄错了，向医院申请第二次DNA报告，检查结果却和上一份相同。她因此被控诱拐小孩和诈骗社会福利，而医院先前的出生证明则被忽视。当她要生第三个小孩时，法官下令由见证人全程见证生产过程，并保证她与小孩的血样被立刻送往化验。两个星期后，DNA报告出炉，结果显示她也不是从她子宫生出的第三个小孩的母亲。后来莉迪亚的律师经过多方调查才明白，原来莉迪亚是一位人类嵌合体，即莉迪亚是她自己的异卵双胞胎！她头发和皮肤的DNA和她子宫组织的DNA完全不同。这是动物学的一种特殊现象，指动物的两颗受精卵融合在一起，成为单一的个体并成长，这也是为什么莉迪亚具有两套DNA。图16.1为莉迪亚和她的孩子们。

受精卵发育为成体的过程是生物学中最复杂的问题。这一过程涉及了基因的表达调控、细胞的分裂和分化、激素和内分泌系统等多方面的知识。在本章中，我们首先讨论从受精到发育过程中最重要的分子——激素，介绍其功能以及产生激素的内分泌系统。然后，我们将按照从受精到发育的过程分别介绍配子的产生、受精、怀孕和着床、胚胎发育以及性别分化。在介绍这些生物学过程中，我们会一直贯穿两个非常重要的知识点：基因的表达调控和激素的反馈调控。

图16.1　莉迪亚和她的孩子们

16.1 激素和内分泌系统

前面章节讨论性选择时，我们知道很多物种的雌性和雄性外表差异很大。Y染色体上的性别决定基因SRY使很多动物胚胎发育为雄性。但这种基因的存在是如何导致雄性的体型、性状和行为的？这个问题的答案涉及一种叫作激素（Hormone）的信号分子。在动物体内，激素被分泌到细胞外液中，在血液中循环，并在全身传递信息。

16.1.1 激素

以激素作为信号分子的细胞通信方式是内分泌信号转导。内分泌细胞分泌到细胞外液的激素通过血液循环到达靶细胞。内分泌信号的一个功能是维持体内平衡。激素调节血压、能量代谢以及体液中的溶质浓度。内分泌信号还调控对环境刺激的反应，调节生长和发育，并且触发生理和行为变化，以及潜在的性成熟和生殖。

激素可分为三大类：多肽、类固醇和胺类（见 MOOC 视频 13.1）。激素在水和脂环境中的溶解度不同。多肽和大多数胺类激素是水溶性的，而类固醇激素和其他非极性激素（如甲状腺素）是脂溶性的。

1. 激素的多种效应

每种激素都与体内特定的受体结合。尽管一种激素可以到达身体的所有细胞，但只有一些细胞有这种激素的受体。一种激素会在特定的靶细胞中引起应答，比如新陈代谢的变化。缺乏这种激素受体的细胞则不会受到影响。

许多激素在身体中引起不止一种应答。如果一种激素的靶细胞受体类型不同或产生反应的分子不同，那么它就可以引发多种应答。这在一定程度上解释了为什么我们体内所需激素量虽少，但是往往能引发明显的生理变化。以肾上腺素为例，在肝细胞中，肾上腺素与质膜中的 β 型受体结合。受体激活蛋白激酶 A，进而调节糖原代谢相关的酶的活性，促使葡萄糖释放到血液中。在血管的平滑肌细胞中，由同一 β 受体激活的同一蛋白激酶 A 使一种肌肉特异性酶失活，导致平滑肌松弛，血管扩张，从而提高流向骨骼肌的血流量。在肠道血管的平滑肌细胞中，肾上腺素与 α 型受体结合。这种受体不是激活蛋白激酶 A，而是触发另一个涉及不同 G 蛋白和不同酶的信号通路。其结果是平滑肌收缩，导致血管收缩，限制血液流向肠道（见 MOOC 视频 13.1）。

2. 不同受体的信号转导通路

各种激素信号传递的一个不同之处在于靶细胞受体蛋白的位置。水溶性激素可以在血液中自由流动。由于不溶于脂，它们不能通过靶细胞的质膜扩散。这些激素与细胞表面受体结合，诱导细胞质分子的变化。相反，脂溶性激素则通过内分泌细胞的细胞膜扩散。在细胞外，它们与运输蛋白质结合，使它们便于在水环境中运输。当离开血液时，它们融合到靶细胞中，并通常与细胞质或细胞核中的受体结合（见 MOOC 视频 13.1）。

水溶性激素与细胞膜上的受体蛋白的结合，从而导致细胞产生应答。以肾上腺素为例。当人处于紧张状态时，比如跑着去赶公交车，肾脏上方的肾上腺会分泌肾上腺素。肾上腺素到达肝脏后，会与靶细胞细胞膜上的 G 蛋白受体结合（见 MOOC 视频 13.1）。激素与受体的结合在肝细胞中引发了一连串的化学反应，包括 cAMP 的合成、cAMP 激活蛋白激酶 A，后者激活糖原分解所需的酶，最终结果是肝脏将葡萄糖释放到血液中，为奔跑提供所需的燃料。

脂溶性激素的细胞内受体执行在靶细胞内转导信号的任务。激素激活受体，然后直接触发细胞的应答。在大多数情况下，对脂溶性激素的应答是基因表达的改变。大多数类固醇激素受体在与激素结合之前主要位于细胞质中。当类固醇激素与其细胞质内受体结合时，就会形成激素受体复合物并进入细胞核。在那里，复合物的受体部分通过与特定的 DNA 结合蛋白或 DNA 序列的相互作用改变特定基因的转录。例如，在雌鸟和青蛙中，雌二醇与肝细胞中的特定细胞质受体结合。雌二醇与该受体结合可激活编码卵黄原蛋白基因的转录。

16.1.2　内分泌系统

激素的化学信号传递体现内分泌系统的功能。内分泌系统是动物体内两个基本的通信和调节系统之一。另一个主要的通信和调节系统是神经系统。由于神经元发出信号可以调节激素的释放，神经系统和内分泌系统的功能经常是重叠的。

激素通过内分泌细胞分泌。有些内分泌细胞存在于一些器官系统中。例如，胃中含有独立的内分泌细胞，通过分泌激素胃泌素来帮助调节消化过程。更常见的情况是，内分泌细胞聚集在无管器官中，称为内分泌腺，如甲状腺和性腺。在本小节中，我们主要介绍五种内分泌器官：下丘脑、脑下垂体、肾上腺、卵巢和睾丸，它们参与了生物学性别差异的产生（见 MOOC 视频 13.2）。

（1）下丘脑和脑下垂体

下丘脑（Hypothalamus）位于大脑深处，调节体温，并且影响饥饿、口渴和生殖等行为。在生殖系统中，下丘脑分泌一种激素，称为促性腺激素释放激素（GnRH），它刺激性腺（睾丸或卵巢）的活动。GnRH 从下丘脑分泌，作用在脑下垂体。脑下垂体（Pituitary Gland）分泌许多不同的激素，其中两个与产生性别差异有关：促卵泡激素（FSH）和促黄体激素（LH）。在男性中 FSH 刺激精子的产生，LH 刺激睾酮的产生。在女性中，FSH 刺激卵细胞发育，LH 刺激排卵过程中卵细胞的释放。

（2）肾上腺

肾上腺（Adrenal Gland）位于肾脏的顶部。这些腺体在应激或兴奋时分泌肾上腺素。它们还分泌睾酮和雌激素。每个肾上腺外层的细胞从胆固醇中合成性激素。虽然胆固醇可以在许多身体组织中合成，但它只能在肾上腺、睾丸和卵巢中转化为性激素。因此，男性和女性的肾上腺都分泌少量的睾酮和雌激素。大多数性激素的产生和分泌发生在卵巢和睾丸。

（3）卵巢

成对的卵巢大小、形状和杏仁差不多。它们产生并分泌雌激素。雌激素调节女性身体的许多功能，包括月经、卵细胞的成熟、乳房的发育、怀孕和更年期。卵巢内的细胞成熟后变成卵细胞，为排卵做准备。卵细胞的产生始于女性在母亲子宫内发育，在出生时停止，在青春期恢复，并持续到更年期。

女性内分泌系统的激素调节怀孕和月经周期。许多人质疑女性的运动表现或能力是否会在月经周期的任何阶段发生改变。答案是否定的。研究人员测量了短跑运动员和举重运动员的速度和力量，发现这些女性的表现在整个月经周期中都保持一致。

（4）睾丸

人类和其他雄性哺乳动物阴囊中的椭圆形器官被称为睾丸。睾丸分泌睾酮，这种激素有助于精子的产生、毛发变浓密、肌肉质量的增加以及声音变深沉。从青春期开始，精子由睾丸细胞产生。在低于体温的温度下，精子生产效率最高。因此，睾丸位于体腔外的阴囊内。

一些运动员使用合成的增肌类固醇，这些类固醇起到和雄性激素类似的生理效果，用以提高运动成绩。无论男女，此类类固醇都可能导致癌症、高血压、抑郁、易怒、失眠和情绪波动。对于雄性而言，使用类固醇可能会导致睾丸萎缩和精子产量减少，从而导致不育。也可能发生脱发和乳房发育。对于女性来说，类固醇会扰乱月经周期，促进面部毛发的生长，并使得声音变得深沉。

16.1.3 内分泌信号通路

激素分泌的调节主要有两种类型：简单内分泌信号通路和神经内分泌信号通路。简单内分泌信号通路中，内分泌细胞通过分泌一种特定的激素直接对内部或环境的刺激做出应答。我们以十二指肠的 pH 调控为例进行说明（见 MOOC 视频 13.2）。十二指肠是小肠的第一部分。胃的消化液是酸性的，在进一步消化发生之前必须被中和。当胃的内容物进入十二指肠时，其低 pH 刺激十二指肠内壁内分泌细胞分泌激素-分泌素（Secretin）进入细胞外液。然后分泌素扩散到血液中。循环的分泌素到达胰腺的靶细胞，靶细胞做出应答，释放碳酸氢盐进入十二指肠的导管。这种应答（碳酸氢盐的释放）升高了十二指肠的 pH，中和了胃酸。

神经内分泌途径包括额外的步骤，涉及多种细胞类型。在一个简单的神经内分泌途径中，感觉神经元接收刺激信号，刺激神经分泌细胞（见 MOOC 视频 13.2）。然后神经分泌细胞分泌一种神经激素，这种激素扩散到血液中并到达靶细胞。哺乳动物哺乳期间调节乳汁释放就是一个例子。婴儿的吸吮会刺激乳头中的感觉神经元，在神经系统中产生信号，到达下丘脑。下丘脑触发脑下垂体后叶释放神经激素-催产素（Oxytocin）。在催产素的不断作用下，乳腺持续分泌乳汁。

1. 反馈调控

在内分泌信号通路中，有负反馈调控也有正反馈调控。负反馈调控减少了最初的刺激。例如，分泌素引起的碳酸氢盐的释放升高了肠内的 pH，消除了刺激，从而关闭了分泌素的释放。而正反馈会强化刺激，导致更强烈的反应。例如催产素信号通路中，乳腺分泌乳汁是对不断产生的催产素做出应答。催产素刺激乳汁的分泌，会导致更频繁的吸吮，从而产生更多的刺激。这一通路的激活持续到婴儿停止吮吸为止。

正反馈会放大刺激和应答，而负反馈则有助于恢复一种已经存在的状态。通常这样的信号通路是成对的，提供了更平衡的控制。例如，血糖水平的调节依赖于胰岛素和胰高血糖素的拮抗作用。

2. 神经内分泌系统

在很多动物中，脑部的内分泌器官会和神经系统相关联。因此，神经系统和内分泌系统通常是协同作用的。在脊椎动物中，内分泌信号的协调很大程度上依赖于下丘脑。下丘脑接收来自全身的信息，并做出应答，启动与环境条件相适应的内分泌信号。例如，在许多脊椎动物中，来自大脑的神经信号将有关季节变化的感觉信息传递给下丘脑。下丘脑调节繁殖季节所需的生殖激素的释放。

信号从下丘脑传递到脑下垂体。脑下垂体有前后分离的部分，也被称为叶，实际上是两个融合在一起的腺体，发挥不同的功能。垂体后叶是下丘脑的延伸。下丘脑轴突延伸到垂体后叶分泌下丘脑合成的神经激素。相反，垂体前叶是一种内分泌腺，它合成和分泌激素，以响应下丘脑的激素信号。

脑下垂体的两个部分产生功能完全不同的激素（它 MOOC 视频 13.2）。脑垂体后叶分泌神经激素，比如抗利尿激素和催产素。在经过神经分泌细胞的长轴突到达垂体后叶后，这些神经激素被储存起来，在响应下丘脑传递的神经冲动时被释放出来。我们的身体利用抗利尿激素（ADH）或血管加压素，调节肾功能。抗利尿激素的分泌促进了肾脏中的水滞留，帮助维持正常的血液渗透压。在雌性哺乳动物中，催产素控制乳腺分泌乳汁，并在分娩时调节子宫收缩。脑下垂体前叶分泌的激素控制人体的一系列生物学过程，包括新陈代谢、渗透压调节和生殖。许多垂体前叶激素，但不是全部，能够调节其他内分泌腺体或组织的活动。

16.2 有性生殖

生殖是生物体产生后代，使其物种得以延续的过程。在有性生殖过程中，精子和卵子结合在一起，并产生后代。这些细胞对动物自身的生存不是必需的，但对物种的延续却是必不可少的。因为生殖始于单细胞的产生，任何影响这些细胞的环境因素都能极大地影响后代的产生。

动物用各种各样的策略来繁殖后代。然而，基本方案是无性生殖和有性生殖。在本章中，我们主要讨论有性生殖。

16.2.1 动物的有性生殖

在有性生殖中，生物体通过融合来自两个不同个体的生殖细胞来创造后代。例如，一个雄性和一个雌性亲本之间的交配是有性生殖所必需的。在受精时，来自两个不同个体的配子结合遗传信息后产生后代。产生配子的结构称为**性腺**（Gonad）。在男性体内，配子是精子，性腺是产生精子的**睾丸**（Testis）。在女性体内，配子是卵子，性腺是产生卵子的**卵巢**（Ovary）。

两个不同的个体为配子提供遗传信息。每个配子都是单倍体（n），包含产生配子的个体的一半遗传信息。两个单倍体配子的融合产生一个二倍体（2n）**受精卵**（Zygote）。前面的章节介绍过遗传多样性的产生原理，由此可见有性生殖产生了大量的遗传上独一无二的个体。

在有性繁殖的动物中，受精的机制是不同的。受精可以发生在体内或体外。鲨鱼、爬行动物、鸟类和哺乳动物通过体内受精繁殖后代。许多水生无脊椎动物、大多数鱼类和一些两栖动物通过体外受精，在此过程中父母之间不需要身体接触。雌鱼在水中产卵，雄鱼在卵上释放精子。这些卵在体外受精并在水中发育。

16.2.2 人类的生殖系统

男性和女性的生殖系统由外部结构和内部结构组成。这些结构的主要作用是允许配子的产生和成熟；信号合成和分泌；提供生殖功能所需的物质；提供一个传递配子的途径。

1. 女性的生殖系统

女性外生殖器最明显的特征是一个叫作外阴的结构。外阴由两组阴唇组成：①外大阴唇，脂肪多，表面多毛；②内小阴唇，既不含脂肪也不含毛发。在外阴的前部，小阴唇围绕着阴蒂。阴蒂是女性性冲动的重要器官。在阴唇的皱襞之间，有一个尿道的开口，是尿液从膀胱排出的通道。女性的尿道（平均 4 厘米）比男性（平均 18 厘米）短。由于长度的差异，细菌从体外传播的距离更短，因此女性膀胱更容易感染。

构成内生殖器的器官有卵巢、阴道、子宫和输卵管。卵巢是雌性的性腺，负责产生配子和性激素。在月经周期中，一个或多个卵子成熟并从卵泡中释放出来。卵泡是一个充满液体的囊，里面有发育中的卵子，它分泌卵巢激素-雌激素（Estrogen）。在排卵过程中，卵泡破裂释放卵子。残余的卵泡，称为黄体（Corpus Luteum），分泌雌激素和黄体酮（Progesterone）。

阴道（Vagina）是一个肌肉器官，主要作为进出子宫的通道。子宫（Uterus）大约有拳头那么大。子宫壁很厚（约1cm），由人体最有力的一些肌肉组成。这些肌肉在分娩时有节奏地收缩。子宫壁的内表面称为子宫内膜，它的厚度在月经周期中会发生变化。子宫的下半部分比上半部分要窄，称为子宫颈（Cervix）。

输卵管（Oviducts）实际上是子宫上表面的延伸。这些输卵管从子宫体延伸到悬挂在腹腔内的卵巢。从阴道到子宫再到输卵管是从体外直接进入腹腔的唯一自然途径。这意味着女性即使不经历穿刺腹腔壁的损伤，也会造成腹腔内的细菌感染，这些感染经常是通过性行为传播的。

2. 男性的生殖系统

男性的阴茎（Penis）是由海绵状的勃起组织组成的。在性冲动时，这个组织充满血液。阴茎内血量增加所带来的压力封闭了从阴茎抽出血液的静脉。这导致阴茎充血，使它保持直立。勃起（Erection）对于将阴茎插入阴道至关重要，这有助于将精子运送到卵细胞。阴茎内部有一根管子，叫作尿道，为精子和尿液提供运输出体外的通道。阴茎包括根部和体部，体部末端膨大为阴茎头。阴茎外部包有松弛的皮肤，称为包皮（Foreskin）。

阴囊（Scrotum）是阴茎下方的袋状物，里面有睾丸。阴囊皮肤很薄，没有脂肪组织。它往往是折叠或起皱的。在阴囊皮肤下面是一层不随意平滑肌，它调节睾丸相对于身体的位置。这个位置的调节保证精子的最高产量。阴囊在寒冷的情况下收缩，使产生精子的睾丸更靠近身体。

除了产生精子，睾丸还产生雄激素（Androgen）。睾丸由许多高度卷曲的管组成，这些管被称为曲精细管。曲精细管由结缔组织固定，结缔组织富含激素产生细胞，称为间质细胞（Leydig Cell）。精子从曲精细管产生，经过20天左右可以游动。

射精过程中，精子从附睾被推动，经过输精管（Vas Deferens）。输精管周围有平滑肌并且能蠕动收缩，帮助精子通过管道。当精子通过生殖系统的导管时，一些腺体会向发育中的精子添加分泌物。精囊分泌黏液和果糖，给精子提供能量。前列腺分泌一种薄的乳白色液体进入尿道，这些分泌物含有给精子的营养物质。尿道球腺是一对位于尿道下方前列腺和阴茎之间的小腺体。在射精前，这些腺体分泌透明黏液，帮助中和尿道中的酸性尿液。精子和这些分泌物构成了精液（Semen）。

16.2.3 配子的产生

生殖细胞或配子的产生被称为配子发生（Gametogenesis）。在男性和女性中，配子发生包括减数分裂的过程（见MOOC视频13.3）。具有46条染色体（23对）的人体细胞是二倍体（2n），减数分裂后产生的配子是单倍体（n）。仅减数分裂不足以产生具有功能的配子，在配子发生过程中，生殖细胞的其他变化促进配子发育成熟，使其能够参与受精。例如，精子细胞获得了活力，卵细胞的大小和营养含量增加，这些都帮助早期胚胎的发育。

1. 卵子发生

女性配子的形成和发展被称为卵子发生，这一过程发生在卵巢并导致卵细胞的产生。在

女性的生殖周期中，只有一小部分卵细胞会被释放出来，而其中能受精的比例则更小。精子发生始于青春期，而卵子发生则始于女性还在母亲子宫内的时候，然后暂停到青春期。在青春期，已经存在的卵子每个月都在发育，直到绝经。

卵巢含有许多卵泡，每个卵泡含有一个未成熟的卵子，称为**卵母细胞**（Oocyte）。卵巢周期包括初级卵泡发育为次级卵泡，然后发育为成熟的格拉夫卵泡的所有过程（见 MOOC 视频 13.3）。随着初级卵泡（储存初级卵母细胞）分泌雌激素，卵泡逐步发育。次级卵泡包括次级卵母细胞和其周围的细胞。次级卵母细胞被液体和卵泡细胞所包围。在卵巢周期的下一步，成熟的格拉夫卵泡由次级卵泡发育而来。格拉夫卵泡含有一个充满液体的腔体，腔体体积不断增大，导致卵巢壁膨胀直至破裂，将次级卵母细胞从卵巢排出，叫作**排卵**（Ovulation）过程，剩余的格拉夫卵泡被称为黄体，它分泌生殖激素，但如果受精没有发生，大约 10 天后就会退化。

排卵后，次级卵母细胞进入输卵管，如果在排卵 12 小时内有精子在周围，就有可能受精。排出卵细胞经历了不均等的减数分裂，产生了非常小的不参与受精的结构，称为**极体**（Polar Body）；以及一个大得多的细胞，将产生雌性配子。这个更大的细胞含有足够的营养，可以在胚胎发育早期起到滋养胚胎的作用。

如果没有受精，次级卵母细胞大约需要 3 天时间从卵巢穿过输卵管和子宫，并随月经液排出子宫颈。从青春期到更年期，女性每个月只有几天的时间能够产生次级卵母细胞。

2. 精子发生

精子发生从男性青春期时开始。在精子发生过程中，每个亲本细胞首先通过有丝分裂复制，然后两个子细胞中的一个经历减数分裂。另一个子细胞维持亲本细胞的功能。由于每一轮有丝分裂产生两个细胞，其中只有一个继续完成减数分裂。

开始进行减数分裂的二倍体细胞称为初级精母细胞。第一次减数分裂后产生的细胞称为次级精母细胞。次级精母细胞是单倍体。然后这些细胞进行减数分裂Ⅱ产生**精细胞**（Spermatid）。支持细胞（Sertoli Cell）帮助精子发育，这些细胞分泌精子发育所需的物质，并且帮助精细胞发育成精子。成熟精子由包含 DNA 的小头部、具有线粒体的中间部分和推动精子的尾巴组成（见图 16.2）。精子头部的顶端是顶体。这种结构包含消化酶，帮助精子细胞进入卵细胞。

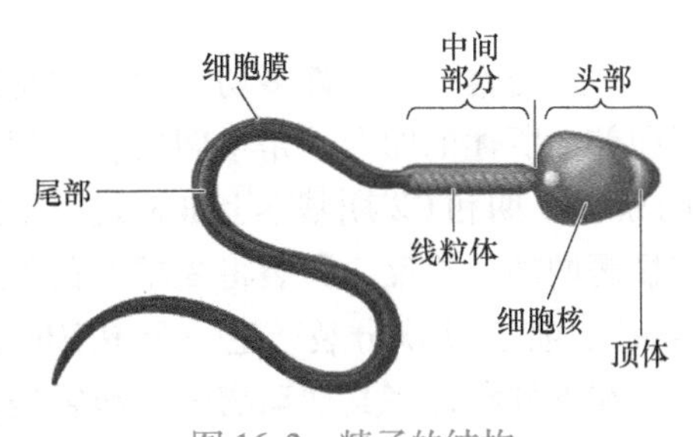

图 16.2　精子的结构

卵子和精子的产生都需要激素的调控，具体机制请参考 MOOC 视频（见 MOOC 视频 13.4）。

16.3　胚胎发育

在动物中，胚胎的发育一共包括以下几个关键的阶段。第一个阶段是**受精**（Fertilization）——精子和卵子的结合。在大多数胚胎中，受精之后紧接着是细胞分裂，这个阶段被称为**卵裂**（Cleavage），将受精卵分裂成许多更小的细胞。与组织生长过程中发生的细胞分裂不同，每次分裂之间细胞大小没有增加。

从发育生物学的角度来看，卵裂之后的阶段是体现发育本质的阶段。发育本质上是从最初非常简单的一组细胞中出现有组织的结构。在这个过程中主要有四个阶段：图式形成、形态发生、细胞分化和生长。这四个阶段在发展过程中大致按顺序发生，有时出现相互重叠，并相互影响。

16.3.1 受精

一次射精过程产生大约 3 亿个精子，这其中只有大约 200 个能够到达输卵管的受精部位。精子必须在上阴道的酸性环境下存活。阴道的酸性环境帮助女性防止细菌感染，但是同时也杀死一部分精子。一部分精子会被阻挡在子宫颈和子宫壁，只有很少的精子进入子宫并且到达输卵管。在排卵期，输卵管本身也经历肌肉收缩，这些收缩使精子向输卵管的上部移动，以等待卵细胞排卵。

当精子和卵子相遇，受精就会发生（见 MOOC 视频 13.6）。首先，精子细胞必须穿过包围并滋养卵子的卵泡细胞。然后它们必须穿过包裹卵细胞的**透明带**（Zona Pellucida）。透明带保护卵细胞不受机械损伤，并且建立了一个物种特异性的屏障。只有相同物种的精子才能够穿过透明带。这是因为穿过透明带需要与精子头部的特定受体结合。精子头部与透明带的结合会触发存在于精子顶体中的酶的释放。顶体酶与卵细胞的**透明带**相互作用，形成一条穿过透明带通向卵细胞质膜的通道。一旦这个精细胞穿过透明带，它的质膜和卵细胞的质膜融合，而精细胞的核会被吸引到卵细胞内。

受精过程中的具体机制比如顶体反应、防止多精入卵以及卵子的激活可以参考 MOOC 课程（见 MOOC 视频 13.6）。受精后的卵细胞就可以开始准备早期的发育过程了。

16.3.2 卵裂

一旦受精完成，许多动物物种的受精卵要经历一系列的快速细胞分裂。这种快速细胞分裂即前文所述的卵裂，是早期发育阶段的特征。在卵裂期间，细胞周期主要由 S 期和 M 期组成。G1 期和 G2 期基本上被跳过，很少或没有蛋白质合成发生。因此，整个受精卵体积没有显著增加。相反，卵裂将受精卵的细胞质分割成许多更小的细胞，称为**卵裂球**（Blastomere）。前 5~7 次分裂产生一个中空的**囊胚**（Blastula），囊胚中充满着液体，形成囊胚腔。

在青蛙和许多其他动物中，卵裂是不对称的，因为**卵黄**（Yolk）（储存的营养物质）的不对称分布极大地影响卵裂的模式。卵黄通常集中在一个极，称为**植物极**（Vegetal Pole），另一个相对的极称为**动物极**（Animal Pole）。因此，卵细胞也被分为动物半球和植物半球，二者颜色不同。

动物细胞分裂过程中，细胞质分裂将细胞一分为二时，细胞表面会形成一种叫作卵裂沟的凹痕。前两次的卵裂将会产生四个大小相等的卵裂球。当第三次卵裂发生时，卵黄开始影响两个半球产生的细胞的相对大小。随着细胞分裂的进行，卵裂沟从卵细胞赤道逐渐移动到动物极，因此在动物半球产生的卵裂球比植物半球产生的更小。

虽然卵黄会影响青蛙和其他两栖动物的卵裂发生的位置，卵裂沟仍然贯穿整个卵子。因此，两栖动物发育中的卵裂被称为**全裂式**（Holoblastic）。全裂式的卵裂也见于许多其他动物群体，包括棘皮动物、哺乳动物和环节动物。在人类中，卵细胞中卵黄含量相对较少，囊胚腔在中心形成，特别是在卵裂的前几次分裂期间，卵裂球的大小通常相似。

16.3.3　图式形成

图式形成（Pattern Formation）是胚胎中的细胞在时间和空间上组织成一个有序的结构的过程。这一过程对于早期胚胎发育非常重要。比如，图式形成指导细胞是发育成手指还是手臂，肌肉应该在哪里形成，等等。

1. 形体构造

图式形成最初涉及形体构造（Body Plan）。形体构造指的是决定胚胎的主要身体轴，包括从头到尾，从背到腹。我们主要讨论的动物都是头在一端，尾在另一端，身体的左右两侧向外对称。在这些动物中，主要的身体轴是前后轴，从头到尾。两侧对称的动物也有一个背-腹轴，从背部到腹部。这些轴的一个显著特征是它们几乎总是彼此成直角，因此可以认为它们构成了一个坐标系，在这个坐标系上可以指定身体的任何位置。动物的内部器官在左右两侧有明显的不同——例如，通常人类的心脏在左侧（极少数人心脏在右侧）。

体轴的建立是生物个体图式形成的基础，也是胚胎早期发育过程中最重要的事件之一。其中背-腹轴的研究可以追溯到 20 世纪初，德国科学家斯佩曼（H. Spemann）和他的学生曼戈尔德（H. Mangold）利用蝾螈进行的移植实验（见图 16.3）。他们发现当把蝾螈背侧的一部分组织移植至腹侧时，蝾螈被诱导出了第二个体轴，并且第二个体轴不仅含有供体细胞，也含有受体细胞，其他部位的组织并无此特性，因此他们把这部分组织称为“背侧组织中心”。

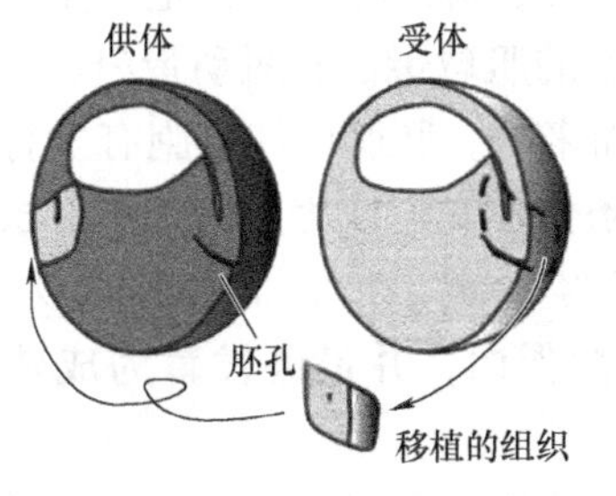

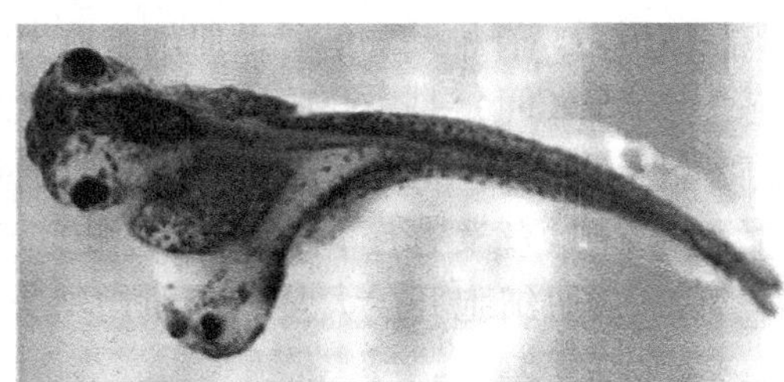

图 16.3　背-腹轴建立的蝾螈实验

2. 形成胚层

在体轴形成的同时，细胞被分配到不同的胚层中。在进一步的图式形成过程中，这些胚层细胞获得了不同的身份，因此开始有组织地进行空间模式分化，比如发育的四肢中有皮肤、肌肉和软骨，神经系统中出现神经元。在图式形成的最初阶段，细胞之间的差异不容易发现，可能是由极少数基因活动变化引起的细微差异。

16.3.4　形态发生

第二个重要的发育过程是形态发生（Morphogenesis）。胚胎在三维形态上经历了显著的变化。其中以原肠胚形成最为显著。原肠胚形成是指中空的囊胚发生非常明显的重组，变成一个三层的原肠胚（Gastrula）。在这一过程中产生的细胞层称为胚层（Germ Layer）。在原肠胚末期，外胚层（Ectoderm）形成外部结构，内胚层（Endoderm）形成消化室或消化道。中胚层（Mesoderm）形成于外胚层和内胚层之间。人类的原肠胚形成的具体过程参考

MOOC 视频 13.7。

此外，形态发生过程中也涉及器官发生。在这一过程中，三个胚层区域发育为器官的雏形。通常，几个胚层的细胞参与到一个单一的器官的形成，不同胚层细胞之间的相互作用有助于确定细胞命运。特定的发育命运反过来可能导致细胞改变形状，或者在某些情况下，迁移到身体的另一个位置（见 MOOC 视频 13.7）。

动物胚胎的形态发生也涉及广泛的细胞迁移。例如，人类面部的大多数细胞来自从神经嵴组织迁移过来的细胞。形态发生还涉及细胞凋亡，这是导致手指和脚趾产生的原因（见 MOOC 视频 13.7）。

16.3.5 细胞分化

第三个发育过程是细胞分化（Cell Differentiation），在这个过程中，细胞在结构和功能上变得彼此不同，最终产生不同类型的细胞，如血液、肌肉或皮肤细胞。分化是一个渐进的过程，细胞从开始分化到完全分化之间通常要经历数次分裂。在人类中，受精卵产生至少 250 种可清楚区分的细胞类型。

图式形成和细胞的分化是紧密相关的，我们可以从人类胳膊和腿的不同看出这一点。两者都含有完全相同类型的细胞——肌肉细胞、软骨细胞、骨骼细胞、皮肤细胞等，然而它们的排列方式却明显不同。正是图式形成使我们不同于大象和黑猩猩（见 MOOC 视频 13.8）。

从前面的学习中我们知道，分化的细胞中会产生组织特异性蛋白。这些蛋白质只存在于特定的细胞类型中，并赋予细胞特有的结构和功能。例如，肝细胞专门制造白蛋白，晶状体细胞专门制造晶体蛋白。脊椎动物的骨骼肌细胞有大量的肌球蛋白和肌动蛋白。

肌肉细胞（Muscle Cell）是由胚胎前体细胞发育而来的，胚胎前体细胞有发育成多种细胞类型的潜力，包括软骨细胞和脂肪细胞，但特定的条件使它们成为肌肉细胞。虽然这些前体细胞在显微镜下看起来没有变化，但细胞命运已经确定了，它们会发育为成肌细胞（Myoblast）。然后，成肌细胞开始大量生产肌肉特异性蛋白，并最终发育为成熟的骨骼肌细胞。

通过培养成肌细胞并使用分子技术对其进行分析，研究人员已经分离出不同的基因，使每个基因在单独的胚胎前体细胞中表达，然后寻找那些分化成肌细胞和肌肉细胞的。通过这种方式，他们确定了几个主调控基因（Master Regulatory Gene），其蛋白质产物使细胞变成骨骼肌细胞。因此，在肌肉细胞中，分化的分子基础是一个或多个这些主调控基因的表达。我们以其中一个主调控基因 *myoD* 为例进行说明。

该基因编码 MyoD 蛋白，MyoD 蛋白是一种转录因子，可与各种靶基因增强子中的特定控制元件结合并刺激其表达。一些 *myoD* 的靶基因还编码其他肌肉特异性转录因子。这些次级转录因子激活编码肌凝蛋白和肌动蛋白的基因，这些基因产物赋予骨骼肌细胞独特的特性。MyoD 还刺激 *myoD* 基因本身的表达，这是一个正反馈的例子，使 MyoD 在维持细胞的分化状态中持续发挥功能。研究表明，MyoD 能够将某些完全分化的非肌肉细胞，如脂肪细胞和肝细胞，转变为肌肉细胞。

16.3.6 生长

第四个过程是生长——规模的增加。一般来说，在胚胎发育的早期几乎没有生长，胚胎的

基本模式和形态是在小范围内形成的，通常小于 1mm。随后的生长体现在多种方式：细胞增殖、细胞尺寸增大和细胞外物质（如骨和壳）的沉积。生长也贯穿在形态发生过程中，因为器官之间或身体各部分之间生长速度的差异，可以产生胚胎整体形状的变化（见图 16.4）。

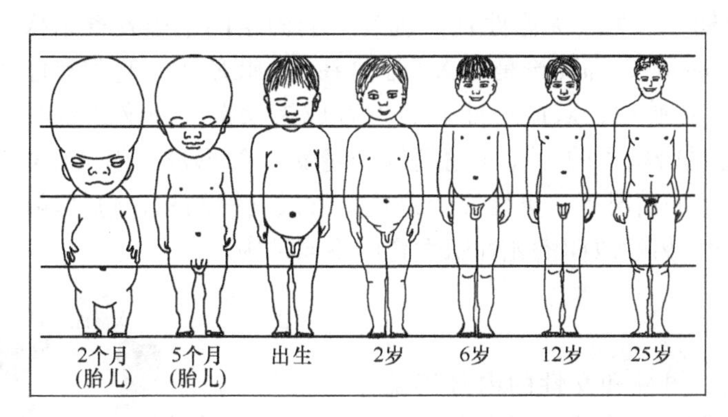

图 16.4　人的发育过程中，头身比由于生长速度不同而发生变化

这四个发展过程既不是相互独立的，也不是严格按照先后顺序进行的。然而，在普遍术语中，人们可以认为早期发育中的图式形成导致形态、细胞分化和生长变化的细胞之间的差异。但在任何真实的发育体系中，这一系列变化都是紧密相关和协同发展的。

16.4　性别分化

有性生殖是每一代产生生物多样性的演化策略，对所有脊椎动物和许多无脊椎动物都非常重要。这种策略的核心是产生不同的性别，具有不同的生殖器官，产生不同的配子。哺乳动物利用染色体决定性别：XY 染色体的个体发育出睾丸，XX 染色体的个体形成卵巢。

16.4.1　性激素

性激素影响生长、发育、生殖周期和性行为。肾上腺分泌少量的这些激素，而性腺是它们的主要来源。性腺产生和分泌三种主要的类固醇性激素：雄激素、雌激素和黄体酮。这三种类型在男性和女性中都有发现，但比例不同。

睾丸主要合成雄激素，其中最主要的是睾酮。在人类中，睾丸激素在出生前就开始发挥作用，促进男性生殖结构的发育。雄激素在青春期再次发挥重要作用，这期间它们负责男性第二性征的发育。高浓度的雄激素会导致低沉的嗓音和男性肌肉及骨量的增加。

雌激素中最重要的是雌二醇，它负责女性生殖系统的维持和女性第二性征的发育。在哺乳动物中，黄体酮主要参与生成和维持子宫组织，以支持胚胎的生长和发育。

性腺产生的性激素是激素级联途径的组成部分。这些激素的合成是由来自脑垂体前叶的两种促性腺激素控制的：促卵泡激素和促黄体激素。促性腺激素的分泌反过来由来自下丘脑的 GnRH（促性腺激素释放激素）控制。

16.4.2　双向潜能性腺

虽然性腺是生殖细胞的工厂，但它们也是内分泌腺，保障生殖器官的发育，确保两性异形和生育能力。因此，性腺的发育对性别分化至关重要。胚胎发育成卵巢或者睾丸的过程被称为性腺性别决定或初等性别决定。性腺一旦分化，就会产生性激素，促进不同性别结构的发展，这种结构具有独特的男性和女性解剖学特征，这个过程也被称为第二性决定。

在胚胎发育早期，人类（无论性别）拥有一套固定的生殖发育结构，被称为双向潜能性腺（Bipotential Gonad），即无论是在 XY 还是在 XX 胚胎中，它都有能力发育成睾丸或卵巢。在雄性（XY）胚胎中，双向潜能性腺发育成为睾丸，分泌睾酮和 anti-Müllerian 激素（AMH）。睾酮指导携带精子的导管（输精管和精囊）的形成，而 AMH 则导致女性导管退化。在睾酮激素缺乏的情况下，男性导管退化，形成女性结构，包括输卵管、子宫和阴道。图 16.5 展示了女性、男性双向潜能性腺发育的不同结构。

16.4.3 青春期

在青春期前后，男性和女性的内分泌系统都会增进激素的分泌和合成。青春期标志着男性精子开始产生，女性卵子成熟和月经开始。男孩通常在 9 到 14 岁开始青春期，平均为 13 岁。男性的青春期包括阴茎和睾丸的增大，身高体型的增长。肌肉和骨骼的生长，导致肩膀变宽，臀部变窄；毛发生长的变化，包括阴毛、腋毛、胸部和面部毛发的生长。此外，喉咙扩大和声带延长，以产生更低沉的声音。

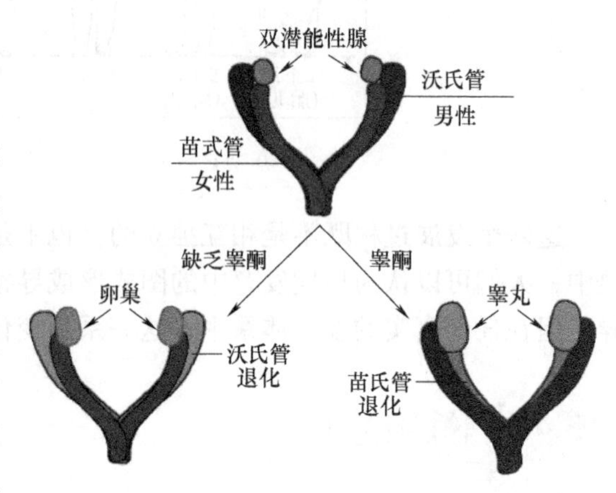

图 16.5 双向潜能性腺可以发育成不同结构
（扫封面二维码查看彩图）

对于女孩来说，青春期的第一个迹象出现在 8~13 岁，最常见的是 11 岁左右。这些迹象包括乳房发育、脂肪沉积增多、生长突增、阴部和腋下毛发生长，以及月经开始。生理上的性别差异在青春期开始显现，主要是因为内分泌系统开始影响骨骼和肌肉的发育。

参考文献

[1] 翟中和，王喜忠，丁明孝. 细胞生物学 [M]. 4 版. 北京：高等教育出版社，2011.
[2] GILBERT S F. Developmental Biology [M]. 10th ed. New York：Sinauer Associates，Inc，2013.
[3] REECE J B，et al. Campbell Biology [M]. 10th ed. New York：Pearson，2013.
[4] BELK C，MAIER V B. Biology：Science for Life [M]. 5th ed. New York：Pearson，2016.
[5] HANS S，MANGOLD H. Induction of Embryonic Primordia by Implantation of Organizers from a Different Species [J]. The international Journal of Developmental Biology，2001，45：13-38.